工业和信息化高职高专"十二五"规划教材立项项目

21世纪高等职业教育计算机技术规划教材

21 ShiJi GaoDeng ZhiYe JiaoYu JiSuanJi JiShu GuiHua JiaoCai

大学计算机基础
（第2版）

DAXUE JISUANJI JICHU

蔡明　王中刚　李永杰　主编
廖春琼　王静奕　副主编

人民邮电出版社
北京

图书在版编目（CIP）数据

大学计算机基础 / 蔡明，王中刚，李永杰主编. --
2版. -- 北京 : 人民邮电出版社，2015.9
21世纪高等职业教育计算机技术规划教材
ISBN 978-7-115-40077-2

Ⅰ. ①大… Ⅱ. ①蔡… ②王… ③李… Ⅲ. ①电子计
算机－高等职业教育－教材 Ⅳ. ①TP3

中国版本图书馆CIP数据核字(2015)第177319号

内 容 提 要

本书共分6章，内容包括计算机基础知识、Windows 7 的基本使用、Word 2010 文字处理、电子表格软件 Excel 2010、PowerPoint 2010 演示文稿制作和计算机网络基础。

本书基于 2013 年全国计算机等级考试新大纲要求编写，整合职业技能要点，进行项目化教学设计。编者在多年实践教学过程中，积累了丰富经验与教学素材资源，教材编写中注重教学内容的开放性、职业性与实践性。全书案例组织图文并茂、语言简洁，内容由浅入深、由易到难，描述形象生动。力求强化技能与知识学习并重。

本书适合作为普通高等院校、高等职业技术院校、成人教育学院计算机基础课程教材，也可作为全国计算机等级考试和自学考试用书。

◆ 主　　编　蔡　明　王中刚　李永杰
　　副主编　廖春琼　王静奕
　　责任编辑　韩旭光
　　责任印制　张佳莹　彭志环
◆ 人民邮电出版社出版发行　　北京市丰台区成寿寺路 11 号
　　邮编　100164　　电子邮件　315@ptpress.com.cn
　　网址　http://www.ptpress.com.cn
　　北京圣夫亚美印刷有限公司印刷
◆ 开本：787×1092　1/16
　　印张：16.75　　　　　　　　2015 年 9 月第 2 版
　　字数：407 千字　　　　　　2015 年 9 月北京第 1 次印刷

定价：34.00 元

读者服务热线：**(010)81055256**　印装质量热线：**(010)81055316**
反盗版热线：**(010)81055315**

前　言

　　随着现代社会人才需求的变化，大学计算机基础作为大学生专业学习的前沿技能课程，也是一门具有很强实用性的课程，受到学生青睐。同时，全国计算机等级考试作为一种重要的非学历教育技能认证手段，得到社会企业的广泛认可。本书主旨意在强化以任务为导向的学习方式，主导职业技能与专业素质教育。通过行动导向的纵向主线贯穿全书技能训练，并横向组织各章节理论知识。本书作为计算机公共基础性课程教材，可以为学生后续专业课程学习打下坚实基础。

　　通过本书的学习，学生能够从硬件入手认知计算机结构，通过微软办公软件学习职业文件的编辑与处理，最后学习网络技巧，使学生能有效地解决工作与生活问题。全书课程学习突出应用能力培养，共有 6 个章节，内容新颖、图文并茂。本书在介绍使用技巧的同时，始终强调教学内容与实际问题的结合。

　　本书由蔡明、王中刚、李永杰主编，廖春琼、王静奕任副主编，各章编写分工如下：第 1 章由蔡明编写，第 2 章由王中刚编写，第 3、第 6 章由王静奕编写，第 4、第 5 章由廖春琼编写，海军工程大学李永杰参与了本书 Windows 7 的基本使用和计算机网络基础章节的编写。

　　本书在内容编写和实例制作过程中力求严谨，但由于时间关系和作者水平有限，书中疏漏之处在所难免，敬请读者批评、指正。

编　者

2015 年 6 月

目　录

第1章

计算机基础知识

本章主要介绍了计算机的基本知识，包括计算机的工作特性、发展现状与应用领域、微机系统的基本结构和主要技术指标、常用数制及相互之间的转换、计算机安全基本知识等。

本章学习目标

- 了解计算机的概念、类型及其应用领域。
- 熟悉微型计算机系统的基本组成（硬件系统与软件系统）。
- 理解微型计算机的分类与主要技术指标。
- 掌握计算机信息处理原理（数制及相互转换、存储单位、数据编码等）。

1.1 计算机概论

1.1.1 计算机的发展

1946 年 2 月，在美国诞生了世界上第一台全自动电子计算 ENIAC（Electronic Numerical Integrator And Calculator），电子数字积分计算机，如图 1.1 所示。它每秒能进行 5 000 次加减运算，至今人们认为，ENIAC 的问世，表明了电子计算机时代的到来，它的出现具有划时代的意义。

电子计算机从产生到现在，有了飞速的发展。按照计算机所用的逻辑元件（电子器件）来划分计算机的时代，其发展历史简况如下。

1. 第一代：电子管计算机

第一代电子计算机是电子管计算机（1946 年～1957 年）。这一代机器的主要特点是其基本逻辑电路由电子管组成。因此，这类机器运算速度比较低（一般为每秒数千次至数万次）、体积较大、重量较重、价格较高，计算机语言处于机器语言和汇编语言阶段，主要应用于科学计算。

2. 第二代：晶体管计算机

第二代电子计算机是晶体管计算机（1958 年～1964 年）。它的特点是其基本逻辑电路由晶体管电子元件组成。第二代计算机运算速度大幅度提高（可达数十万次至数百万次每秒），重量、体积也显著减小，软件方面出现了简单的操作系统和高级语言，其应用扩展到了数据处理和事物管理。

图 1.1　第一台电子计算机 ENIAC

3．第三代：集成电路计算机

第三代电子计算机是集成电路计算机（1965 年～1970 年）。它的特点是其基本逻辑电路由小规模集成电路组成。这类机器的运算速度可达每秒数百至数千万次，可靠性也有了显著的提高，并且价格明显下降。软件方面出现了功能较强的操作系统和结构化、模块化的程序设计语言，应用领域向社会各部门推广和普及。

4．第四代：大规模集成电路和超大规模集成电路计算机

第四代电子计算机称为大规模集成电路（Large Scale Integration，LSI）和超大规模集成电路（Very Large Scale Integration，VLSI）技术（1971 年至今）。这一代电子计算机采用中、大和超大规模集成电路构成逻辑电路，计算机的容量大、速度快，操作系统进一步完善，数据库和网络软件得到发展，面向对象的软件设计方法与技术被广泛采用。

5．第五代：人工智能计算机

计算机虽能在一定程度上能辅助人类脑力劳动，但其智能还与人类相差甚远。因此，科学的进步及社会发展需要更新一代的计算机，即第五代计算机（未来）。

第五代计算机尚未有统一的定义，有的学者认为第五代计算机应包括多个运行速度更快，处理功能更强的新型微机和容量无限的存储器；也有专家认为可采用镓材料的电子线路，镓材料比硅材料的速度快 5 倍，而功耗仅是硅的 1/10。此外，第五代计算机将采用并行处理的工作方式，即多个处理器同时解决一个问题，多媒体技术将会是向第五代计算机过渡的重要技术。

1.1.2　计算机的分类及应用

1．计算机的分类

计算机的分类常见的有按计算机的功能分类、按处理方式分类、按计算机规模分类，也可以按工作模式进行分类。

（1）按计算机的功能分类

计算机按功能一般可分为专用计算机与通用计算机两类。专用计算机功能单一，结构简单，可靠性高，但适应性差。如用于军事、银行等领域的都属专用计算机。通用计算机功能齐全，适应性强，目前人们使用的都是通用计算机。

（2）按计算机的处理方式分类

计算机按其处理方式可分为模拟计算机、数字计算机和数字模拟混合计算机。模拟计算机主要处理模拟信息，如压力、温度、流量等。数字计算机采用二进制运算，其特点是计算机精度高，便于存储信息，通用性强。混合计算机则取数字、模拟计算机之长，既能高速运算，又便于存储信息，但造价昂贵。

（3）按计算机的规模分类

按计算机的规模，参考运算速度，输入/输出能力和存储能力等因素，计算机可分为以下4种。

① 巨型机：亦称超级计算机。具有极高的性能和极大的规模，价格昂贵，多用于尖端科技领域。巨型机主要用于天气预报、地质勘探等尖端科技领域。我国是世界上生产巨型计算机的少数国家之一，如我国研制成功的"银河""曙光""神威"等计算机都属于巨型机，如图 1.2 所示。

图 1.2　巨型机

② 大型机：这种机器也有很高的运算速度和很大的存储容量，它有丰富的外部设备和功能强大的软件，主要用在计算中心和计算机网络中。IBM3033、VAX8800 都是大型计算机的代表产品，如图 1.3 所示。

③ 小型机：结构简单、规模较小、操作简便、成本较低。小型机在存储容量和软件系统的完善方面占有优势，用途广泛。代表机型有 PDP-11、VAX-11 系列，如图 1.4 所示。

④ 微型机：人们常简称为微机或 PC 机，它具有体积小、价格低、功能全、操作方便等优点，因此发展迅速。目前它的功能越来越强，速度越来越快，已经达到甚至超过了小型机。例如，PentiumⅣ的 CPU 速度已超过 1G。

（4）按计算机的工作模式分类

计算机按其工作模式可以分为服务器和工作站两类。

① 服务器。服务器是一种可供网络用户共享的、高性能的计算机。服务器一般具有大

容量的存储设备和丰富的外部设备，其运行是依靠网络操作系统。服务器上的资源可供网络用户共享。

图 1.3　大型机

图 1.4　小型机

　　② 工作站。工作站是高档微机，它的特点是易于联网，配有大容量的主存和大屏幕显示器，适合用于计算机辅助设计/计算机辅助制造（CAD/CAM）和办公自动化。

　　2. 计算机的应用

　　计算机的应用领域非常广阔，归纳起来主要有以下几个方面。

　　（1）科学计算

　　科学计算是计算机最早、最成熟的应用领域。利用计算机可以方便地实现数值计算，代替人工计算。例如，人造卫星轨迹计算、水坝应力计算、房屋抗震强度计算等。

　　（2）精密制造与自动控制

　　计算机在精密制造中自动控制技术的广泛应用，大大促进了现代化生产速度和精度。例如：用计算机控制炼钢和机床等。

　　（3）信息系统与数据处理

　　信息系统中的数据处理是指非科学、工程方面的所有计算、管理及操纵任何形式的数据资料。例如，企业的生产管理、质量管理、财务管理、仓库管理、各种报表的统计、账目计算等。信息系统应用领域非常广阔，全世界将近 80%的计算机信息系统都应用于各种经营管理。

　　（4）人工智能

　　利用计算机模拟人脑的一部分功能。例如：数据库的智能性检索、专家系统、定理证明、智能机器人、模式识别等。

　　（5）计算机辅助设计

　　计算机在计算机辅助设计（CAD）、计算机辅助制造（CAM）和计算机辅助教学（CAI）等方面发挥着越来越大的作用。例如，利用计算机部分代替人工进行汽车、飞机、家电、服装等的设计和制造，可以使设计和制造的效率提高几十倍，质量也大大提高。在教学中使用计算机辅助系统，不仅可以节省大量人力、物力，而且使教育、教学更加规范，从而提高教学质量。

（6）文化娱乐

计算机已走进千家万户，人们可以用于计算机欣赏电影、观看电视、玩游戏及进行家庭文化教育。

（7）网络通信

随着 Internet 的普及，利用计算机网络实现远距离通信已经越来越方便。此外，利用计算机进行通信业务，比普通的电信业务成本低，并能进行可视化等形式的多样化交流。目前被人们广泛应用的 IP 电话即是计算机通信的最新发展。

（8）电子商务

电子商务是指在计算机网络上进行的商务活动。它是涉及企业和个人各种形式的、基于数字化信息处理和传输的商业交易。它包括电子邮件、电子数据交换、电子资金转账、快速响应系统、电子表单和信用卡交易等电子商务的一系列应用，又包括支持电子商务的信息基础设施。

1.2　数制与编码

1.2.1　数据的存储

在计算机内部，一切数据都是用二进制数的编码来表示的。为了衡量计算机中数据的量，人们规定了一些表示数据的基本单位：位、字节和字。

位是计算机中存储数据的最小单位，指二进制数中的一个位数，其值为"0"或"1"，即一个最小的基本单元电路；其英文名为"bit"，又称为"比特"。

字节是计算机存储容量的基本单位，计算机存储容量的大小是用字节的多少来衡量的。其英文名为"Byte"，通常用"B"表示。字节经常使用的单位还有 KB（千字节）、MB（兆字节）和 GB（千兆字节）等，它们与字节的关系是：

1 B = 8 bit

1 KB $=2^{10}$ B=1024 B

1 MB $=2^{10}\times1$ KB$=2^{10}\times2^{10}$B=1024×1024 B=1024 KB

1 GB $=2^{10}\times1$ MB$=2^{10}\times2^{10}\times1$ KB$=2^{10}\times2^{10}\times2^{10}$ B=1024×1024×1024 B = 1024 MB

1 TB $=2^{10}\times1$ GB$=2^{10}\times2^{10}\times1$ MB$=2^{10}\times2^{10}\times2^{10}\times1$ KB

$\qquad=2^{10}\times2^{10}\times2^{10}\times2^{10}$B=1024×1024×1024×1024 B= 1024 GB

通常，一个 ASCII 码用 1 个字节表示，一个汉字的国标码用 2 个字节表示，整数型用 2 个字节表示，单精度实型数用 4 个字节表示，双精度实型数用 8 个字节表示等。

字是计算机内部作为一个整体参与运算、处理和传送的一串二进制数，其英文名为"字"（Word）。字是计算机内 CPU 进行数据处理的基本单位。

字长是计算机 CPU 一次处理数据的实际位数，是衡量计算机性能的一个重要指标。字长越长，计算机一次可处理的数据二进制位越多，运算能力就越强，计算精度也越高。目前，计算机字长有 8 位、16 位、32 位和 64 位，通常我们所说的 N 位的计算机是指该计算机的字长有 N 位二进制数。例如，486 微机内部总线的字长是 32 位，被称为 32 位机，则 486 计算机一次最多可以处理 32 位数据。

1.2.2　常用数制

1．数制定义

用一组固定的数字和一套统一的规则来表示数目的方法称为数制。数制有进位计数制与非进位计数制之分，目前一般使用进位计数制。

进位计数制采取"逢 N 进一"原则，并采用进制三要素来表示，即基数、位权和数值。N 是指进位计数制表示一位数所需要的符号数目，称为基数。处在不同位置上的数字所代表的值是确定的，这个固定位上的值称为位权，简称"权"。各进位制中位权的值恰巧是基数的若干次幂。因此，任何一种数制表示的数都可以写成按权展开的多项式之和。

设一个基数为 r 的数值 N，$N = (d_{n-1}d_{n-2}\cdots d_1 d_0 d_{-1}\cdots d_{-m})$，则 N 的展开为

$$N = d_{n-1} \times r^{n-1} + d_{n-2} \times r^{n-2} + \cdots + d_1 \times r^1 + d_0 \times r^0 + d_{-1} \times r^{-1} + \cdots + d_{-m} \times r^{-m}$$

例如，十进制数 2345.67 的展开式为

$$2345.67 = 2 \times 10^3 + 3 \times 10^2 + 4 \times 10^1 + 5 \times 10^0 + 6 \times 10^{-1} + 7 \times 10^{-2}$$

计算机中常使用二进制、十进制、八进制、十六进制等。

2．十进制

十进制数的数码为 0、1、2、3、4、5、6、7、8、9 共十个，进位规则为逢十进一，借一当十。若设任意一个十进制数 D，有 n 位整数、m 位小数：$D_{n-1}D_{n-2}\cdots D_1 D_0 D_{-1}\cdots D_{-m}$，权是以 10 为底的幂，则该十进制数的展开式为

$$D = D_{n-1} \times 10^{n-1} + D_{n-2} \times 10^{n-2} + \cdots + D_1 \times 10^1 + D_0 \times 10^0 + D_{-1} \times 10^{-1} + \cdots + D_{-m} \times 10^{-m}$$

3．二进制数

二进制数的数码为 0、1，共两个，进位规则为逢二进一，借一当二。若设任意一个二进制数 B，有 n 位整数、m 位小数：$B_{n-1}B_{n-2}\cdots B_1 B_0 B_{-1}\cdots B_{-m}$，权是以 2 为底的幂，则该二进制数的展开式为

$$B = B_{n-1} \times 2^{n-1} + B_{n-2} \times 2^{n-2} + \cdots + B_1 \times 2^1 + B_0 \times 2^0 + B_{-1} \times 2^{-1} + \cdots + B_{-m} \times 2^{-m}$$

4．八进制数

八进制数的数码为 0、1、2、3、4、5、6、7 共 8 个，进位规则为逢八进一，借一当八。若设任意一个八进制数 Q，有 n 位整数、m 位小数：$Q_{n-1}Q_{n-2}\cdots Q_1 Q_0 Q_{-1}\cdots Q_{-m}$，权是以 8 为底的幂，则该八进制数的展开式为

$$Q = Q_{n-1} \times 8^{n-1} + Q_{n-2} \times 8^{n-2} + \cdots + Q_1 \times 8^1 + Q_0 \times 8^0 + Q_{-1} \times 8^{-1} + \cdots + Q_{-m} \times 8^{-m}$$

5．十六进制数

十六进制数的数码为 0、1、2、3、4、5、6、7、8、9、A、B、C、D、E、F 共 16 个，其中数码 A、B、C、D、E、F 分别代表十进制数中的 10、11、12、13、14、15，进位规则为逢十六进一，借一当十六。若设任意一个十六进制数 H，有 n 位整数、m 位小数：$H_{n-1}H_{n-2}\cdots H_1 H_0 H_{-1}\cdots H_{-m}$，权是以 16 为底的幂，则该十六进制数的展开式为

$$H = H_{n-1} \times 16^{n-1} + H_{n-2} \times 16^{n-2} + \cdots + H_1 \times 16^1 + H_0 \times 16^0 + H_{-1} \times 16^{-1} + \cdots + H_{-m} \times 16^{-m}$$

1.2.3　数制进制与转换

1．十进制数、二进制数、八进制数和十六进制数的对应关系

十进制数、二进制数、八进制数和十六进制数的对应关系如表 1.1 所示。

表 1.1　　　　　　　　　　　　　　　　各种进制数码对照表

十进制	二进制	八进制	十六进制	十进制	二进制	八进制	十六进制
0	0	0	0	9	1001	11	9
1	1	1	1	10	1010	12	A
2	10	2	2	11	1011	13	B
3	11	3	3	12	1100	14	C
4	100	4	4	13	1101	15	D
5	101	5	5	14	1110	16	E
6	110	6	6	15	1111	17	F
7	111	7	7	16	10000	20	10
8	1000	10	8	17	10001	21	11

2．二进制、八进制、十六进制数换算成十进制数

二进制、八进制、十六进制数换算成二进制数的方法最为简单，即将二进制、八进制或十六进制数按权展开相加即可以得到相应的十进制数。

例如，将二进制数$(1011.011)_2$、八进制$(264.48)_8$和十六进制数$(212.A)_{16}$转算成十进制数的方法分别为：

$(1011.011)_2=1\times2^3+0\times2^2+1\times2^1+1\times2^0+0\times2^{-1}+1\times2^{-2}+1\times2^{-3}=(11.875)_{10}$

$(264.48)_8=2\times8^2+6\times8^1+4\times8^0+4\times8^{-1}+4\times8^{-2}=(183.5625)_{10}$

$(212.A)_{16}=2\times16^2+1\times16^1+2\times16^0+10\times16^{-1}=(530.625)_{10}$

3．十进制数换算成二进制、八进制、十六进制数

由于将十进制数换算成二进制、八进制或十六进制数的方法基本相同，所以将其一并介绍，且有易于记忆。为方便叙述，下面将二进制、八进制、十六进制统称为 n 进制。

十进制数转换算成 n 进制数，因其整数部分和小数部分的换算方法不相同，所以相应地分整数部分的换算和小数部分的换算。

（1）整数部分的换算

将已知的十进制数的整数部分反复除以 n（n 为进制数，取值为 2、8、16，分别表示二进制、八进制和十六进制），直到商是 0 为止，并将每次相除之后所得到的余数按次序记下来，第一次相除所得的余数 K_0 为 n 进制数的最低位，最后一次相除所得余数 K_{n-1} 为 n 进制数的最高位。排列次序为 $K_{n-1}K_{n-2}\cdots K_1K_0$ 的数就是换算后得到的 n 进制数。

（2）小数部分的换算

将已知的十进制数的纯小数（不包括乘后所得整数部分）反复乘以 n，直到乘积的小数部分为 0 或小数点后的位数达到精度要求为止。第一次乘 n 所得的整数部分为 K_{-1}，最后一次乘 n 所得的整数部分为 K_{-m}，则所得 n 进制小数部分 $0.K_{-1}K_{-2}\cdots K_{-m}$。

若要将十进制数$(268.48)_{10}$换算成二进制数、八进制数或十六进制数，则只需要将其整数部分和小数部分分别转换成二进制数、八进制数或十六进制数，最后将其结果组合起来即可。

所以有：

$(268.48)_{10}=(100001100.01111)_2$

$(268.48)_{10}=(414.36560)_8$

$(268.48)_{10}=(10C.7AE14)_{16}$

4．二进制数与八进制数的相互换算

因为二进制的进位基数是 2，而八进制的进位基数是 8。所以三位二进制数对应一位八进制数。

二进制数换算成八进制数的方法是：以小数点为基准，整数部分从右向左，三位一组，最高位不足三位时，左边添 0 补足三位；小数部分从左向右，三位一组，最低位不足三位时，右边添 0 补足三位。然后将每组的三位二进制数用相应的八进制数表示，即得到八进制数。

例如，将二进制数$(1101011011.0101)_2$换算为八进制数的方法为：

001　101　011　011．010　100

1　　5　　3　　3 ．2　　4

所以，$(1101011011.0101)_2=(1533.24)_8$

八进制数换算成二进制数的方法是：将每一位八进制数用三位对应的二进制数表示。

例如，将八进制数（217.36）$_8$换算为二进制数的方法为：

2　　1　　7 ．3　　6

010　001　111 ．011　110

所以，$(217.36)_8=(100011110.01111)_2$

5．二进制数与十六进制数的相互换算

因为二进制的基数是 2，而十六进制的基数是 16。所以四位二进制数对应一位十六进制数。

二进制数换算成十六进制数的方法是以小数点为基准，整数部分从右向左，四位一组，最高位不足四位时，左边添 0 补足四位；小数部分从左向右，四位一组，最低位不足四位时，右边添 0 补足四位；然后将每组的四位二进制数用相应的十六进制数表示，即可以得到十六进制数。

例如，将二进制数$(10011111101111011.0111101)_2$换算成十六进制数的方法为

0010　　0111　　1111　　0111　　1011 ．0111　　1010

2　　　7　　　F　　　7　　　B．　7　　　A

所以，$(10011111101111011.0111101)_2=(27F7B.7A)_{16}$

十六进制数换算成二进制数的方法是：将每一位十六进制数用四位相应的二进制数表示。

例如，将十六进制数$(3E4F.A9)_{16}$转换为二进制数的方法为

3　　　　E　　　　4　　　　F．　　　　A　　　　9

0011　　1110　　0100　　1111．　　1010　　1001

所以，$(3E4F.A9)_{16}=(11111001001111.10101001)_2$

以上讨论可知，二进制与八进制、十六进制的转换比较简单、直观。所以在程序设计中，通常将书写起来很长且容易出错的二进制数用简捷的八进制数或十六进制数表示。

1.2.4　信息编码

数据编码就是规定用什么样的二进制码来表示字母、数字及专用符号。计算机系统中，有两种字符编码方式：ASCII 码和 EBCDIC 码。ASCII 码使用最为普遍，主要用在微型机与小型机中，而 EBCDIC 代码（Extended Binary Coded Decimal Interchange Code，扩展的二—十进

制交换码）主要用在 IBM 的大型机中。

1. ASCII 码

目前，国际上使用的字母、数字和符号的信息编码系统是采用美国标准信息交换码（American Standard Code for Information Interchange），简称为 ASCII 码。它有 7 位码版本和 8 位码版本两种。

国际上通用的 ASCII 码是 7 位码（即用七位二进制数表示一个字符）。总共有 128 个字符（$2^7=128$），其中包括：26 个大写英文字母，26 个小写英文字母，$0\sim9$ 共 10 个数字，34 个通用控制字符和 32 个专用字符（标点符号和运算符）。具体编码如表 1.2 所示。

表 1.2 　　　　　　　　　　　　**7 位 ASCII 码表**

字符 $b_4 b_3 b_2 b_1$ ＼ $b_7 b_6 b_5$	000	001	010	011	100	101	110	111
0000	NUL	DLE	SP	0	@	P	`	p
0001	SOH	DC1	!	1	A	Q	a	q
0010	STX	DC2	”	2	B	R	b	r
0011	ETX	DC3	#	3	C	S	c	s
0100	EOT	DC4	$	4	D	T	d	t
0101	ENQ	NAK	%	5	E	U	e	u
0110	ACK	SYN	&	6	F	V	f	v
0111	BEL	ETB	’	7	G	W	g	w
1000	BS	CAN	(	8	H	X	h	x
1001	HT	EM	)	9	I	Y	i	y
1010	LF	SUB	*	:	J	Z	j	z
1011	VT	ESC	+	;	K	[	k	{
1100	FF	S	,	<	L	\	l	|
1101	CR	GS	-	=	M	]	m	}
1110	SO	RS	.	>	N	^	n	~
1111	SI	US	/	?	O	_	o	DEL

要确定某个数字、字母、符号或控制符的 ASCII 码，可以在上表中先查到它的位置，然后确定它所在位置的相应行和列，再根据行确定低 4 位编码（$b_4b_3b_2b_1$），根据列确定高 3 位编码（$b_7b_6b_5$），最后将高 3 位编码与低 4 位编码合在一起（$b_7b_6b_5b_4b_3b_2b_1$）就是要查字符的 ASCII 码。例如，查表得到字母 R 的 ASCII 码为 1010010。

同样，也可以由 ASCII 码通过查表得到某个字符。例如，有一字符的 ASCII 码是 1100001，则查表可知，它是小写字母 a。

需要特别注意的是，十进制数字字符的 ASCII 码与它们的二进制数值是不同的。例如，十进制数 5 的七位二进制数是（0000101），而十进制数字字符"5"的 ASCII 码为$(0110101)_2 = (35)_{16} = (53)_{10}$。由此可见，数值 5 与数字字符"5"在计算机中的表示是不同的。数值 5 可以表示数的大小，并参与数值运算；而数字字符"5"只是一个符号，不能参与数值运算。

2．BCD 码

二进制具有很多优点，所以计算机内部采用二进制数进行运算。但二进制读起来不直观，人们希望用十进制数进行输入，在计算机内部用二进制运算，输出时再将二进制数转换成十进制数。通常将十进制数的每一位写成二进制数，这种采用若干位二进制数码表示一位十进制数的编码方案，称为二进制编码的十进制数，简称为二——十进制编码，即 BCD 码。BCD 码的编码方案很多，其中 8421 码是最常用的一种。

3．汉字编码

汉字处理系统对每种汉字输入方法规定了输入计算机的代码，即汉字外部码（又称输入码），由键盘输入汉字时输入的是汉字的外部码。计算机识别汉字时，要把汉字的外部码转换成汉字的内部码（汉字的机内码）以便进行处理和存储。为了将汉字以点阵的形式输出，计算机还要将汉字的机内码转换成汉字的字形码，确定汉字的点阵，并且在计算机和其他系统或设备需要信息、数据交换时还必须采用交换码。

（1）汉字外部码

汉字外部码又称输入码，由键盘输入汉字时主要是输入汉字的外码，每个汉字对应一个外部码。汉字输入方法不同，同一汉字的外码可能不同，用户可以根据自己的需要选择不同的输入方法。目前，使用最为普遍的汉字输入方法是拼音码、五笔字型码和自然码。

（2）汉字交换码（国标码）

汉字信息在传递、交换中必须规定统一的编码才不会造成混乱。目前国内计算机普遍采用的标准汉字交换码是 1980 年我国根据有关国际标准规定的《信息交换用汉字编码字符集——基本集》，即 GB2312—1980，简称国标码。

国标码基本集中收录了汉字和图像符号共 7 445 个，分为两级汉字。其中一级汉字 3755 个，属于常用汉字，按照汉字拼音字母顺序排序；二级汉字 3 008 个，属于非常用汉字，按照部首顺序排序；还收录了 682 个图形符号。

国标码采用两个字节表示一个汉字，每个字节只使用了低七位，汉字与英文完全兼容。但当英文字符与汉字字符混合存储时，容易发生冲突，所以人们把国标码的两个字节高位置 1，作为汉字的内码使用。

（3）汉字机内码

机内码是计算机内部存储和加工汉字时所用的代码。计算机处理汉字，实际上是处理汉字机内码。不管用何种汉字输入码将汉字输入计算机，为了存储和处理方便，都需要将各种输入码转换成长度一致的汉字内部码。一般用二个字节表示一个汉字的内码。

（4）汉字字形码

汉字字形码是一种汉字的输出码，其作用为汉字输出。但汉字机内码不能直接作为每个汉字输出的字形信息，还需根据汉字内码在字形库中检索出相应汉字的字形信息后才能由输出设备输出。对汉字字形经过数字化处理后的一串二进制数称为汉字输出码。

汉字的字形称为字模，以一点阵表示。点阵中的点对应存储器中的一位，16×16 点阵的汉字，有 256 个点，即 256 位。由于计算机中，8 个二进制位作为一个字节，所以 16×16 点阵汉字需要 2×16＝32 字节表示一个汉字的点阵数字信息（字模）。同样，24×24 点阵汉字需要 3×24＝72 个字节来表示一个汉字；32×32 点阵汉字需要 4×32＝128 个字节表示。点阵数越大，分辨率越高，字形越美观，但占用的存储空间越多。

汉字字库：汉字字形数字化后，以二进制文件形式存储在存储器中，构成汉字字模库。汉字字模库也称汉字字形库，简称汉字字库。

1.3　计算机系统的组成

1.3.1　计算机系统概述

微型计算机系统包括硬件系统和软件系统两大部分。硬件系统由中央处理器、内存储器、外存储器、输入设备和输出设备组成。软件系统分为两大类，即计算机系统软件和应用软件。通常微型计算机系统的组成如图 1.5 所示。

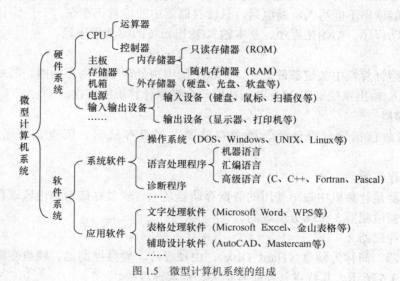

图 1.5　微型计算机系统的组成

1.3.2　硬件系统的组成

1．主机

主机是微型计算机中最重要的组成部件，它由中央处理器（CPU）、内存和主板三大部分组成。

（1）中央处理器

中央处理器（CPU）是微机系统的核心，它往往决定微机的档次。目前的中央处理器供应商主要有英特尔、AMD 和威盛这三大巨头。随着我国自主研发的"龙芯"系统中央处理器的出现，这种局面有可能被打破，尽管现阶段的"龙芯"处理器的性能指标还未达到世界先进水平，但发展迅速，有着广阔的市场前景。

中央处理器是硬件的核心，它主要包括运算器和控制器。中央处理器的主要性能指标有以下几个。

① 主频，即中央处理器的时钟频率，一般说来，主频越高其工作速度越快。在 2011 年，主流的中央处理器主频在 2.4GHz 以上。

② 二级高速缓存，内置高速缓存可以提高中央处理器的运行效率、高速缓冲存储器均由静态随机存储器组成，结构较复杂，其容量不可能太大。

③ 内在总线速度，是指中央处理器与二级高速缓存和内存之间的通信速度。

④ 工作电压，是指中央处理器正常工作所需的电压。随着中央处理器主频的提高，中央处理器工作电压有下降的趋势。

⑤ 制造工艺，精细的工艺使得晶体管门电路更大限度缩小，能耗降低，中央处理器更省电，这极大地提高了中央处理器的集成度和工作效率。

（2）内存

内存储器又称主存储器，是用来存放数据和程序的记忆装置。

内存一般分为随机存储器（RAM）和只读存储器（ROM）。随机存储器的特点是其中存入的信息可随时读出、写入，断电后随机存储器中信息全部丢失。只读存储器的特点是其中存入的信息只能读出不能写入，断电后，只读存储器中的信息仍存在。一般固化在只读存储器中的是自启动程序、初始化程序、基本输入/输出设备的驱动程序等。

（3）主板

主板是微型计算机中关键部件之一，主板上的中央处理器、内存插槽、芯片组及只读存储器、基本输入/输出系统（BIOS）共同决定一台微型计算机的档次。

2. 外存储器

外部存储器包括软盘存储器、硬盘存储器、光盘存储器、闪盘、磁带存储器等几大类。

（1）软盘存储器

软盘存储器是计算机中最早使用的数据存储器之一。软盘存储器是由软磁盘、软盘驱动器和软盘驱动器适配器 3 个部分组成的。

（2）硬盘存储器

硬盘存储器，简称为硬盘（Hard Disk），由硬盘片、硬盘控制器、硬盘驱动器及连接电缆组成，如图 1.6 所示。其特点是存储容量大、存取速度快。

（3）光盘存储器

光盘（Optical Disk）是利用激光信号进行数据读写的存储载体。通常读取光盘数据需要用光盘驱动器，简称光驱，如图 1.7 所示。

图 1.6　硬盘正面、反面及内部结构

图 1.7　光盘存储器

（4）USB 闪存盘

USB 闪存盘（简称闪盘或 U 盘）和固态硬盘的工作原理相同，但属于较低档次闪存，体积小，携带方便。闪盘出现后很快替代了最早的软盘。

3．输入设备

输入设备是向计算机输入程序、数据和命令的部件，常见的输入设备有键盘、鼠标、扫描仪、光笔、数字化仪、数码相机、话筒等。

（1）键盘

键盘是计算机必备的标准输入设备，用户的程序、数据及各种对计算机的命令都可以通过键盘输入，图 1.8 所示为 104 键键盘。

（2）鼠标

鼠标也是一种输入设备。尤其随着 Windows 的运用，鼠标已经成为与键盘并列的输入设备，其主要用于程序的操作、菜单的选择、制图等。

鼠标根据其使用原理可以分为：机械鼠标、光电鼠标和光电机械鼠标。按键数可以分为两键鼠标、三键鼠标和多键鼠标，如图 1.9 所示。

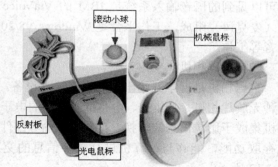

图 1.8　104 键键盘　　　　　　　　　　图 1.9　机械鼠标与光电鼠标

（3）扫描仪

扫描仪是一种光电一体化的高科技产品，它是将各种形式的图像信息输入计算机的重要工具，如图 1.10 所示。扫描仪由扫描头、主板、机械结构和附件 4 个部分组成。扫描仪按照其处理的颜色可以分为黑白扫描仪和彩色扫描仪两种；按照扫描方式可以分为手持式、台式、平板式和滚筒式 4 种。扫描仪的性能指标有分辨率、扫描区域、灰度级、图像处理能力、精确度、扫描速度等。

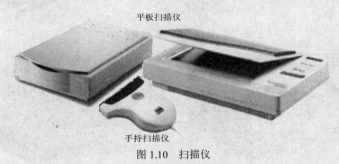

平板扫描仪

手持扫描仪

图 1.10　扫描仪

（4）光笔

文字输入主要是靠键盘进行，对于中文来说，需要进行学习熟悉后才能较快地输入。随着现代电子技术的发展，人们已经研制出了手写输入方法，其代表产品就是光笔，如图 1.11 所示。其原理是用一支与笔相似的定位笔（光笔）在一块与计算机相连的书写板上写字，根据压敏或电磁感应将笔在运动中的坐标位置不断送入计算机，使得计算机中的识别软件通过采集到的笔的轨迹来识别所写的字，然后再把得到的标准代码作为结果存储起来。因此手写输入的核心技术是识别软件。

图 1.11　光笔

（5）数字化仪

数字化仪是一种图形输入设备，它可以将各种图纸的图形信息转换成相应的计算机可以识别的数字信号输入计算机。它与绘图仪一起常用于工程设计单位。

（6）麦克风

利用话筒可以进行语音输入，这项技术实现了人们长期以来所追求的文字输入理想。目前可以见到的语音输入系统是 IBM 的 ViaVoice 连续语音识别系统。其硬件系统由声卡和话筒（麦克风）组成，工作平台是 Windows 98/2000 系统。此外，利用话筒和声卡还可以进行录音等工作。

（7）数码相机

数码相机是近年开始出现的摄影输入设备。数码相机是一种无胶片相机，是集光、电、机于一体的电子产品。数码相机集成了影像信息的转换、存储、传输等部件，具有数字化存取功能，能够与计算机进行数字信息的交互处理，如图 1.12 所示。

（8）其他输入设备

人们根据不同要求研制开发成了许多输入设备。例如，

图 1.12　数码相机

在许多公共场所经常见到查询系统使用的触摸屏；用于 PC 游戏的游戏手柄，如图 1.13 所示；在商场购物交款时，营业员使用的条形码阅读器，如图 1.14 所示；对标准化答卷进行评分的光电阅读仪等。

图 1.13　游戏手柄

图 1.14　条形码阅读器

4.　输出设备

输出设备是用来输出经过计算机运算或处理后所得的结果，并将结果以字符、数据、图形等人们能够识别的形式进行输出。常见输出设备有显示器、打印机、投影仪、绘图仪、声音输出设备等。

（1）显示器

显示器是计算机的最主要输出设备，用户通过显示器能及时了解到机器工作的状态，看到信息处理的过程和结果，及时纠正错误，指挥机器正常工作。

显示器由监视器和显示控制适配器（显示卡）组成，如图 1.15 和图 1.16 所示。

图 1.15　显示器

图 1.16　显示适配器（显卡）

显示器可以分为单色显示器和彩色显示器两种。

显示器的主要技术指标有屏幕尺寸、点距、显示分辨率、灰度和颜色深度及刷新频率。

分辨率是指能显示像素的数目，像素是可以显示的最小单位。例如，显示器的分辨率是 640×200，则共有 $640 \times 200 = 128000$ 个像素。

通常将显示器设计成为 25 行 80 列，一屏可以显示 $25 \times 80 = 2000$ 个字符。若显示器的分辨率是 $640 \times 350 = 224000$ 个像素，则每个字符宽度是 $640/80 = 8$ 个像素，每个字符高度是 $350/25 = 14$ 个像素，实际显示字符是每个字符的上下和左右各空一排像素；若显示器的分辨率是 $1024 \times 768 = 786432$ 个像素，则每个字符宽度是 $1024/80 \approx 13$ 个像素，每个字符高度是 $768/25 = 31$ 个像素。很显然，分辨率越高，则像素越多，能显示的图形就越清晰。

显示器的分辨率受点距和屏幕尺寸的限制，也和显示卡有关。

灰度和颜色深度：灰度指像素点亮度的级别数，在单色显示方式下，灰度的级数越多，图像层次越清晰；颜色深度指计算机中表示色彩的二进制位数，一般有 1 位、4 位、8 位、16 位和 24 位，24 位可以表示的色彩数为 1 600 多万种。

刷新频率：指每秒钟内屏幕画面刷新的次数。刷新频率越高，画面闪烁越小，通常是

75～90Hz。

（2）打印机

打印机可以将计算机的运行结果直接在纸上输出，方便人们的阅读，同时也便于携带。打印机按打印技术分为击打式和非击打式打印机。按印字方式分为串式打印机、行式打印机和页式打印机，按构成字符的方式分为字模式和点阵式打印机，按打印的宽度分为宽行打印机和窄行打印机。图 1.17 展示了各种类型的打印机。

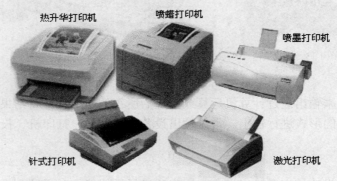

图 1.17　打印机的几种类型

击打式打印机一般指针式打印机，它是点阵式打印机，利用机械钢针击打色带和纸而打印出字符和图形。针式打印机按钢针数量分为 9 针、16 针和 24 针。一般来说，打印针越多打印的质量越高。

非击打式打印机是利用物理或化学方法来显示字符，包括喷墨、喷蜡、激光、热升华等打印机。

喷墨打印机是利用墨水通过精细的喷头喷到纸面上而产生字符和图像，字符光滑美观。它的特点是体积小、重量轻、价格相对便宜。

激光打印机是激光扫描技术与电子照相技术相结合的产物，由激光扫描系统、电子照相系统和控制系统三大部分组成。激光扫描系统利用激光束的扫描形成静电潜像，电子照相系统将静电潜像转变成可见图像输出。其特点是高速度、高精度、低噪声。

（3）绘图仪

绘图仪是一种输出图形硬拷贝的输出设备，如图 1.18 所示。绘图仪可以绘制各种平面、立体的图形，已成为计算机辅助设计（CAD）中不可缺少的设备。绘图仪按工作原理分为笔式绘图仪和喷墨绘图仪。绘图仪主要运用于建筑、服装、机械、电子、地质等行业中。

图 1.18　绘图仪

（4）声音输出设备

声音输出设备包括声卡和扬声器两部分。声卡（也称音频卡）插在主板的插槽上，通过外接的扬声器输出声音。

声卡可分为 8 位、16 位、32 位和 64 位声卡，位数越高则录制和播放的声音越接近真实，效果越好。现在多数的声卡均采用 16 位和 32 位（个别高档声卡采用 64 位）的分辨率，并且使用了三维环绕立体声技术，使微机具有音响的功能。

目前声卡的总线接口有 ISA 和 PCI 两种，PCI 已经成为主流，如图 1.19 所示。声卡除了发声以外，还提供录入、编辑、回放数字音频和进行 MIDI 音乐合成的功能。

扬声器主要有音箱和耳机两类。

（5）投影机

投影机主要用于电化教学、培训、会议等公众场合，它通过与计算机的连接，可以把计算机的屏幕内容全部投影到银幕上，如图 1.20 所示。随着技术的进步，高清晰、高亮度的液晶投影机的价格迅速下降，正在不断进入机关、公司、学校。投影机分为透射式和反射式两种。投影机的主要性能指标是：显示分辨率、投影亮度、投影度、投影尺寸、投影感应时间、投影变焦、输入源和投影颜色等。

实物投影机

图 1.19　PCI 声卡　　　　　　　　　　图 1.20　投影仪

1.3.3　软件系统的组成

如前所述，微型计算机是依靠硬件和软件的协同工作来完成某一给定任务的。一个完整的计算机系统包括硬件系统和软件系统两大部分。

微型计算机系统的软件极为丰富，要对软件进行恰当的分类是相当困难的。一种通常的分类方法是将软件分为系统软件和应用软件两大类。

1．系统软件

系统软件是管理、监控、维护计算机资源（包括硬件与软件）的软件。它包括操作系统、各种语言处理程序（微机的监控管理程序、调试程序、故障检查和诊断程序、高级语言的编译和解释程序）和各种工具软件等。

（1）操作系统

操作系统在系统软件中处于核心地位，其他系统软件要在操作系统支持下工作。常用操作系统有 DOS、Windows 98、Windows 2000、Windows NT、Linux、UNIX、OS/2 等。

（2）程序设计语言

它是软件系统的重要组成部分，而相应的各种语言处理程序属于系统软件。程序设计语言一般分为机器语言、汇编语言、高级语言和第四代语言四类。

① 机器语言：机器语言是最底层的计算机语言，是用二进制代码指令表达的计算机语言，能被计算机硬件直接识别并执行，由操作码和操作数组成。机器语言程序编写的难度较大且不容易移植，即针对一种计算机编写的机器语言程序不能在另一种计算机上运行。

② 汇编语言：汇编语言是用助记符代替操作码，用地址符代替操作数的一种面向机器

的低级语言，一条汇编指令对应一条机器指令。由于汇编语言采用了助记符，它比机器语言易于修改、编写、阅读，但用汇编语言编写的程序（称汇编语言源程序）机器不能直接执行，必须使用汇编程序把它翻译成机器语言即目标程序后，才能被机器理解、执行，这个编译过程称为汇编。

③ 高级语言：直接面向过程的程序设计语言称为高级语言，它与具体的计算机硬件无关，用高级语言编写的源程序可以直接运行在不同机型上，因而具有通用性。但是，计算机不能直接识别和运行高级语言，必须经过"翻译"。所谓"翻译"是由一种特殊程序把源程序转换为机器码，这种特殊程序就是语言处理程序。高级语言的翻译方式有两种：一种是"编译方式"，另一种是"解释方式"。编译方式是通过编译程序将整个高级语言源程序翻译成目标程序（.OBJ），再经过连接程序生成为可以运行的程序（.EXE）；解释方式是通过解释程序边解释边执行，不产生可执行程序。

最常用的高级语言有 BASIC、FORTRAN 和 C 等。

④ 第四代语言：面向对象的编程语言，一般有可视化、网络化、多媒体等功能。目前较流行的第四代编程语言有 Visual Basic、Visual C＋＋、Visual FoxPro、Delphi、Power Build 等。

（3）各种程序设计语言的处理程序

例如将汇编语言转换为机器语言的汇编程序，将高级语言转换为机器语言的编译程序或解释程序和作为软件研制开发工具的编辑程序、装配连接程序及数据库管理程序等。

（4）工具软件

工具软件又称服务软件，如机器的监控管理程序、调试程序、故障检查程序和诊断程序等。这些工具软件为用户编制计算机程序及使用计算机提供了很大的方便。

2．应用软件

应用软件是用户为了解决实际问题而编制的各种程序，如各种工程计算、模拟过程、辅助设计和管理程序、文字处理和各种图形处理软件等。

在微机中常用的应用软件有各种 CAD 软件、MIS 软件、Microsoft Office 2003/XP、WPS2003、Photoshop、IE 等。

1.4　键盘的使用

1.4.1　键盘识别

键盘由按键、键盘架、编码器、接口电容组成。键盘根据按键可以分为触点式和无触点式两类。机械触点式和薄膜式属于触点式键盘；电容式属于无触点式键盘，是目前键盘的发展方向。

根据按键的数量又分为 83 键、101 键、104/105 键及适用于 ATX 电源的 107/108 键键盘。由于 Windows 的广泛应用，104 键键盘已经被广泛使用，而 107/108 键则在较新型的高档微机上使用。

如 104 键键盘可以分为主键盘（打字）区、功能键区、控制键区、数字键盘区。如图 1.21 所示。

图 1.21　104 键键盘分区

1．操作键

主键区是键盘的主要使用区，用来输入各种字母、数字、常用运算符、标点和汉字等。除此之外，还有几个特殊的控制键及常用组合键，其功能如表 1.3 所示。

2．功能键

功能键区的按键又分为操作功能键（Esc、F1～F12）和控制键。在不同的软件中，可以对功能键 F1～F12 进行重新定义。

表 1.3　　　　　　　　　　　　　常用键及组合键的使用

键名	功能
Shift	又称上挡键，利用此键来输入上挡字符。方法是，按住此键不放，再按下某个双字符键，就可输入该键的上挡字符
Caps Lock	大写字母锁定键，利用此键来输入大写字母。此键在键盘右上角对应一指示灯，按一次此键，Caps Lock 指示灯会亮，输入大写英文字符；再按一下此键，将释放大写字母锁定功能，此后输入的字母将还原为小写字母形式
空格键	是位于键盘最下面的一个最长的键，按下空格键，将输入一个空格字符
Backspace	按下此键可使光标回退一格，删除光标左边的一个字符
Enter	回车键。按下此键，表示前面的输入结束
Tab	制表定位键
Alt	转换键，此键通常和其他键组成特殊功能键或复合控制键
Ctrl	控制键，此键单独使用没有意义，通常和其他键组合在一起使用
Ctrl + Alt + Delete	系统的热启动，使用的方法是：按住 Ctrl 键和 Alt 键不放，再单击 Delete 键

3．编辑键

编辑键区的 10 功能键又分成 8 个光标移动键和 2 个编辑操作键（Delete 和 Insert）。其功能如表 1.4 所示。

表 1.4　　　　　　　　　　　　光标移动键和编辑键的功能

按键	功能
←	光标左移一个字符
→	光标右移一个字符

续表

按键	功能
↑	光标上移一个字符
↓	光标下移一个字符
Home	光标移到行头或当前页头
End	光标移到行尾或当前页尾
Page Up	光标移到上一页
Page Down	光标移到下一页
Delete	删除键，删除光标所示位置后的一个字符
Insert	插入键。此键是开关键，有两种状态：插入状态和改写状态。按下此键（奇数次），进入插入状态，所输入的字符将被插入到当前光标之前；再按下此键（偶数次），进入改写状态，所输入的字符将覆盖当前光标处的字符

4．数字键

利用小键盘区可以快速、准确地进行数字的输入，它为专门从事数字数据录入的工作人员提供了极大的方便。该键盘区多数的键位分为上档键和下档键。

小键盘区的数字是上档字符。要连续进行数字输入时，可以按下数字锁定（Num Lock）键，按下该键后，键盘右上角 Num Lock 的指示灯亮，表示小键盘已处于数字锁定状态，输入为 0～9 和小数点"."。再按一下"Num Lock"键，则 Num Lock 指示灯熄灭，表示小键盘已处于非数字锁定状态，输入为下档光标移动键。

1.4.2　键盘输入的基本方法

不同型号的微机配置的键盘不尽相同，但主键盘区基本相同，其上各键（主要指字母键和数字键）的排列与英文打字机的键盘基本一致。由于主键盘区第三排的"A"、"S"、"D"、"F"、"J"、"K"、"L"、";"等键使用的频率最高，通常将其称为基本键位。

通常两手的两个拇指放在空格键上，其余 8 个手指放在基本键位上，手指与基本键位对应关系如图 1.22 所示。

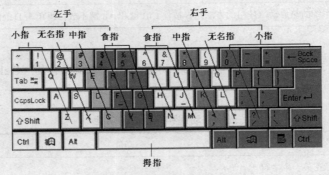

图 1.22　手指与基本键位对应关系

其中"F"和"J"两键称为基本定位键，两键上一般有一突出横线，可使左右食指迅速回到基本定位键上，其他手指回到相应的键位上。除拇指外，其 8 个手指各有一定活动范围。以纵向左倾斜与基本键位相对应为原则，把字符键位划分成 8 个区域，每根手指管辖一个区域。键盘的指法分区如图 1.22 所示。两个食指管辖的键位要多些。同一手指从基本键位到其他键位"执行任务"是靠手指不同的曲伸程度实现的。在击打完其他键后，只要时间允许手指要回到基本键位，以利于下一次击打其他键。

1．食指键（R、T、G、V、B、Y、U、H、N、M）的指法

"R"、"T"、"G"、"V"、"B"等键是"F"指（左手食指）的操作范围，击"G"键时"F"指向右伸展；击"R"键时，"F"指向上方伸展；击"T"键时，"F"指向右上方伸展；而"F"指向右下方微曲击"V"键；向右下方大斜度伸展击"B"键。"Y"、"U"、"H"、"N"、"M"键是由"J"指（右手食指）操作的，"J"指向左伸展击"H"键；微向左上方击"U"键；击"Y"键时，"J"指向左上方斜伸展；而"J"指向右下方微曲弹击"M"键；向左下方微曲弹击"N"键。击完键后，食指仍回到基本键位上。

2．中指键（E、C、I 和，）的指法

"E"键由"D"指（左手中指）左向微斜，上伸弹击；"C"键仍由"D"指右向微向下击。"I"键由"K"指（右手中指）左向微斜，上伸击；逗号键"，"同样用"K"指右向微斜，向下弹击。

3．无名指键（W、X、O 和.）的指法

击"W"、"O"键时，"S"指（左手无名指）和"L"指（右手无名指）分别微向左上方伸展；击"X"和点号"."键时，"S"指和"L"指分别微向右下方弯曲。

4．小指键（Q、Z、P 和/）的指法

"Q"、"P"分别位于"A"指（左手小指）、"；"指（右手小指）的左右上方，击键时只需将小指（"A"指和"；"指）微向左上伸展。"Z"、"/"键分别位于"A"指、"；"指的右下方，击键时将小指微向右下弯曲。

5．大写字母键指法

大写字母键分为首字母大写和连续大写两种。在英文输入操作时，经常遇到首字母大写的情况，这时可用"Shift"键控制大写字母输入。输入的基本规则：字母键属于左手键时，用右手小指控制"Shift"键。字母键属于右手键时，用左手小指控制"Shift"键。若要连续输入大写字母，则可按一下"Caps Lock"键，设置大写锁定，即可连续输入大写字母。

第 2 章

Windows 7 的基本使用

本章主要介绍了 Windows 7 的基本使用，包括 Windows 7 的基本操作、文件管理、磁盘管理与维护、控制面板的设置、汉字输入等知识。

本章学习目标
- 了解 Windows 7 的操作界面及计算机的启动与关机。
- 掌握 Windows 7 的文件管理。
- 能够运用磁盘管理工具对磁盘进行管理。
- 能够运用控制面板进行属性设置。
- 掌握常用的输入法。

2.1　Windows 7 的基本操作

2.1.1　Windows 7 的界面

登录 Windows 7 操作系统后，首先展现在用户视线前面的就是桌面。用户完成的各种操作都是在桌面上进行的，它包括桌面背景、桌面图标、"开始"菜单和任务栏 4 部分，如图 2.1 所示。

1．桌面背景

桌面背景是指 Windows 桌面的背景图案，又称为桌布或者墙纸，用户可以根据自己的喜好更改桌面的背景图案。

2．桌面图标

桌面图标是由一个形象的小图片和说明文字组成的，图片是它的标识，文字则表示它的名称或功能。

在 Windows 7 中，所有的文件、文件夹及应用程序都用图标来形象地表示，双击这些图标就可以快速地打开文件、文件夹或者应用程序，例如，双击"计算机"图标即可打开"计算机"窗口，如图 2.2 所示。

3．"开始"菜单

单击"任务栏"左侧的"开始"按钮，即可弹出"开始"菜单，如图 2.3 所示。

图 2.1　Windows 7 桌面

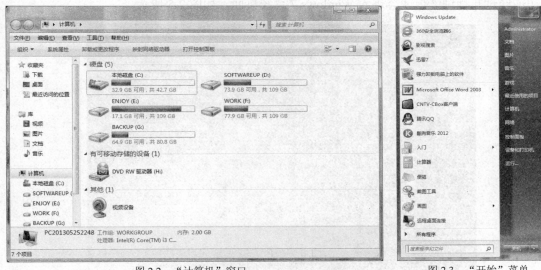

图 2.2　"计算机"窗口　　　　　　　　　　　　　图 2.3　"开始"菜单

4. 任务栏

"任务栏"是位于屏幕底部的水平长条。与桌面不同的是，桌面可以被打开的窗口覆盖，而"任务栏"在不设置自动隐藏的情况下始终可见，它主要由程序按钮区、通知区域和"显示桌面"按钮 3 部分组成。

图 2.4　任务栏

在 Windows 7 中，任务栏被全新设计，它拥有了新外观，除了保留传统的在不同的窗口之间切换界面外，Windows 7 的任务栏看起来更加方便，功能更加强大和灵活。

2.1.2　计算机的启动与关机

1．Windows 7 的启动

计算机中安装 Windows 7 操作系统之后，启动电脑的同时就会随之进入 Windows 7 操作系统。

启动 Windows 7 的具体步骤如下。

① 依次按下计算机的显示器和机箱的开关，电脑会自动启动并首先进行开机自检。自检画面中将显示电脑主板、内存、显卡和显存等信息（不同的电脑因配置不一样，所以显示的信息自然也就不相同）。

② 通过自检后会出现欢迎界面，根据使用该计算机的用户账户数目，界面分为单用户登录和多用户登录两种。

③ 单击需要登录的用户名，然后在用户名下方的文本框中会提示输入登录密码。

④ 输入登录密码后，按下"Enter"键或者单击文本框右侧的"右箭头"按钮，即开始加载个人设置。

⑤ 经过几秒钟之后就会进入 Windows 7 系统桌面，如图 2.5 所示。

图 2.5　Windows 7 的启动界面

2．Windows 7 的退出

用户通过关机、休眠、锁定、注销和切换用户等操作，都可以退出 Windows 7 操作系统。

（1）关机

计算机的关机操作与平常使用的家用电器不同，不是简单地关闭电源就可以了，而是需要在系统中进行关机操作。

① 正常关机。使用完计算机后都需要退出 Windows 7 并关闭计算机，正确的关机步骤如下。

- 单击"开始"按钮，弹出"开始"菜单，将鼠标移动到"关闭选项"按钮处，单击
  "关机"按钮，如图 2.6 所示。
- 系统即可自动地保存相关的信息。
- 系统退出后，主机的电源会自动关闭，电源指示灯灭，这样计算机就安全地关闭了，
  此时用户再将显示器电源的开关关闭即可。

② 非正常关机。关机还有一种特殊情况，被称为"非正常关机"。就是当用户在使用计算机的过程中突然出现了"死机"、"花屏"、"黑屏"等情况，不能通过"开始"菜单关闭计算机了，此时用户只要持续地按住主机机箱上的电源开关按钮几秒钟，主机就会自动关闭，然后关闭显示器的电源开关就可以了。

（2）休眠

休眠是退出 Windows 7 操作系统的另一种方法，选择休眠可以保存会话并关闭计算机，打开计算机时会还原会话。此时电脑并没有真正的关闭，而是进入了一种低耗能状态。

让计算机休眠的具体步骤如下。

① 单击"开始"按钮，弹出"开始"菜单，单击"关闭选项"按钮右侧的"右箭头"按钮，然后从弹出的"关闭选项"列表中选择"休眠"选项，如图 2.7 所示。

图 2.6　正常关机　　　　　　　　　　　　　图 2.7　休眠

② 此时计算机即进入休眠状态。如果用户要将计算机从休眠状态中唤醒，则必须重新启动计算机。按下主机上的"Power"按钮，启动电脑并两次登录，会发现已恢复到计算机休眠前的工作状态，用户可以继续完成休眠前的工作。

（3）锁定

当用户有事情需要暂时离开，但是电脑还在进行某些操作不方便停止，也不希望其他人查看自己电脑的信息时，就可以通过这一功能来使电脑锁定，恢复到"用户登录界面"。再次使用时只有输入用户密码验证后才能进行操作。具体的操作步骤如下。

① 单击"开始"按钮，弹出"开始"菜单，单击关闭选项"按钮右侧的"右箭头"按

钮，然后从弹出的"关闭选项"列表中选择"锁定"选项。

②　随即将锁定计算机进入"用户登录界面"。

③　此时用户只有输入登录密码才能再次使用计算机。

（4）注销

Windows 7 与之前的操作系统一样，允许许多用户共同使用一台电脑上的操作系统，每个用户共同使用一台电脑上的操作系统，每个用户都可以拥有自己的工作环境并对其进行相应的设置。当需要退出当前的用户环境时，可以通过"注销"的方式来实现。具体操作步骤如下。

①　单击"开始"按钮，弹出"开始"菜单，单击"关闭选项"按钮右侧的"右箭头"按钮，然后从弹出的"关闭选项"列表中选择"注销"选项。

②　如果当前用户还有程序在运行，则会出现提示窗口。

③　单击"开始"按钮，系统会取消"注销"操作，恢复到系统界面。如果单击"强制注销"按钮，系统会强制关闭运行程序，从而快速地切换到"用户登录界面"。

（5）切换账户

通过"切换用户"也能快速地退出当前的用户，并回到"用户登录界面"。具体的操作步骤如下。

①　单击"开始"按钮，弹出"开始"菜单，单击"关闭选项"按钮"关机"右侧的"右箭头"按钮，然后从弹出的"关闭选项"列表中选择"切换用户"选项。

②　系统会快速切换到"用户登录界面"，同时会提示当前登录的用户为"已登录"的信息

③　此时用户可以选择其他的"用户账户"（如 Admin）来登录系统，而不影响到"已登录"用户的账户设置和进行的操作。

2.2　Windows 7 的文件管理

2.2.1　文件概述

在操作系统中大部分的数据都是以文件的形式存储在磁盘上，用户对计算机的操作实际上就是对文件的操作，而这些文件的存放场所就是各个文件夹，因此文件和文件夹在操作系统中是至关重要的。

1．文件

（1）文件名

在操作系统中，每个文件都有一个属于自己的文件名，文件名格式是"主文件名.扩展名"。主文件名用于表示文件的名称，扩展名主要说明文件的类型。例如，名为"cmd.exe"的文件，"cmd"为主文件名，"exe"为扩展名，表示该文件为可执行文件。

（2）文件类型

操作系统是通过扩展名来识别文件的类型的，因而了解一些常见文件的扩展名对于管理和操作文件将有很大的帮助。文件分为程序文件、文本文件、图像文件和多媒体文件等。常

见文件的扩展名及其对应的文件类型如表 2.1 所示。

表 2.1 　　　　　　　　　　常用文件的扩展名及其对应的文件类型

文件扩展名	文件类型	文件扩展名	文件类型
avi	视频文件	pdf	图文多媒体文件
rar	WinRaR 压缩文件	zip	压缩文件
jpeg	图像压缩文件	txt	文本文件
bmp	位图文件（一种图像文件）	wps	Wps 文本文件

　　文件的种类很多，运行方式各不相同。不同文件的图标也不一样，只有安装了相关的软件才会显示正确的图标。

2．文件夹

（1）文件夹的存放原则

　　可以将程序、文件和快捷方式等各种文件存放到文件夹中，文件夹中还可以包括文件夹。为了能对各个文件进行有效的管理，便于文件的查找和统计，用户可以将同类文件集中地放置在一个文件夹内，这样就可以按照类别存储文件了。但是同一个文件夹中不能存放两个或两个以上相同名称的文件和文件夹。例如，文件夹中不能同时出现两个"a.doc"的文件，也不能同时出现两个"a"的文件夹。

　　通常情况下，每个文件夹都存放在一个磁盘空间里。文件夹路径则指出文件夹在磁盘中的存储位置，如"System 32"文件夹的存放路径为"计算机\本地磁盘 C:\Windows\System32"，如图 2.8 所示。

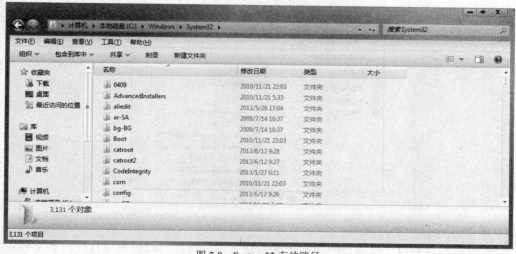

图 2.8　System32 存放路径

（2）文件夹的分类

根据文件的性质，可以将文件夹分为以下两类。

　　① 标准文件夹。用户平常所使用的用于存放文件和文件夹的容器就是标准文件夹。当打开标准文件夹时，它会以窗口的形式出现在屏幕上，关闭它时，则会收缩为一个文件夹图

示，用户还可以对文件夹中的对象进行剪切、复制和删除等操作。

② 特殊文件夹。特殊文件夹是 Windows 系统所支持的另一种文件夹格式，其实质就是一种应用程序，如"控制面板"、"打印机"和"网络"等。特殊文件夹是不能用于存放文件和文件夹的，但是其中的内容可以被查看和管理。

2.2.2　文件管理

1．新建文件和文件夹

（1）新建文件

新建文件的方法有两种，一种是通过右键快捷菜单新建文件，另一种是在应用程序中新建文件。

① 通过右键快捷菜单新建文件。

在桌面上或者某个文件夹中单击鼠标右键，在弹出菜单中选取"新建"命令，就会出现一个文档类型列表（如图 2.9 所示），这个列表中包含所有支持 OLE（对象链接和嵌入）功能的应用程序的文档类型。要新建一个新文档，只需从列表中选择一种类型即可。每新建一个新文档，系统就会自动地给它一个默认的名字。例如，要新建一个 Microsoft Word 文档，那么 Windows 7 就把这个新文档叫做"新建 Microsoft Word 文档"。如果这个名字命名的文档已经存在，系统会另外起一个名字，如"新建 Microsoft Word 文档（2）"。

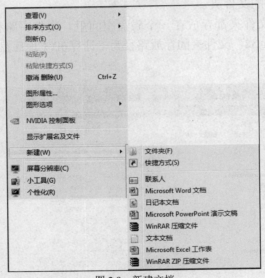

图 2.9　新建文档

② 在应用程序中新建文件。

一般情况，我们也可以通过应用程序来新建文档。例如，通过应用程序往新文档中加进一些数据，然后选择"文件"菜单中的"另存为"命令把它存放在磁盘上。

（2）新建文件夹

文件夹的新建方法也有两种，一种是通过右键快捷菜单新建文件夹，另一种是通过窗口"工具栏"上的"新建文件夹"按钮新建文件夹。

① 通过右键快捷菜单新建文件夹。在桌面上或者某个文件夹中单击鼠标右键，在弹出

菜单中选择"新建"命令，再选择"文件夹"命令，则此时将在窗口中新建一个名为"新建文件夹"的文件夹。

② 通过窗口"工具栏"上的命令按钮。

例如，在"本地磁盘（C:）"窗口中新建文件夹，可以打开"本地磁盘（C:）"窗口，再单击"新建文件夹"按钮，随即就会在窗口中新建一个名为"新建文件夹"的文件夹，如图2.10所示。

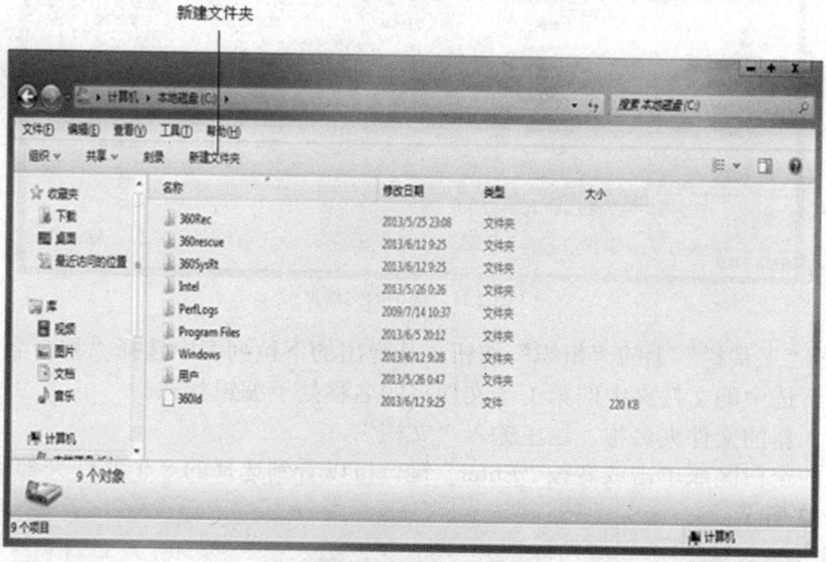

图 2.10　新建文件夹

2．重命名文件和文件夹

对新建的文件和文件夹，系统默认的名称是"新建……"，用户可以根据需要对其重新命名，以方便查找和管理。

（1）重命名单个文件或文件夹

可以通过以下3种方法对文件或文件夹重命名。

① 通过右键快捷菜单重命名。例如对文件重命名，可以在文件上单击鼠标右键，从弹出的快捷菜单上选择"重命名"菜单项，此时文件名称处于可编辑状态，直接输入新的文件名称即可。输入完毕在窗口空白区域单击或按下"Enter"键即可。

② 通过鼠标单击重命名。首先选中需要重命名的文件或文件夹，单击所选文件或文件夹的名称使其处于可编辑状态，然后直接输入新的文件或文件夹的名称即可。

③ 通过工具栏上的"组织"下拉列表重命名。选择需要重命名的文件或文件夹，然后单击"工具栏"上的"组织"按钮，从弹出的下拉列表中选择"重命名"选项。

此时，所选的文件或文件夹的名称处于可编辑状态，直接输入新文件或文件夹的名称，然后在窗口的空白处单击即可。

（2）批量重命名文件或文件夹

有时需要重命名多个相似的文件或文件夹，这时用户就可以使用批量重命名文件或文件夹的方法，方便快捷地完成操作。具体的操作步骤如下。

① 在磁盘分区或文件夹窗口中选中需要重命名的多个文件或文件夹，如图2.11所示。

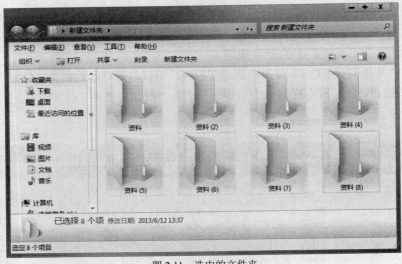

图 2.11　选中的文件夹

② 单击"工具栏"上的"组织"按钮，从弹出的下拉列表中选择"重命名"选项。

此时，所选中的文件夹中的第 1 个文件夹的名称处于编辑状态。

直接输入新的文件夹名称，这里输入"文档"。

在窗口的空白区域单击或者按"Enter"键，可以看到选择的 8 个文件夹都已经重新命名了，如图 2.12 所示。

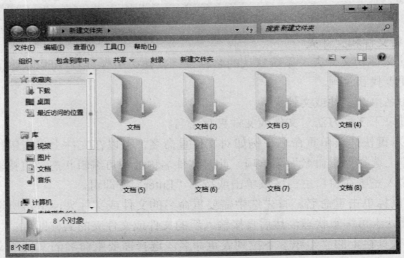

图 2.12　命名后的文件夹名称

3．复制和移动文件或文件夹

在日常操作中，经常需要对一些重要的文件或文件夹备份，即在不删除原文件或文件夹的情况下，创建与原文件或文件夹相同的副本，这就是文件或文件夹的复制。而移动文件或文件夹则是将文件或文件夹从一个位置移动到另一个位置，同时删除原文件或文件夹。

（1）复制文件或文件夹

复制文件或文件夹的方法有以下 4 种。

① 通过右键快捷菜单复制。选中要复制的文件或文件夹，单击鼠标右键，从弹出的快捷菜单中选择"复制"菜单项；打开要存放副本的磁盘或文件窗口，然后单击鼠标右键，从弹出的快捷菜单中选择"粘贴"菜单项，即可复制成功。

② 通过"工具栏"上的"组织"完成复制。选中要复制的文件或文件夹，单击"工具栏"上的"组织"按钮，从弹出的下拉列表中选择"复制"选项；打开要存放副本的磁盘或文件夹窗口，然后单击"组织"按钮，从弹出的下拉列表中选择"粘贴"选项，即可将复制的文件或文件夹粘贴到打开的分区或文件夹窗口中。

③ 通过鼠标拖动复制。选中要复制的文件或文件夹，按住"Ctrl"键的同时，按住鼠标不放将其拖曳到目标位置文件夹，此时出现"复制到……"的提示信息；释放鼠标和"Ctrl"键，即可将文件或文件夹复制到相应的文件夹中。

④ 通过组合键复制。按下"Ctrl + C"组合键可以复制文件，按下"Ctrl + V"组合键可以粘贴文件。

（2）移动文件或文件夹

移动文件或文件夹也可以通过以下 4 种方法实现。

① 通过右键快捷菜单中的"剪切"和"粘贴"菜单项移动。选中要移动的文件或文件夹，然后在其上单击鼠标右键，从弹出的快捷菜单中选择"剪切"菜单项；打开存放文件或文件夹的目标位置，然后单击鼠标右键，从弹出的快捷菜单中选择"粘贴"菜单项，即可实现文件或文件夹的移动。

② 通过"工具栏"上的"组织"下拉列表移动。选中要移动的文件或文件夹，然后单击"组织"按钮，从弹出的下拉列表中选择"剪切"选项；打开存放文件或文件夹的目标位置，然后单击"组织"按钮，从弹出的下拉列表中选择"粘贴"选项，即可实现文件或文件夹的移动。

③ 通过鼠标拖动移动。选中要移动的文件或文件夹，按住鼠标不放，将其拖动到目标文件夹中，然后释放，即可实现移动操作。

④ 通过组合键移动。选中要移动的文件或文件夹，按下"Ctrl + X"组合键，然后打开要存放该文件或文件夹的目标位置，接着在该目标处按下"Ctrl + V"组合键，即可完成对文件或文件夹的移动。

4．删除和恢复文件或文件夹

为了节省磁盘空间，可以将一些没有用处的文件或文件夹删除。有时删除后发现有些文件或文件夹中还有一些有用的信息，这时就要对其进行恢复操作。

（1）删除文件或文件夹

文件或文件夹的删除可以分为暂时删除（暂时到回收站）和彻底删除（回收站不存储）两种。

① 暂时删除文件或文件夹。可以通过以下 4 种方法删除文件或文件夹到回收站中。

● 通过右键快捷菜单：在需要删除的文件夹上单击鼠标右键，从弹出的快捷菜单中选择"删除"菜单项；此时会弹出"删除文件夹"对话框，询问"确实要把此文件夹放入回收站吗？"，单击"是"按钮，即可将选中的文件夹放入回收站。

● 通过"工具栏"上的"组织"下拉列表：选中要删除的文件，然后单击"组织"按钮，从弹出的下拉列表中选择"删除"选项；此时会弹出"删除文件"对话框，询

    问"确实要把此文件放入回收站吗？"，单击"是"按钮，即可将选中的文件放入回收站中。

- 通过"Delete"键：选中要删除文件，然后按下键盘上的"Delete"键，随即弹出"删除文件"对话框，询问"确实要把此文件放入回收站吗？"，单击"是"按钮，即可将选中的文件放入回收站中。
- 通过鼠标拖动：选中要删除的文件或文件夹，按住鼠标不放将其拖曳到桌面上的"回收站"图标上，然后释放即可。

② 彻底删除文件或文件夹。文件或文件夹一旦被彻底删除，在回收站中就不再存放，将永久地删除。可以通过下面4种方法彻底删除。

- "Shift"键+右键菜单：选中要删除的文件夹，按住"Shift"的同时在该文件夹上单击鼠标右键，从弹出的快捷菜单中选择"删除"菜单项；此时会弹出"删除文件夹"对话框，询问"确实要永久性地删除此文件夹吗？"，单击"是"按钮，即可将选中的文件夹彻底删除。
- "Shift"键+"组织"下拉列表：选中要删除的文件或文件夹，然后按住"Shift"的同时单击"工具栏"上的"组织"按钮，从弹出的下拉列表中选择"删除"选项；在弹出的对话框中单击"是"按钮，即可将选中的文件或文件夹彻底删除。
- "Shift+Delete"组合键：选中要删除的文件或文件夹，然后按"Shift+Delete"组合键，在弹出的对话框中单击"是"按钮，即可将选中的文件或文件夹彻底删除。
- "Shift"键+鼠标拖动：在按住"Shift"键的同时，按下鼠标左键将要删除的文件或文件夹拖曳到桌面上的"回收站"图标上，也可以将其彻底删除。

（2）恢复文件或文件夹

    用户将一些文件或文件夹删除后，若发现又需要用到该文件，只要没有将其彻底删除，就可以从回收站中将其恢复。具体的操作步骤如下。

① 双击桌面上的"回收站"图标，弹出"回收站"窗口，窗口中列出了已删除的文件或文件夹，选中要恢复的文件或文件夹，然后单击鼠标右键，从弹出的快捷菜单中选择"还原"菜单项，或者单击"工具栏"上的"还原此项目"按钮，如图2.13所示。

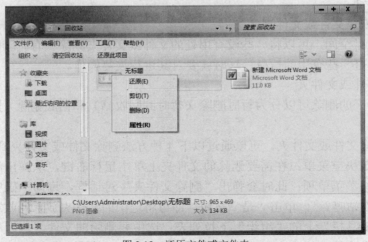

图2.13　还原文件或文件夹

② 此时被还原的文件就会重新回到原来被存放的位置。

③ 在 "回收站" 窗口的工具栏上单击 "还原所有项目" 按钮，可以将回收站中的所有项目还原至原位置。

④ 单击 "清空回收站" 按钮，可以彻底删除回收站中的所有项目。

2.3　磁盘管理与维护

2.3.1　磁盘概述

磁盘设备应包括磁盘驱动器、适配器及盘片，它们既可以作为输入设备，也可作为输出设备或称载体。软盘的读和写控制，即输入或输出是由磁盘驱动器及其适配器来完成的，从功能上来说，一台磁盘设备与一台录放机的作用是相同的，一盘录音带可反复地录音，那么软盘片或硬盘片，或称信息载体，也可以反复地被改写。

2.3.2　磁盘管理工具

1．查看磁盘容量

查看磁盘剩余空间的操作步骤如下。

① 在桌面上双击 "计算机" 图标，打开 "计算机" 窗口。

② 用鼠标单击需要查看的硬盘驱动器图标，窗口底部状态栏上就会显示出当前磁盘的总容量和可用的剩余空间信息。

③ 用鼠标右键单击需要查看的磁盘驱动器图标，在弹出的快捷菜单中选择 "属性" 命令，打开该磁盘的 "属性" 对话框，在其中就可了解磁盘空间占用情况等信息。如图 2.14 所示。

2．磁盘格式化

磁盘格式化操作是磁盘分区管理中最重要的工作之一，具体格式化的操作步骤如下。

① 在桌面上双击 "计算机" 图标，打开 "计算机" 窗口。

② 选中磁盘驱动器图标，单击右键从快捷菜单中选择 "格式化（A）…" 命令，此时会弹出 "格式化" 对话框，如图 2.15 所示。

在对话框中可以做以下选择。

- 指定格式化分区采用的文件系统格式为 NTFS 或 FAT32。
- 指定逻辑驱动器的分配单位的大小，分配单位是存储文件的最小空间，分配单位越小，越能高效地使用磁盘空间，减少空间浪费。
- 为驱动器设定卷标名。
- 如果选择 "快速格式化" 方式，能够快速完成格式化工作，但这种格式化不检查磁盘的损坏情况，其实际功能相当于删除文件。

3．磁盘碎片整理

用户在使用计算机过程中看到的每个文件，其内容都是连续的，并没有出现几个文件内容掺杂在一起的情况。而事实上，磁盘上文件的物理存放方式却往往是不连续的，这样做提高了磁盘空间的机动灵活性，从而提高磁盘空间的利用率。当用户修改文件、删除文件或存放文件时，文件在磁盘上就往往被分成几块不连续的碎片，随着碎片的增多，会降低系统的速度。

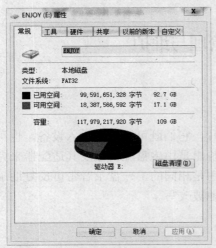

图 2.14　　"属性"对话框

图 2.15　　"格式化"对话框

　　而"磁盘碎片整理程序"正是解决磁盘文件碎片问题的系统工具。具体碎片整理的操作步骤如下。

　　① 在桌面上双击"计算机"图标，打开"计算机"窗口。

　　② 选中磁盘驱动器图标，单击右键从快捷菜单中选择"属性"命令，此时会弹出"属性"对话框。

　　③ 单击"工具"选项卡，再单击"立即进行碎片整理"按钮，则弹出"磁盘碎片整理程序"窗口。

　　④ 选取具体的磁盘，对其执行"分析磁盘"和"磁盘碎片整理"命令，即可完成对该磁盘的碎片整理。

2.4　控　制　面　板

2.4.1　"添加/删除程序"设置

　　使用"控制面板"窗口中的"卸载程序"功能，可以实现对程序的更改和卸载。其具体操作步骤如下。

　　① 单击"开始"按钮，从弹出的"开始"菜单中选择"控制面板"菜单项。

　　② 随即弹出"控制面板"窗口，单击"卸载程序"按钮，如图 2.16 所示。

　　③ 随即弹出"程序和功能"窗口，在下方的列表框中选择要卸载的应用程序，然后单击"卸载/更改"按钮，如图 2.17 所示。

卸载程序

图 2.16　控制面板

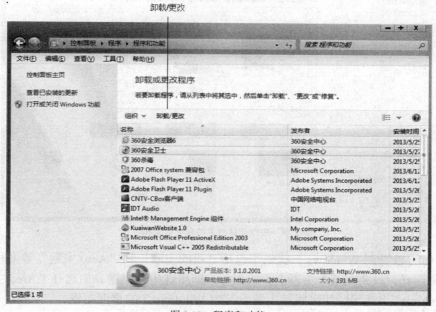

图 2.17　程序和功能

④ 随即弹出"360 安全卫士卸载"对话框,选择"我要直接卸载 360 安全卫士"单选按钮,单击"开始卸载"按钮。

⑤ 随即弹出"360 产品"对话框,提示用户"你确定要完全移除 360 安全卫士,以及所有的组件?"。

⑥ 单击"是"按钮,弹出"360 安全卫士卸载"对话框,显示正在卸载的项目及进度。

⑦ 随即弹出"360 安全卫士卸载"对话框,提示用户卸载即将完成。

⑧ 单击"下一步"按钮，随即弹出"360安全卫士卸载"对话框，提示用户卸载完成。

⑨ 单击"完成"按钮，至此卸载360安全卫士的操作基本完成。

2.4.2 "显示属性"设置

1．桌面主题

桌面上的所有可视元素和声音统称为 Windows 桌面主题，用户可以根据自己的喜好和需要，对 Windows 7 的桌面主题进行相应的设置。

设置 Windows 7 的桌面主题的具体步骤如下。

① 在"控制面板"窗口中选择"更改主题"，或者在桌面空白处单击鼠标右键，从弹出的快捷菜单中选择"个性化"菜单项，弹出"更改计算机上的视觉效果和声音"窗口，如图 2.18 所示。

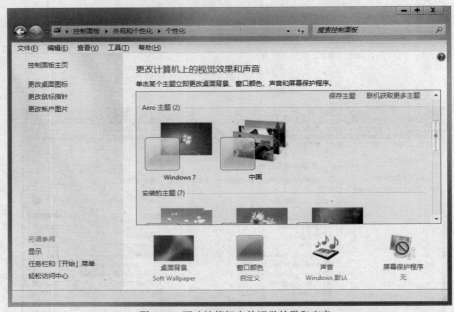

图 2.18 更改计算机上的视觉效果和声音

② 此时可以看到 Windows 7 提供了包括"我的主题"和"Aero 主题"等多种个性化的主题供用户选择。只要在某个主题上单击鼠标，即可选中该主题。如选择"Areo 主题"菜单下的"Windows 7"选项，即可将该主题设置为 Windows 7 的桌面主题。

2．桌面背景

与之前的 Windows 操作系统一样，用户也可以根据自己的喜好个性化 Windows 7 的桌面背景。

在 Windows 7 中系统提供了很多个性化的桌面背景，包括图片、纯色或带有颜色框架的图片等。用户可以根据自己的需要收集一些数字图片作为桌面背景，也可以将桌面背景设置为很多张图片的幻灯片显示。

（1）利用系统自带的桌面背景

Windows 7 操作系统中自带了包括建筑、人物、风景和自然等很多精美漂亮的背景图片，用户从中挑选自己喜欢的图片作为桌面背景即可。具体操作步骤如下。

① 按照前面介绍的方法打开"更改计算机上的视觉效果和声音"窗口。

② 选择"桌面背景"选项，弹出"选择桌面背景"窗口，"图片位置"下拉列表中列出了 4 个系统默认的图片存放文件夹，选择其中的任意一个选项，下方的列表框中就会显示出该文件夹中包含的图片，如图 2.19 所示。

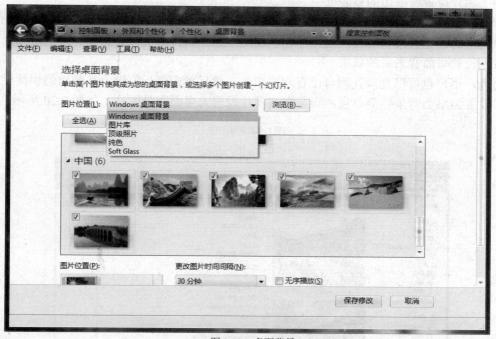

图 2.19　桌面背景

③ 在"图片位置"下拉列表中选择"Windows 桌面背景"选项，此时下边的列表框中会显示场景、风景、建筑、人物、中国和自然 6 个图片分组共 36 张精美图片，这里在"中国"分组中的一幅图片上单击鼠标将其选中。

④ 在 Windows 7 操作系统中，桌面背景有 5 种显示方式，分别为填充、适应、拉伸、平铺和居中。用户可以在"选择桌面背景"窗口左下角的"图片位置"下拉列表中选择适合自己的选项，这里选择"填充"显示方式。

⑤ 设置完毕单击"保存修改"按钮，系统会自动返回"更改计算机上的视觉效果和声音"窗口，在"我的主题"组合框中会出现一个"未保存的主题"图片标识，即为刚才设置的图片，然后单击"保存主题"按钮。

⑥ 弹出"将主题另存为"对话框，在"主题名称"文本框中输入主题名称，然后单击"保存"按钮即可。

（2）将自定义的图片设置为桌面背景

虽然 Windows 7 自带的背景图片都非常精美，但时间长了也就没有新鲜感了，这时用户可以把自己平时收藏的精美图片找出来，设置成个性化桌面背景，同时还可以使用"画图"程序或者 Photoshop 等绘图软件进行加工，使其更完美。

将自己喜欢的图片设置为桌面背景的具体步骤如下。

① 按照前面介绍的方法打开"选择桌面背景"窗口。

② 单击"图片位置"下拉列表框后面的"浏览"按钮，弹出"浏览文件夹"对话框，找到图片所在的文件夹。

③ 单击"确定"按钮，返回"选择桌面背景"窗口，可以看到所选择的文件夹中的图片已在"图片位置"下边的列表框中列出。

④ 从列表框中选择一个图片作为桌面背景图片，然后单击"保存修改"按钮，返回"更改计算机上的视觉效果和声音"窗口，在"我的主题"组合框中保存主题即可。返回桌面，即可看到设置桌面背景后的效果。

另外，用户也可以直接找到自己喜欢的图片，然后单击鼠标右键，从弹出的快捷菜单中选择"设置为桌面背景"菜单项，即可将该图片设置为桌面背景图片，如图 2.20 所示。

图 2.20　设置桌面背景

2.4.3 　"鼠标属性"设置

鼠标用于帮助用户完成对电脑的一些操作。为了使用方便，用户可以对其进行一些相应的设置。

进行鼠标个性化设置的具体步骤如下。

① 选择"开始"→"控制面板"菜单项，弹出"控制面板"窗口。

② 在"查看方式"下拉列表中选择"小图标"选项，如图 2.21 所示。

③ 在"所有控制面板项"窗口，单击"鼠标"图标，弹出"鼠标属性"对话框，切换到"鼠标键"选项卡，如图 2.22 所示。

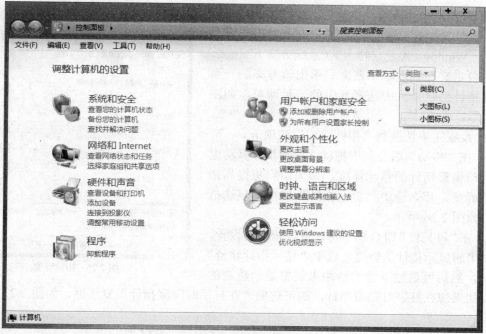

图 2.21　控制面板

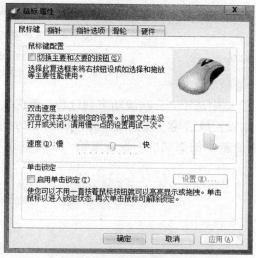

图 2.22　鼠标属性

④ 在"鼠标键配置"组合框中设置目前起作用的是哪个键，如选中"切换主要和次要的按钮"复选框，此时起主要作用的就变成了右键，如图 2.23 所示。

⑤ 拖动"双击速度"组合框中"速度"滑块，设置鼠标双击的速度，如图 2.24 所示。

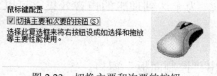

图 2.23　切换主要和次要的按钮

图 2.24　双击速度

⑥ 设置完毕切换到"指针"选项卡。

⑦ 在"方案"下拉列表中选择鼠标指针方案，如选择"Windows 黑色（特大）（系统方案）"选项，此时"自定义"列表框中就会显示出该方案的一系列鼠标指针形状，从中选择其中的一种即可，如图 2.25 所示。

⑧ 设置完毕切换到"指针选项"选项卡。

⑨ 在"移动"组合框中拖动"选择指针移动速度"滑动调整指针的移动速度。如果用户想提高指针的精确度，那么选中"提高指针精确度"复选框即可，如图 2.26 所示。

⑩ 在"可见性"组合框中可以进行相应的设置。用户如果想显示指针的轨迹，选中"显示指针轨迹"复选框，然后可通过下方的滑块来调整显示轨迹的

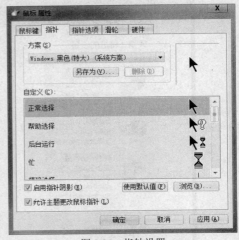

图 2.25　指针设置

长短。如果想在打字时隐藏指针，则可选中"在打字时隐藏指针"复选框，如图 2.27 所示。

图 2.26　移动

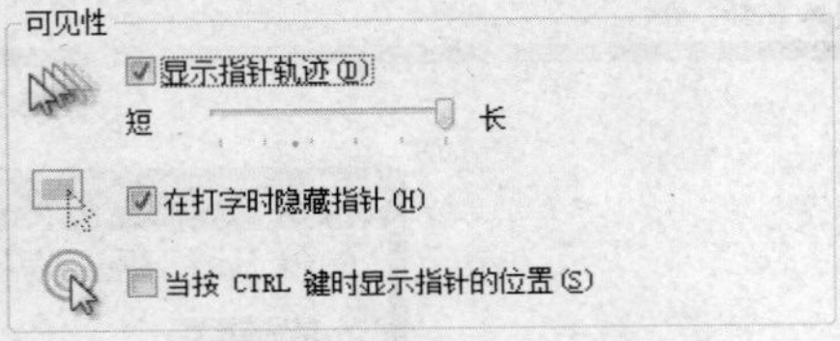

图 2.27　可见性

⑪ 设置完毕切换到"滑轮"选项卡。

⑫ 在"垂直滚动"组合框中选中"一次滚动下列行数"单选按钮，然后在下面的微调框中设置一次滚动的行数，如设置成滑轮一次滚动 3 行，如图 2.28 所示。

⑬ 在"水平滚动"组合框中的微调框中设置滚轮一次可以显示的字符数目，如图 2.29 所示。

图 2.28　垂直滚动

图 2.29　水平滚动

⑭ 设置完毕依次单击"应用"和"确定"按钮即可。

2.4.4　"声音和音频设备"的设置

声音设置用于帮助用户完成对声音的一些操作。为了达到理想的声音效果，可以对其进行一些相应的设置。

进行声音设置的具体步骤如下。

① 选择"开始"→"控制面板"菜单项，弹出"控制面板"窗口。

② 在"查看方式"下拉列表中选择"小图标"选项，结果如图 2.30 所示。

图 2.30　所有控制面板项窗口

③ 在"所有控制面板项"窗口，单击"声音"图标，弹出"声音"对话框，切换到"播放"选项卡，如图 2.31 所示。

图 2.31　声音对话框

④ 选择"属性"按钮→"声音"选项卡→"级别"按钮，弹出"平衡"对话框，可以通过拖动"左前"和"右前"来调节左右声道，如图 2.32 所示。

⑤ 在"声音"对话框上单击"声音"选项卡，在"程序事件"组合框中，如果想播放 Windows 启动声音，可选中"播放 Windows 启动声音"复选框，如图 2.33 所示。

图 2.32　平衡对话框

图 2.33　程序事件组合框

⑥ 另外，单击"任务栏"右边的"扬声器"按钮→"合成器"按钮，弹出"音量合成器"对话框，可以设置"设备"和"应用程序"的声音大小，如图 2.34 所示。

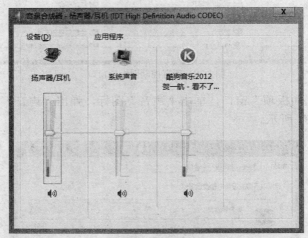

图 2.34　音量合成器

2.4.5　"Internet 选项"设置

① 如前所述，在"所有控制面板项"窗口中单击"Internet 选项"图标，弹出"Internet 属性"对话框，如图 2.35 所示。

② 在"主页"组合框中可以设置浏览器打开的主页，将要设置为主页的网址输入到文本框，如设置为"www.baidu.com"。

③ 在"浏览历史记录"组合框中单击"删除"按钮，可以删除临时存放的文件等。也可以选择"退出时删除浏览历史记录"复选框，在退出网页时删除浏览的记录。

④ 选择"安全"选项卡，如图 2.36 所示。

⑤ 在"该区域的安全级别"组合框中可以针对不同的区域可以分别设置相应的安全设置级别。

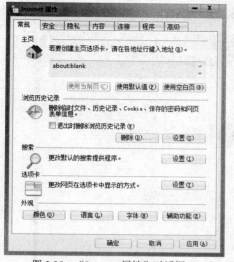

图 2.35　"Internet 属性"对话框

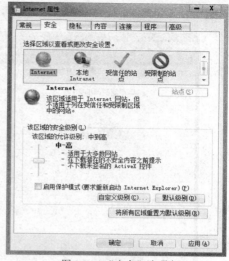

图 2.36　"安全"选项卡

2.4.6　"用户账户"设置

同 Windows XP、Windows Vista 操作系统类似，在 Windows 7 操作系统中，同样可以设置多个用户账户，不同的账户类型拥有不同的权限，它们之间相互独立，从而可达到多人使用同一台电脑而又互不影响的目的。

1. 添加新的用户账户

在 Windows 7 中添加新的用户账户很简单，这里以增加一个标准用户为例，具体的操作步骤如下。

① 选择"开始"→"控制面板"菜单项，弹出"控制面板"窗口，在"用户账户和家庭安全"功能区中单击"添加或删除用户账户"链接，如图 2.37 所示。

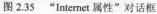

图 2.37　选择"添加或删除用户账户"

② 弹出"选择希望更改的账户"窗口，如图 2.38 所示。

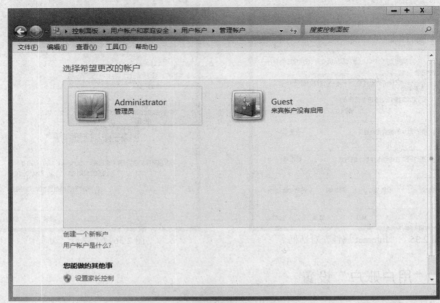

图 2.38 "选择希望更改的账户"窗口

③ 单击"创建一个新账户"链接，弹出"命名账户并选择账户类型"窗口，如图 2.39 所示。

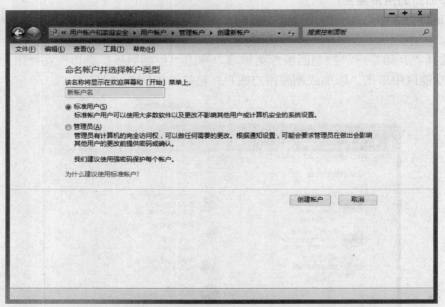

图 2.39 "命名账户并选择账户类型"窗口

④ 在"该名称将显示在欢迎屏幕和「开始」菜单上"下的文本框中输入要创建的用户账户名称，在此输入"神龙工作室"，选中"标准用户"单选钮，然后单击"创建账户"按钮即可，如图 2.40 所示。

图 2.40　创建用户

2. 设置用户账户图片

用户可以为新创建的用户账户更改图片。Windows 7 操作系统中自带了大量的图片，用户可以从中选择自己喜欢的图片，将它设置为自己的头像。下面以刚创建的用户账户"神龙工作室"为例，介绍设置用户账户图片的操作方法，具体的操作步骤如下。

① 按照前面介绍的方法打开"选择希望更改的账户"窗口。

② 单击"神龙工作室" 的用户账户图标，弹出"更改神龙工作室的账户"窗口。在此窗口中可以进行"更改账户名称"、"创建密码"、"更改图片"、"设置家长控制"、"更改账户类型"、"删除账户"和"管理其他账户"的操作，如图 2.41 所示。

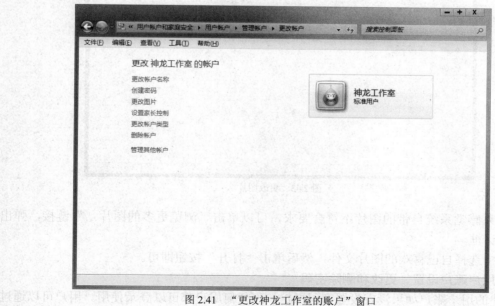

图 2.41　"更改神龙工作室的账户"窗口

③ 单击"更改图片"链接，弹出"为神龙工作室的账户选择一个新图片"的窗口，如图 2.42 所示。

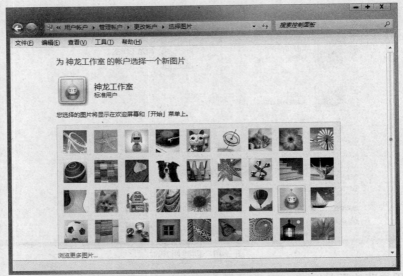

图 2.42　"为神龙工作室的账户选择一个新图片"的窗口

④ 从图片列表中选择自己喜欢的图片，然后单击"更改图片"按钮，即可将其设置为该账户的头像，如图 2.43 所示。

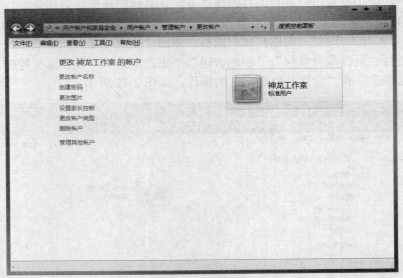

图 2.43　更改图片

⑤ 如果感觉系统自带的图片不符合要求，可以单击"浏览更多的图片…"链接，弹出"打开"对话框。

⑥ 从中选择自己喜欢的图片文件，然后单击"打开"按钮即可。

3．为用户账户设置、更改和删除密码

新创建的用户账户如果没有设置密码保护，那任何用户都可以登录使用。用户可以通过设置或者不定期更改用户账户的密码，更好地保护系统的安全。

下面为刚创建的"神龙工作室"用户账户设置密码，同时介绍如何更改和删除密码。

① 按照前面介绍的方法打开"更改神龙工作室的账户"窗口。

② 单击"创建密码"链接，弹出"为神龙工作室的账户创建一个密码"窗口，如图 2.44 所示。

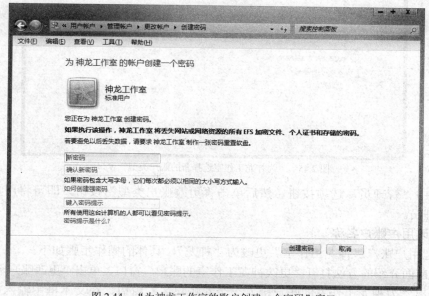

图 2.44　"为神龙工作室的账户创建一个密码"窗口

③ 在"新密码"和"确认新密码"文本框中输入要创建的密码，接着在"键入密码提示"文本框中输入密码提示信息，然后单击"创建密码"按钮即可。

④ 如果用户感觉设置的密码过于简单或者担心长时间使用后密码信息泄露，还可以更改。打开"更改神龙工作室的账户"窗口，单击"更改密码"链接。

⑤ 弹出"更改神龙工作室的密码"窗口，首先在"新密码"和"确认新密码"文本框中输入要创建的新密码，接着在"键入密码提示"文本框中输入密码提示，然后单击"更改密码"按钮即可。

⑥ 设置了密码的用户账户在登录时需要输入密码。如果是个人电脑用户，可以取消设置的密码，方法很简单，在"更改神龙工作室的账户"窗口中单击"删除密码"链接。

⑦ 弹出"删除密码"窗口，直接单击"删除密码"按钮即可。

4．更改用户账户的类型

在 Windows 7 操作系统中，有超级管理员（Administrator）、系统默认管理员和标准用户等分类，不同类型的用户具有不同的操作权限。其中 Administrator 的操作权限最高，对系统文件的更改都需要切换到这个用户下进行。平时用户使用最多的是管理员和标准用户。

刚创建的"神龙工作室"用户账户只具有标准用户的权限，如果在使用中发现权限不够，可以把它提升为管理员身份。具体的操作步骤如下。

① 用前面介绍的方法打开"更改神龙工作室的账户"窗口，单击"更改账户类型"链接。

② 弹出"为神龙工作室选择新的账户类型"窗口，如图 2.45 所示。

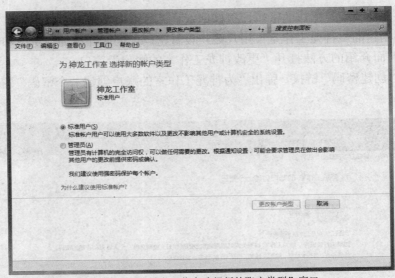

图 2.45　"为神龙工作室选择新的账户类型"窗口

③ 选中"管理员"选项按钮，然后单击"更改账户类型"按钮，即可将用户账户类型更改为管理员。

5．更改用户账户名称

这里把用户账户"神龙工作室"更改为"神龙"，具体的操作步骤如下。

① 用前面介绍的方法打开"更改神龙工作室的账户"窗口，单击"更改账户名称"链接。

② 弹出"为神龙工作室的账户键入一个新账户名"窗口，在文本框中输入新的用户账户名称，如图 2.46 所示。

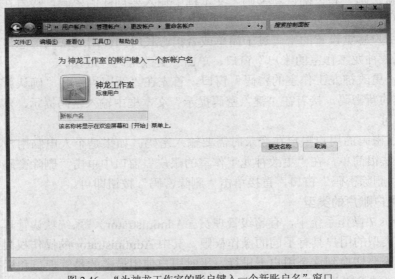

图 2.46　"为神龙工作室的账户键入一个新账户名"窗口

③ 在此输入"神龙"，然后单击"更改名称"按钮即可。

6．删除用户账户

当某个账户不用时，可以将其删除，以便更好地保护 Windows 7 操作系统的安全。例如，要删除"神龙"用户账户，具体操作步骤如下。

① 打开"更改神龙工作室的账户"窗口，单击"删除账户"链接。

② 弹出"是否保留神龙的文件"窗口。

③ 用户可以从中选择是否保留该用户的文件，一般推荐直接删除文件，单击"删除文件"按钮，弹出"确实要删除神龙的账户吗？"窗口。

④ 单击"删除账户"按钮，即可将该用户账户从电脑中删除。

2.5　汉 字 输 入

2.5.1　输入法语言栏的使用

20 世纪 80 年代以来，计算机的汉字输入技术得到重大突破，各种输入方法百花齐放，这使得用户通过计算机进行汉字处理变得相当方便。Windows 7 中文版操作系统就提供了微软拼音、智能 ABC、全拼、双拼等输入法。安装完中文输入法后，用户就可以在 Windows 7 工作环境中单击任务栏右下角的语言栏，弹出如图 2.47 所示的当前系统已装入的输入法列表框。此时只需要单击所需的输入法即可选择相应的输入方法。用户可以使用"Ctrl + Space"组合键来启动或关闭中文输入法，还可以使用"Alt + Shift"（或"Ctrl + Shift"）组合键在英文及各种中文输入法之间进行切换。

实际应用时为了更快地打开所需输入法，还可以为输入法设置快捷键。

图 2.47　输入法选择

主要操作步骤如下。

① 用鼠标右键单击任务栏中的输入法图标，选择"设置"命令，弹出"文本服务和输入语言"对话框，在此可以添加或删除相应的输入法，如图 2.48 所示。

② 单击"高级键设置"选项卡，可设置相应输入法切换的快捷键，如图 2.49 所示。

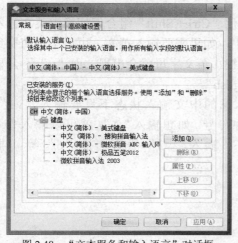

图 2.48　"文本服务和输入语言"对话框

图 2.49　"高级键设置"选项卡

③ 选中要设置快捷键的输入法，单击"更改按键顺序"按钮，弹出"更改按键顺序"对话框，如图 2.50 所示。

④ 选中"启用按键顺序"复选框，再设置使用的快捷键。把"搜狗拼音输入法"的快捷键设置为"左手 Alt + Shift + 0"后，便可以用这个组合键把输入法切换为"搜狗拼音输入法"。

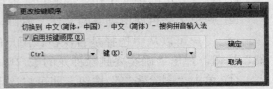

图 2.50 "更改按键顺序"对话框

在中文输入过程中按"Esc"键，清除输入法窗口的外码输入区及选择区，取消刚才的输入操作，等待新输入。在输入中文时，若需输入大写英文字符，可打开"Caps Lock"键。关闭"Caps Lock"键后，即可继续输入中文。Windows 内置的某些输入法中，还有自身携带的其他输入方式，用户可以使用输入方式切换按钮进行切换。

选用中文输入法后，按"Shift + Space"组合键，即可进行全角/半角切换。也可以使用鼠标单击输入法状态窗口中的"全角/半角"按钮进行切换。

2.5.2　智能 ABC 输入法

智能 ABC 不是一种纯粹的拼音输入法，而是一种音形结合的输入法。因此在输入拼音的基础上如果再加上该字第一笔形状编码的笔形码，就可以快速检索到这个字。笔形码所代替的笔形如下。

1：横，2：竖，3：撇，4：捺、点（如：情 qing42），5：左拐，6：右拐（如：结　姐　发飞），7：交叉（如：希喜土王义），8：方框。

例如，输入"吴"字，输入"wu8"即可减少检索时翻页的次数，检索范围大大缩小，一般两笔，三笔之后无意义。

同时在输入时使用词组速度更快，输入"["取词组首字，输入"]"取词组尾字，如：喜欢"xi7h"，希望"xi7w"，希"xi7w["，望"xi7w]"。

很多用户在输入中文时，都使用智能 ABC 输入法，可是要想更快速、更方便，就一定得了解其中"v"和"i"这两个字母的秘密。

① 与"v"键的组合使用。

用智能 ABC 输入含有英文的中文语句时，使用"Ctrl + Shift"组合健切换中英文输入状态十分麻烦。其实智能 ABC 在输入拼音的过程中，如果需要输入英文，可以不必切换到英文方式。输入"v"再输入想输入的英文，按空格键，英文字母就会出现，而"v"不会显现出来。如输入"venglish"按空格，就会得到"english"。

"v"也可输入图形符号。在智能 ABC 输入法的中文输入状态下只要输入"v1"～"v9"就可以输入 GB—2312 字符集 1～9 区各种符号。如想输入"∆"，就可以输入"v6"，然后选择"4"就得到了"∆"；想输入"&&"，输入"v3"然后选择"6"等，非常方便。

② 与"i"键的组合使用。

字母和量词的对应规则如表 2.2 所示。

表 2.2　　　　　　　　　　　　　　　　　字母和量词的对应

a:秒	b:百	c:厘	d:第	e:亿
f:分	g:个	h:时	i:毫	j:斤
k:克	l:里	m:米	n:年	o:度
p:磅	q:千	r:日	s:十	t:吨
u:微	w:万	x:升	y:月	z:兆

　　智能 ABC 还提供了阿拉伯数字和中文大小写数字的转换功能，可以对一些常用量词简化输入。"i" 为输入小写中文数字的前导字符，"I" 为输入大写中文数字的前导字符。如输入 "i7" 就可以得到 "七"，输入 "I7" 就会得到 "柒"。输入 "i2000" 就会得到 "二〇〇〇" 这几个困扰很多人的数字。输入 "i+" 会得到 "加"，同样 "i-"、"i*"、"i/" 分别对应 "减"、"乘"、"除"。

　　对一些常用量词也可简化输入，输入 "ig"，按空格键，将显示 "个"；"ij" 得到 "斤"。"i" 或 "I" 后面直接按空格键或回车键，则转换为 "一" 或 "壹"；"i" 或 "I" 后面直接按中文标点符号键。

　　③ "U" 的用法。"u" 可以输入用户自定义的词

　　如果将 "mop 大杂烩" 定义为 "bt"，那么输入 "ubt" 就可以得到 "mop 大杂烩" 了。

　　④ 智能 ABC 浮动图标。最后特别介绍小键盘图标：在 "1" 处单击，出现小键盘；在 "2" 处单击鼠标右键，则是常用希腊、罗马、俄罗斯、日本、数字/序号、特殊符号等菜单。

　　在其他位置击鼠标右键则是帮助、版本信息、定义新词或属性设置。

2.5.3　五笔字型输入法

　　这里极品五笔为例进行介绍。

1．极品五笔

完美兼容王码五笔字型 4.5 版。极品五笔适应多种操作系统，通用性能较好。精心筛选词组 50 000 多条，创五笔词汇新标准。全面支持 GB2312—1980 简体汉字字符集与 GBK 扩展字符集的输入。在用 "Ctrl + M" 组合键切换到 "GBK" 扩展字符集输入时（状态条 "极品五笔" 变红色），可避免传统五笔对于 "碁、囍、囹、气、焗、冇" 等生僻汉字不能输入的尴尬，其实用性能是相当不错的。

2．常用技巧

（1）输错编码，回车键清除

四码为空输入框不锁死，直接进行下一输入时，系统自动将空码清除，赋予新的输入码。

（2）"Shift" 键可设置为中英文切换键

方法：用鼠标右键单击输入法状态条，选 "设置..." 按钮，在扩展设置选项中勾选该项。

（3）"Ctrl + 序号" 设置重码手动调序

如输入 IPTV，显示 "党委" 和 "常委" 两个重码。"党委" 在前，"常委" 在后，如希望再次输入时 "常委" 在前，就用 "Ctrl + 2" 组合键录入。

（4）繁体输入功能启用

方法：用鼠标右键单击输入法状态条，选"设置..."，在扩展设置选项中勾选"启用输出繁体"，则之后在使用过程中，输入简体编码，打出的是繁体汉字（简入繁出）。

（5）GB/GBK 字符集的切换

极品五笔 Windows 7 新版全面支持 GB2312—1980 简体汉字字符集与 GBK 扩展字符集的输入。GB2312—1980 简体汉字字符集共有 6 763 个汉字字符，包含 99.95%的常用汉字，基本上能够满足日常工作与学习需要。GBK 扩展字符集除包含全部 GB 2312 字符之外，还增加了 14139 个不常用汉字字符，多是些冷僻字及繁体字、港台用字。由于 GBK 字库较大，字符不常用（普通人一年里也用不到几个这样的字），为了避免过多的重码，提高输入效率，系统缺省为 GB 2312 输入方式（状态条上"极品五笔"为黑色）。如果要输入一些冷僻字如"喆"、"鎔"时，可以用"Ctrl + M"组合键切换到 GBK 方式下（状态条上"极品五笔"变红色），输入后记着用"Ctrl + M"组合键切换回来。

（6）全角/半角切换

键盘操作：用键盘的"Shift + Space"组合键切换。

鼠标操作：使用鼠标单击输入法状态条的"全角/半角"切换按钮。

（7）输入法之间切换

键盘操作：用"Ctrl + Shift"组合键切换。

鼠标操作：鼠标单击屏幕右下角语言指示选项，选中需要调用的输入法。

（8）改变光标跟随状态

用鼠标右键单击极品五笔状态条，选择"设置..."调出"输入法设置"对话框，将下面的"光标跟随"勾选项去除后确定。以后，输入框与候选框以一个长条状显示在状态条的右侧，丝毫不影响汉字的录入。

3．字根表

五笔字根表如图 2.51 所示。

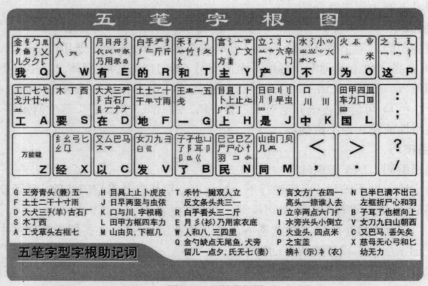

图 2.51　五笔字根图

第 3 章

Word 2010 文字处理

Word 是目前使用非常广泛的文字处理软件之一，作为 Microsoft Office 办公软件中使用频率最高、功能最强的一个组件，它可以实现图文编辑、排版等多种功能，使用户能高质量、高效率地处理各种文件、资料及各类书信等。

本章节主要介绍 Word 2010 的基本知识和基本操作方法，包括 Word 2010 的启动与退出、文档的创建与编辑修改、文档的格式化、文档的版面设置与打印、表格的插入和编辑、插入图形、文本框和艺术字其他对象、简单绘制图形、邮件合并等。

本章学习目标

- 掌握 Word 2010 的基本操作、文章格式化及图文混排的方法。
- 熟悉表格插入、绘制、修改、计算与排序的方法。
- 掌握图片、图形、文本框、艺术字与公式等工具的使用方法。
- 了解邮件合并工具的使用。

3.1　Word 2010 的介绍

文字处理软件的主要功能是创建文本或文档文件，同时还可以进行图文混排。一般而言文字处理有格式化和非格式化两种。非格式化使用 ASCII 码及 Unicode 编码，也称纯文本文件。格式化文件一般称为文档文件，在 Word 2010 中以 ".docx" 为扩展名。文档支持图形、表格及其他类型的数据格式，带有排版信息，如字体、字型、段落和页面设置等。

3.1.1　Word 2010 的窗口介绍

1．启动 Word 2010

在已安装 Word 2010 的情况下，有以下几种方法可以启动它。

（1）通过"开始"菜单启动

单击"开始"按钮，打开"开始"菜单，将鼠标指向"程序"菜单项，选择级联菜单中 Microsoft Office 程序项下的 Microsoft Office Word 2010，即可启动 Word。

（2）利用桌面上的快捷图标启动

如果在桌面上设置了快捷图标，双击此快捷图标也可启动 Word 2010。

（3）直接利用已经创建的文档进入 Word

在 Windows 的"我的电脑"或"资源管理器"中浏览文件，鼠标双击查找到的 Word 文档，即可进入 Word 2010。

2．Word 2010 的窗口介绍

启动 Word 2010 应用程序后，屏幕上会出现如图 3.1 所示的工作窗口。它主要由标题栏、功能区、标尺、状态栏和文档编辑区等部分组成。

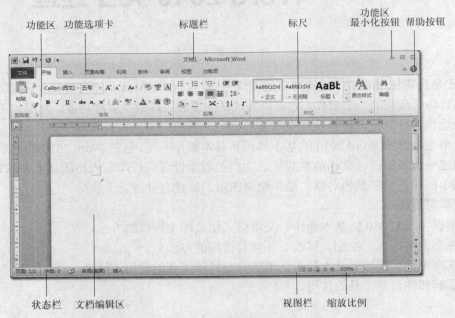

图 3.1　Word 2010 工作窗口

（1）Word 2010 功能区

Microsoft Word 升级到 Word 2010 后，取消了传统的菜单操作方式，设置了各种功能区。在 Word 2010 窗口上方看起来像菜单的名称其实是功能区的名称，当单击这些名称时并不是打开菜单，而是切换到与之相对应的功能区面板。每个功能区根据功能的不同又分为若干个组，下面简要介绍每个功能区所拥有的功能。

①"开始"功能区。

"开始"功能区中包括剪贴板、字体、段落、样式和编辑 5 个组，对应 Word 2003 的"编辑"和"格式"菜单的部分命令。该功能区主要用于帮助用户对 Word 2010 文档进行文字编辑和格式设置，是用户最常用的功能区。如图 3.2 所示。

图 3.2　Word 2010 的"开始"功能区

②"插入"功能区。

"插入"功能区包括页、表格、插图、链接、页眉和页脚、文本、符号和特殊符号这几个组，对应 Word 2003 中"插入"菜单的部分命令，主要用于在 Word 2010 文档中插入各种元素。如图 3.3 所示。

图 3.3　Word 2010 的"插入"功能区

③"页面布局"功能区。

"页面布局"功能区包括主题、页面设置、稿纸、页面背景、段落、排列这几个组，对应 Word 2003 的"页面设置"菜单命令和"格式"菜单中的部分命令，用于帮助用户设置 Word 2010 文档的页面样式。如图 3.4 所示。

图 3.4　Word 2010 的"页面布局"功能区

④"引用"功能区。

"引用"功能区包括目录、脚注、引文、书目、题注、索引和引文目录这几个组，用于实现在 Word 2010 文档中插入目录等比较高级的编辑功能，如图 3.5 所示。

图 3.5　Word 2010 的"引用"功能区

⑤"邮件"功能区。

"邮件"功能区包括创建、开始邮件合并、编写和插入域、预览结果和完成这几个组，该功能区的作用比较专一，主要用于在 Word 2010 文档中进行邮件合并的操作，如图 3.6 所示。

图 3.6　Word 2010 的"邮件"功能区

⑥"审阅"功能区。

"审阅"功能区包括校对、语言、中文简繁转换、批注、修订、更改、比较和保护这几个组，主要用于对 Word 2010 文档进行校对和修订等操作，适用于多人协作处理 Word 2010 的长文档，如图 3.7 所示。

⑦"视图"功能区。

"视图"功能区包括文档视图、显示、显示比例、窗口和宏这几个组，主要用于帮助用户设置 Word 2010 操作窗口的视图类型，如图 3.8 所示。

图 3.7 Word 2010 的"审阅"功能区

图 3.8 Word 2010 的"视图"功能区

⑧"加载项"功能区。

"加载项"功能区包括菜单命令一个分组，加载项可以为 Word 2010 安装附加属性，如自定义的工具栏或其他命令扩展。"加载项"功能区可以在 Word 2010 中添加或删除加载项，如图 3.9 所示。

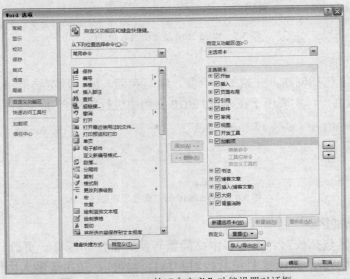

图 3.9 Word 2010 的"加载项"功能区

⑨"自定义"功能区。

在 Word 2010 中允许用户自定义功能区，既可以创建功能区，也可以在功能区下创建组，让功能区能更符合自己的使用习惯。其设置对话框如图 3.10 所示。

图 3.10 Word 2010 的"自定义"功能设置对话框

（2）文档编辑区

文档编辑区是 Word 中面积最大的区域，是用户的工作区，可用于显示编辑的文档和图形，在这个区域中有两个重要的控制符即插入点和段落标记。

① 插入点：也称光标，它指明了当前文本的输入位置。用鼠标单击文本区的某处，可定位插入点，也可以使用键盘上的光标移动键来定位插入点。

② 段落标记：标志一个段落的结束。

另外，在文本区还有一些控制标记，如空格等，选择"开始"功能区中的"显示/隐藏编辑标记"按钮，就可以显示或隐藏这些标记。

（3）标尺

标尺是位于工具栏下面的包含有刻度的栏。常用于调整页边距、文本的缩进、快速调整段落的编排和精确调整表格等。Word 有水平标尺和垂直标尺两种，水平标尺中包括左缩进、右缩进、首行缩进、悬挂缩进、制表符等标记。

（4）状态栏

状态栏是位于 Word 窗口底部的一个栏，提供当前文档的当前页数、总页数、字数统计等信息，还包括"插入/改写状态转换"按钮、"拼写和语法状态检查"按钮等。

3.1.2　Word 2010 的视图模式介绍

在 Word 2010 中提供了多种视图模式供用户选择，这些视图模式包括"页面视图"、"阅读版式视图"、"Web 版式视图"、"大纲视图"和"草稿视图"5 种。用户可以在"视图"功能区中选择需要的文档视图模式，也可以在 Word 2010 文档窗口的右下方单击"视图"按钮选择视图。

1．页面视图

"页面视图"可以显示 Word 2010 文档的打印结果外观，主要包括页眉、页脚、图形对象、分栏设置、页面边距等元素，是最接近打印结果的页面视图。

2．阅读版式视图

"阅读版式视图"以分栏样式显示 Word 2010 文档，"文件"按钮、功能区等窗口元素被隐藏起来。在阅读版式视图中，用户还可以单击"工具"按钮选择各种阅读工具。

3．Web 版式视图

"Web 版式视图"以网页的形式显示 Word 2010 文档，"Web 版式视图"适用于发送电子邮件和创建网页。

4．大纲视图

"大纲视图"主要用于 Word 2010 文档的设置和显示标题的层级结构，并可以方便地折叠和展开各个层级的文档。

5．草稿视图

"草稿视图"取消了页面边距、分栏、页眉、页脚和图片等元素，仅显示标题和正文，是最节省计算机系统硬件资源的视图方式。

6．浮动工具栏

浮动工具栏是 Word 2010 中一项极具人性化的功能，当 Word 2010 文档中的文字处于选中状态时，如果用户将鼠标指针移到被选中文字的右侧位置，将会出现一个半透明状态的浮动工具栏。该工具栏中包含了常用的设置文字格式的命令，如设置字体、字号、颜色、居中对齐等命令。将鼠标指针移动到浮动工具栏上将使这些命令完全显示，进而可以方便地设置文字格式。

7．退出 Word 2010

以下方法都可以退出 Word 2010 程序。

① 单击"文件"→"退出"命令。

② 单击 Word 窗口标题栏右侧的"关闭"按钮。

③ 双击标题栏左边的 Word 按钮。

④ 使用快捷键"Alt+ F4"。

3.2 文 档 操 作

使用 Word 处理文档，首先要创建或打开文档，再进行编辑和修改。Word 使用完毕后，经过保存，创建和编辑的文档才不会丢失。

3.2.1 Word 2010 文档的创建

在 Word 2010 中，"文件"按钮被设置成位于 Word 2010 窗口左上角的一个类似于菜单的按钮。单击该按钮能打开"文件"面板，包括"信息"、"最近"、"新建"、"打印"、"共享"、"打开"、"关闭"、"保存"等常用命令。创建 Word 2010 文档的方法有如下 3 种。

1．启动 Word 程序创建

选择菜单命令"开始→所有程序→Microsoft Office→Microsoft Word 2010"。

2．使用右键快捷菜单创建

在桌面上单击鼠标右键，在弹出的菜单中选择"新建→Microsoft Word 文档"。

3．利用快捷键创建

打开已有的 Word 2010 文档，按下"Ctrl + N"组合键。

若需要在已有文档的情况下再建立一个空白文档，可按下列步骤操作。

• 打开 Word 2010 文档窗口，单击"文件→新建"按钮，如图 3.11 所示。

图 3.11　新建 Word 文档

- 在打开的"新建"面板中，选择需要创建的新文档类型，然后单击"创建"按钮。

提示

可以在"文件"菜单"新建"命令下的"可用模板"里选择计算机上的可用模板，也可单击"Office.com 模板"，选择任意想使用的模板，双击创建（若要下载其中列出的模版，必须确保电脑已连接到互联网）。

3.2.2　Word 2010 文档编辑

在新的文档中，最基本的工作就是录入与编辑文字。

1．打开、保存和关闭文档

（1）打开文档

使用 Word 2010 对文档进行编辑操作，首先要打开已经存在的文档。打开文档的具体操作如下。

- 启动 Word 2010，在"文件"功能区中选择"打开"命令。
- 在弹出的"打开"对话框中，在左侧列表框中选择包含需要打开文件的"磁盘驱动器和文件夹"，在右边选中需要打开的文档，单击"打开"按钮，或直接双击需要打开的文档，即可打开文档。

（2）关闭文档

完成文档基本工作后，就可以将已经保存过的文档直接关闭。有以下 3 种保存方法。

- 单击当前文档窗口右上角"关闭"按钮。
- 单击文档"快速访问工具栏"中的图标W，在弹出的下拉菜单中选择"关闭"选项。
- 按"Alt + F4"组合键关闭当前文档。

（3）保存文档

单击"快速访问工具栏"中的"保存"按钮，弹出"另存为"对话框，将文件保存在磁盘的文件夹中。若是已经保存过的文档，单击"保存"按钮则直接进行保存。还可使用"Ctrl + S"组合键快速保存文档。

如果想备份已有文档，则应该选择"文件"功能区里的"另存为"按钮，在弹出的"另存为"对话框中，输入新的文件名，在"保存类型"下拉列表框中选择存储格式。Word 2010文档的默认存储格式为"*.docx"，如果考虑版本的兼容性，也可以存储为"Word 97-2003 文档"格式的"*.doc"格式。

Word 2010 还可以对文档进行自动保存，单击"文件"功能区中的"选项"按钮，在打开的"Word 选项"对话框中左侧列表框中选择"保存"按钮，如图 3.12 所示。选中"保存自动恢复信息时间间隔"复选框，可以设定时间，单击"确定"按钮保存设置。

2．"撤销键入"或"恢复键入"功能

在使用 Word 2010 编辑文档的时候，如果对键入的内容想要改动或者操作不适合，想返回前面的文档状态，可以通过"撤销键入"或"恢复键入"功能实现。"撤销"功能可以保留最近执行的操作记录，用户可以按照从前到后的若干操作步骤行撤销，但是不能有选择地撤销不连续的操作。用户可以单击"快速访问工具栏"面板上的"撤销键入"按钮，如图 3.13所示，也可按下"Alt + Backspace"组合键执行。执行撤销操作后，用户也可以通过单击"快速访问工具栏"中已经变成可用状态的"恢复键入"按钮，如图3.14所示或按下"Ctrl+Y"组合键将文档恢复到最新的编辑状态。

图3.12　"保存自动恢复信息时间间隔"设置

3．"重复键入"功能

"重复键入"功能可以在 Word 2010 中重复执行最后的编辑操作。

"重复键入"按钮和"恢复键入"按钮位于 Word 2010 文档窗口"快速访问工具栏"的相同位置，当用户未进行"撤销键入"操作时，显示为"重复键入"按钮，如图3.15所示。当执行过一次"撤销键入"操作后，则显示为"恢复键入"按钮。"重复键入"和"恢复键入"的快捷键都是"Ctrl+Y"组合键。

图3.13　"撤销键入"按钮　　　图3.14 "恢复键入"按钮　　　图3.15 "重复键入"按钮

4．在文档中插入符号

在 Word 2010 中，用户可以通过"符号"对话框插入任意字体的任意字符和特殊符号，具体操作如下。

- 打开 Word 2010 文档窗口，选择"插入"功能区，在"符号"分组中单击"符号"按钮打开"符号"面板。

- 单击需要的符号即可将该符号插入到文档中，若没有需要的符号，可以单击"其他符号"按钮，打开"符号"对话框，如图 3.16 所示。

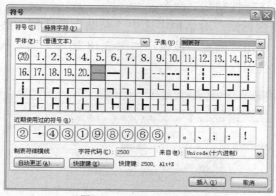

图 3.16　"符号"对话框

- 在"符号"选项卡中单击"子集"右侧的按钮，在下拉菜单中选中需要的"子集"类型，然后选择需要的符号，单击"插入"按钮即可。

5．文本的复制、剪切和粘贴

在 Word 2010 中"复制"、"剪切"和"粘贴"是最常用的文本操作。"复制"是在保持原有文档不变的基础上，将要复制的文本选中并放入剪贴板；"剪切"是在删除原有文本基础上将删除的文本放入剪贴板；"粘贴"是将剪贴板的内容放到目标位置。具体操作如下。

- 打开 Word 2010 文档窗口，选择需要复制或剪切的文本，然后在"开始"功能区的"剪贴板"分组中单击"复制"或"剪切"按钮，如图 3.17 所示。也可使用相应的快捷键实现复制或剪切的操作。"复制"的快捷键是"Ctrl + C"组合键，"剪切"的快捷键是"Ctrl + X"组合键。
- 将插入点定位到目标位置，单击"剪贴板"分组中的"粘贴"按钮，如图 3.17 所示。粘贴的操作同样也可通过"Ctrl + V"组合键来完成。

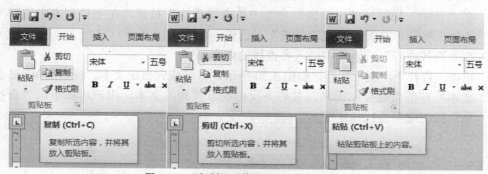

图 3.17　"复制"、"剪切"和"粘贴"按钮

6．"选择性粘贴"功能

用户可以使用"选择性粘贴"功能在 Word 2010 文档中有选择地粘贴剪贴板中的内容。具体操作如下。

- 打开 Word 2010 文档窗口，选择需要"复制"或"剪切"的文本执行"复制"或"剪切"的操作。

- 在"开始"功能区的"剪贴板"分组中，单击"粘贴"按钮下方的三角按钮，单击下拉菜单中的"选择性粘贴"命令。
- 在打开的"选择性粘贴"对话框中选中"粘贴"单选框，然后在"形式"列表中选择需要的格式，单击"确定"按钮，如图 3.18 所示。剪贴板中的内容即被以指定的形式粘贴到目标位置。

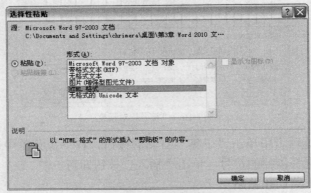

图 3.18　"选择性粘贴"对话框

3.2.3　查找与替换

人工在一篇较长的文章中进行查找某个字符或用新的字符替换已有字符的操作，是一件费时费力的事情。Word 2010 提供的"查找"和"替换"功能，可以在文档中快速"查找"和"替换"需要替换的字符。

1．查找文本

执行查找文本功能的具体操作如下。

- 查找某一特定范围内的文档，在查找前先选定该区域的文档内容。
- 在"开始"功能区的"编辑"分组中单击"查找"按钮，在下拉列表中选择"高级查找"按钮，打开"查找和替换"对话框，如图 3.19 所示。
- 在"查找内容"列表框中输入要查找的内容。
- 单击"查找下一处"按钮，如图 3.20 所示，即可找到指定文本。找到后 Word 会将该文本所在的页面显示出来，并高亮反白显示找到的文本。用户可以单击"查找下一处"按钮继续查找指定文本。

图 3.19　"查找和替换"对话框

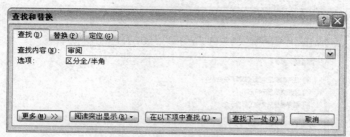

图 3.20　查找文中的"审阅"一词

2．替换文本

Word 2010 的"替换"功能能够用一段文本替换指定的文本。具体操作如下。

- 在"开始"功能区的"编辑"分组中单击"查找"按钮，在下拉列表中选择"高级查找"按钮，打开"查找和替换"对话框，选择"替换"选项卡。
- 在"查找内容"下拉列表框中输入要替换的文本，如"西红柿"。
- 在"替换为"下拉列表框中输入替换文本"番茄"，如图 3.21 所示。
- 单击"查找下一处"按钮，Word 会自动找到要替换的文本，并以高亮反白的形式显示。若要替换，则单击"替换"按钮，之后可以单击"查找下一处"按钮继续查找或单击"取消"不进行替换。如果单击"全部替换"按钮，则会自动替换所有的指定文本。

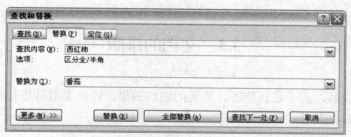

图 3.21　"替换"选项卡

　　"查找"和"替换"都可以首先设定要查找或替换的范围，方法都是单击"更多"按钮，展开"查找和替换"对话框的高级选项，然后进行设置。

3.2.4　显示和隐藏格式标记

使用显示和隐藏功能能够快速地显示段落标记和其他典型的格式标记。

显示和隐藏格式标记的具体操作如下。

- 单击"文件"功能区里的"选项"按钮，在打开的"选项"对话框中选择"显示"按钮，如图 3.22 所示。
- 在"格式标记"选项区选择需要显示的格式标记，单击"确定"按钮，文档中就会显示这些标记。

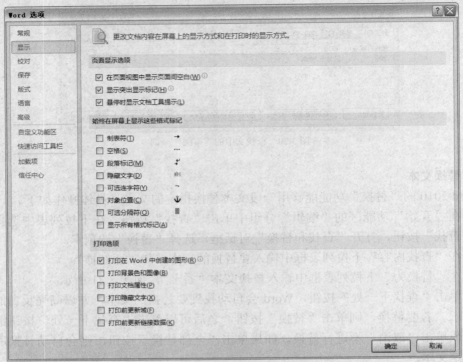

图 3.22 设置显示和隐藏格式标记

3.3 文档的排版

文档编辑完成后，为了达到整齐、美观的输出效果，还需要对其进行格式编排，包括字符、段落和页面的设置等。

3.3.1 文字格式编辑

文字格式设置主要是对字符的设置，包括设置不同的字体、字号、字形、修饰、颜色和字符间距等。

1．设置字体、字号和字形

（1）设置字体

常用的字体有宋体、黑体、楷体等，这些字体在 Word 2010 中都可以进行设置和修改。设置字体的具体操作如下。

- 选中需要设置和修改的文字。
- 在"开始"功能区的"字体"分组中，单击"字体"下拉列表框右侧的下拉按钮，在弹出的下列表中选择需要的字体，如图 3.23 所示。

（2）设置字号

设置不同字号的目的是将不同内容的文字从层次上区别开来，具体操作如下。

- 选中要改变字号的文本。

图 3.23　设置字体

- 单击"开始"功能区中"字体"分组右下角的 按钮，弹出"字体"对话框，如图 3.24 所示。在"字体"对话框中，选择"字号"选项卡。
- 选择需要的字号。

（3）设置字形

对字型的设置方法与设置字号的方法相同，区别仅是在"字体"选项卡里选择"字形"选项卡。

2．设置文字的间距和缩放

通过设置文字的间距和缩放，可以提高文档的外观，使文字阅读起来更方便。具体操作如下。

- 选定要调整的文本。
- 单击"开始"功能区"字体"分组右下角的 按钮，在弹出的"字体"对话框中选择"高级"选项卡。
- 在"字符间距"选项区中的"缩放"和"间距"下拉列表框中选择需要的选项，如图 3.25 所示。

图 3.24　"字体"对话框

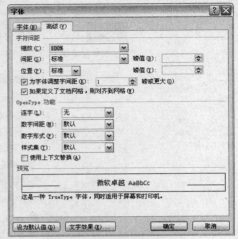

图 3.25　设置"字符间距"

3．设置颜色和效果

文字颜色的设置，可以通过单击"开始"功能区"字体"分组中的"字体颜色"按钮 A▾

直接进行设置，也可以打开"字体"对话框中
的"字体颜色"下拉列表框来设置。

如果要对文本做更高级的设置，可以通过
弹出的"字体"对话框中的"文字效果"按钮
来实现。

单击"文字效果"按钮" 文字效果(E)... "，即弹
出"设置文本效果格式"对话框，包括"文本
填充"、"文本边框"、"轮廓样式"、"阴影"、"映
像"、"发光和柔化边缘"、"三维格式"等高级
设置功能，如图 3.26 所示。

图 3.26　"设置文本效果格式"对话框

4．格式刷

在对文本进行格式设置和修改时，使用格
式刷可以方便地把某些文本的字符格式、段落
格式等属性应用到其他文本上，利于格式的统一。具体操作如下。

- 选定需要应用格式的文本。
- 单击"开始"功能区"剪贴板"组中的"格式刷"按钮，此时鼠标变成刷子形状。
- 选定需要应用格式的文本即可。

提示

选中需要应用格式的文本后，单击"格式刷"按钮，该格式只能使用一次；若要多次使
用格式，应该双击"格式刷"按钮。

3.3.2　段落格式编辑

Word 2010 可以对文档中的整个段落设置特定的格式，如缩进、行间距、段前和段后的

间距等。

1．段落缩进

在文档编辑操作中，通常习惯在每一段的开头缩进 2 个字符，这一效果可以通过段落格式编辑来实现。具体操作如下。

- 将光标定位到要设置的段落，或选中要设置的多个段落。
- 单击"开始"功能区"中的"段落"分组右下角的"　"按钮，弹出"段落"对话框，选择"缩进和间距"选项卡，如图 3.27 所示。

（1）整段缩进

在"段落"对话框中的"缩进和间距"选项卡的"缩进"选项区中，在"左侧"、"右侧"数值框中输入数值，可以调整段落相对左、右页边距的缩进值。

（2）首行缩进

即中文写作习惯中的每段开头缩进 2 个字符。在"缩进和间距"选项卡的"缩进"中找到"特殊格式"选项，在其下拉列表框中选择"首行缩进"，在"度量值"数值框中输入要缩进的字符数。

（3）悬挂缩进

在某些情况下，可能首行不需要缩进而其他行需要缩进，这种情况可以通过悬挂缩进实现。在"缩进"选项区的"特殊格式"下拉列表框中选择"悬挂缩进"选项，在"度量值"数值框中输入要缩进的字符数。

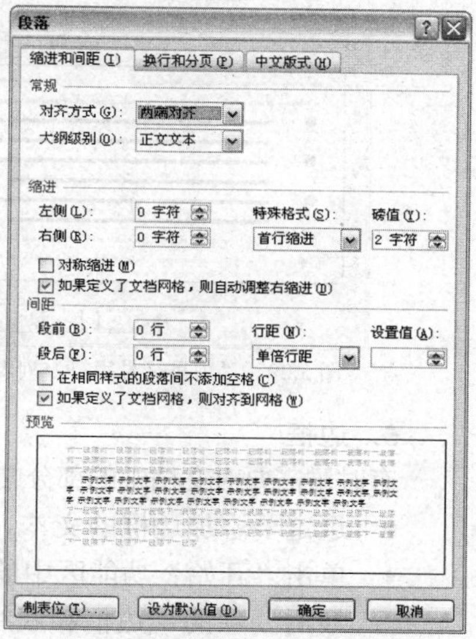

图 3.27　"缩进和间距"选项卡

2．行间距

行间距是指文档段落中行与行之间的距离。设置行距的具体操作如下。

- 选择需要重新设置行间距的段落；
- 单击"开始"功能区中"段落"分组中右下角的"　"按钮，弹出"段落"对话框；
- 在"间距"选项区的"设置值"数值框中输入需要设置的行距。

若要选择固定大小的行距，则单击"段落"对话框中"行距"下拉列表框右侧的下拉按钮，在弹出的下拉列表中选择一种行距即可。

3．首字下沉

在 Word 2010 文档中，要对某段文字设置首字下沉的效果，具体操作如下。

- 选中要设置首字下沉效果的文字段落。
- 单击"插入"功能区中的"文本"分组，选择"首字下沉"按钮打开下拉列表框，选择"首字下沉"选项，在弹出的"首字下沉"对话框中进行具体设置，如图 3.28 所示。

4．项目符号与编号

项目符号和编号可以使文档结构清晰，层次分明，使读者易于阅读，添加项目符号与编号的具体操作如下。

- 将光标定位在需要插入项目符号的位置。
- 单击"开始"功能区的"段落"分组中的"项目符号"下

图 3.28　"首字下沉"对话框

拉按钮"≡▾"，如图 3.29 所示。

- 单击需要的符号，即可插入。
- 如果想要自己编辑插入的项目符号，就单击"项目符号"下拉列表框中的"定义新项目符号"按钮，进行自定义设置，如图 3.30 所示。

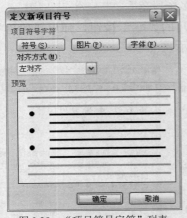

图 3.29 "项目符号字符"列表

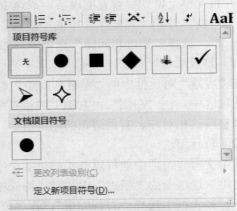

图 3.30 "定义新项目符号"对话框

5. 边框

有时候需要对文档中的部分文本或段落添加边框以起到美观或突出的效果。具体操作如下。

- 选定要添加边框的文本。
- 单击"开始"功能区中的"段落"分组，单击"下框线"按钮"▦▾"下拉列表框中最后一项的"边框和底纹"命令，打开"边框和底纹"对话框，选择"边框"选项卡，如图 3.31 所示。

图 3.31 "边框"选项卡

- 在"设置"选项区选择边框外观，在"线型"列表框中选择边框的粗细，在"应用于"下拉列表框中选择"段落"选项，单击"确定"按钮完成设置。

6. 底纹

同样还可对文本或段落添加底纹，具体操作如下。

- 选中要添加底纹的文本。

- 单击"开始"功能区中的"段落"分组，单击"下框线"按钮"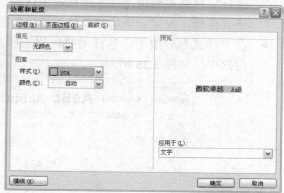"下拉列表框中最后一项"边框和底纹"命令，打开"边框和底纹"对话框，选择"底纹"选项卡，如图 3.32 所示。
- 在"填充"选项区的"调色板"中选择一种填充颜色，如果没有合适的颜色，则单击"其他颜色"按钮，在弹出的"颜色"对话框中自定义颜色。
- 在"图案"选项区的"样式"下拉列表框中。选择一种应用于填充颜色上层的底纹样式，其中选择"清除"选项，则只对文本应用所选的颜色；选择"纯色（100%）"选项，则只对文本应用图案颜色。

图 3.32　"底纹"选项卡

- 选定底纹样式后，在"颜色"下拉列表框中选择图案颜色。在"应用于"下拉列表框中选择"段落"选项，然后单击"确定"按钮，完成操作。

7. 样式

在文档中需要重复编辑字符和段落为相同格式时，可以通过样式来实现。具体操作如下。

- 单击"开始"功能区中"样式"分组右下角的 按钮，弹出"样式"对话框。
- 在"样式"对话框中，右击需要修改的样式，如图 3.33 所示。在弹出的下拉列表中选择"修改"，弹出"修改样式"对话框，如图 3.34 所示。

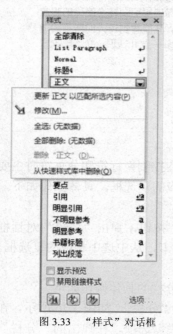

图 3.33　"样式"对话框

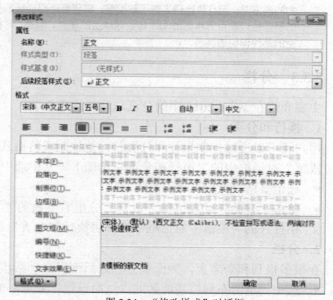

图 3.34　"修改样式"对话框

- 在"修改样式"对话框的"名称"文本框中输入新样式的名称，分别在"样式基准"

和"后续段落样式"文本框中选择相应的样式。

- 单击左下角 格式(O)▼ 按钮，在下拉列表中选择"字体"，进入"字体"设置对话框进行字体格式编辑，在下拉列表中选择"段落"，进入"段落"设置对话框进行段落格式编辑，设置完毕后在"修改样式"里可以预览。
- 在"样式"分组下，选择需要应用的样式，即可将该样式应用到被选中的文本块或段落中，如图 3.35 所示。

图 3.35　"样式"分组

思考与练习

对下列文字进行如下操作：

（1）将标题"美与科学"定义成黑体字，二号字，加粗、斜体，居中；

（2）将正文所有文字定义成宋体、三号字，并将首行缩进两个字符。

美与科学↵

有人说，任何东西一旦到了科学家眼里，就只剩下一些抽象的概念和复杂的元素。对此，美国天文学家理查德·费恩曼很不以为然，他说：有个诗人说，星星在他们的眼中充满了神秘的美感，而科学家则会使星星失去魅力，因为在天文望远镜中，科学家们看到的只是一团团气体和原子。我曾在沙漠中观察过缀在夜幕中的星星，我相信我能够欣赏那壮观无比的星空。我要问，难道我在星空中领略到的美会比诗人少一些吗？浩瀚的星空同样会使我的想象力汹涌澎湃；而且我比诗人更了解星星，眺望着迷幻旋转的星空，我能看到诗人们所不知道的那些经过数百万年的时间才传到地球上的星光。但是，对星星多一点儿认识，并不影响星空的那种神秘的美感。↵

3.3.3　分栏

主要介绍在 Word 2010 中的分页与分栏的高级编辑。

1．换行和分页

用户还可以通过控制换行和分页精确地控制段落格式，在控制换行符和分页符时主要使用"段落"对话框中的"换行和分页"选项卡，从中选中相应的复选框。具体操作如下。

- 选定要格式化的文本。
- 单击"开始"功能区的"段落"分组右下角的"▫"按钮，弹出"段落"对话框，在打开的"段落"对话框中选择"换行和分页"选项卡，从中选中相应的复选框。

2．分栏

在很多报刊和杂志上，版面被分栏之后变得生动活泼。分栏的具体操作如下。

- 选中"页面布局"功能区的"页面设置"分组，单击"分栏"，如图 3.36 所示，在下拉列表框中选择分栏的个数，也可以选择"更多分栏"选项，在弹出的"分栏"对话框中进行具体的设置。

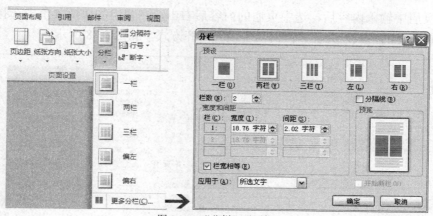

图 3.36　"分栏"对话框

- 多种分栏并存。若要对文档进行多种分栏，只需分别选择需要分栏的段落，然后按照上述分栏的方法即可。多种分栏并存时可以看到不同分栏之间系统自动添加双虚线表示的"分节符"。若要取消分栏，只要选择已分栏的段落，进行分一栏的操作即可。

3.3.4　页眉页脚

通常显示文档的附加信息，常用来插入时间、日期、页码、单位名称、徽标等。其中，页眉在页面的顶部，页脚在页面的底部。

1．页眉

- 选择"插入"功能区，在"页眉页脚"分组中单击"页眉"，在弹出的下拉列表中，选择"编辑页眉"，如图 3.37 所示。

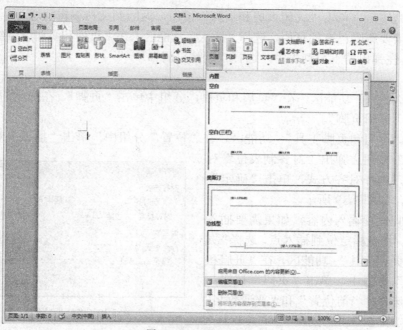

图 3.37　"页眉"选项

- 在页眉中输入内容后，选中页眉的内容后右击，在弹出的快捷菜单中选择"字体"设置字体的格式，并在"段落"中设置对齐方式，如图 3.38 所示。

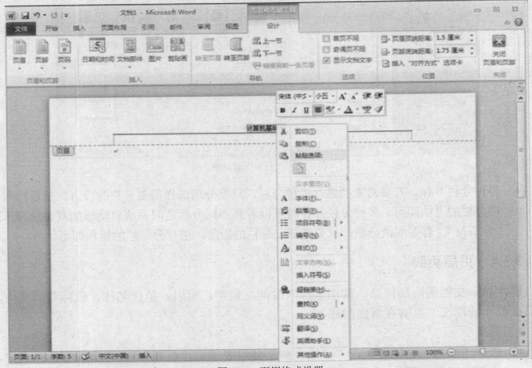

图 3.38　页眉格式设置

- 设置完毕后，单击"关闭页眉和页脚"按钮，返回到文档编辑状态。
- 如果需要删除已有的页眉，选择"插入"功能区，在"页眉和页脚"分组中单击"页眉"，在弹出的下拉列表中，选择"删除页眉"。

2．页脚

- 选择"插入"功能区，在"页眉和页脚"分组中单击"页脚"，在弹出的下拉列表中，选择"编辑页脚"。
- 选择"页眉和页脚工具"功能区，在"位置"分组中，单击"插入"对齐方式"选项卡"按钮，弹出"对齐制表位"对话框，选择对齐方式，单击"确定"按钮，如图 3.39 所示。
- 在页脚位置输入内容，如果需要插入页码，将光标定位到插入点，选择"页眉和页脚工具"功能区，在"页眉和页脚"分组中，单击"页码"按钮，依次选择"当前位置"和"普通数字"选项，如图 3.40 所示。

图 3.39　"对齐制表位"对话框

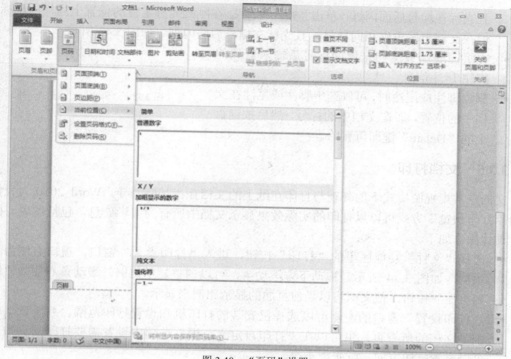

图 3.40　"页码"设置

- 将页码选中，选择"页眉和页脚工具"功能区，在"页眉和页脚"分组中，单击"设置页码格式"按钮，弹出"页码格式"对话框，设置页码格式，如图 3.41 所示。
- 如果需要删除已有的页码，将页码选中，直接按键盘"Delete"键。

3．脚注和尾注

脚注和尾注是对文本的补充说明。脚注一般位于页面的底部，可以作为文档某处内容的注释；尾注一般位于文档的末尾，列出引文的出处等。具体操作如下。

- 将光标定位到需要插入脚注或尾注的位置，选择"引用"功能区，在"脚注"分组中根据需要单击"插入脚注"或"插入尾注"按钮，如图 3.42 所示。

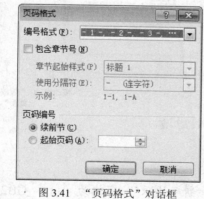
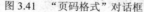

图 3.41　"页码格式"对话框

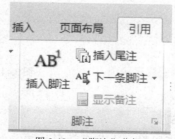

图 3.42　"脚注"分组

- 单击"插入脚注"，在刚刚光标定位的位置上出现标号，在页面底端出现相同标号，且光标在标号后面闪烁；单击"插入尾注"，在刚刚光标定位的位置上同样出现标号，但在文档末尾出现相同标号，且光标在标号后面闪烁。如图 3.43 所示。

- 在页面底端或文档末尾的标号后输入具体的脚注/尾注信息。
- 删除脚注或尾注时，可以选中脚注或尾注在文档中的位置，即在文档中的标号，然后按键盘上的"Delete"键即可删除。

1 ↵

图 3.43 "脚注"/"尾注"处

3.3.5 文档打印

文档在常规视图模式下的外观与打印在纸上的文档存在某些差异。Word 2010 为我们提供的"打印预览"方式可以以打印的实际效果显示文档中所有的编辑信息，包括图表、图形等，具体操作如下。

- 选择"文件"功能区里的"打印"按钮，进入"打印设置"窗口，窗口右侧为文档预览，如图 3.44 所示。拖动下方滚动条，可以调整显示比例，滚动条右侧为"缩放到页面'按钮，使文档将以当前页面的显示比例来显示。
- "打印设置"窗口的左侧可以选择已安装的打印机和设置打印范围，系统默认的范围是文档的所有页，也可以在"打印自定义范围"选项中设置需要打印的页数，还可以设置打印方向、纸张大小等。

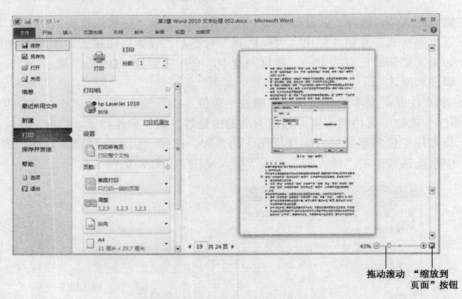

拖动滚动 "缩放到
页面"按钮

图 3.44 "打印设置"窗口

思考与练习

绘制如下图形"上凸弯带形"并添加文字"新年快乐"，字体为"楷体_GB2312"，字号为初号，颜色为"黑色，文字 1"。图形填充色为"红色"，线条颜色为"黑色，文字 1"，并为图形添加阴影，阴影样式为"外部，向右偏移"。

3.4　表　　格

文档中经常还要用到表格，下面将介绍在 Word 2010 中进行表格插入和绘制、编辑表格的具体操作及表格中数据的相关处理方法。

3.4.1　建立表格

表格中一行与一列相交的方框称为"单元格"，被选择的单元格反白突出、显示。一行和一列均由若干单元格组成。

1．插入表格

在 Word 2010 文档中，可以使用"插入表格"对话框插入指定行列的表格，并可以设置所插入表格的列宽，具体操作如下。

- 打开 Word 2010 文档窗口，单击"插入"功能区"表格"分组中的"表格"按钮，选择"插入表格"选项，如图 3.45 所示。

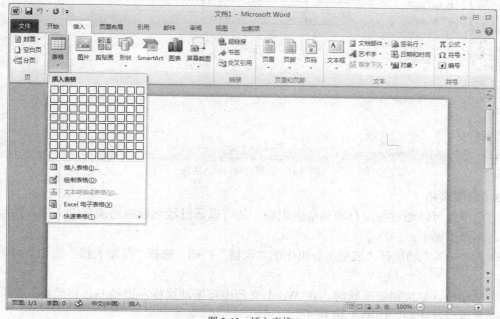

图 3.45　插入表格

- 打开"插入表格"对话框，在"表格尺寸"区域分别设置表格的行数和列数。在"自动调整"操作区域，如果选中"固定列宽"单选按钮，则可以设置表格的固定列宽的尺寸；如果选中"根据内容调整表格"单选按钮，则单元格宽度会根据输入的内容自动调整，如果选中"根据窗口调整表格"单选按钮，则所插入的表格将充满当前页面的宽度。选中"为新表格记忆此尺寸"复选框，则再次创建表格时将使用当前尺寸，如图 3.46 所示。

图 3.46　"插入表格对话框"

2．快速插入表格

在 Word 2010 文档中，还可以通过快速插入表格的方法创建表格，具体操作如下。

单击"插入"功能区中"表格"分组中的"表格"按钮，在打开的"表格"列表中，拖动鼠标选中合适数量的行和列插入表格。通过这种方式插入的表格会占满当前页面的全部宽度，用户可以通过修改表格属性设置表格的尺寸，如图 3.47 所示。

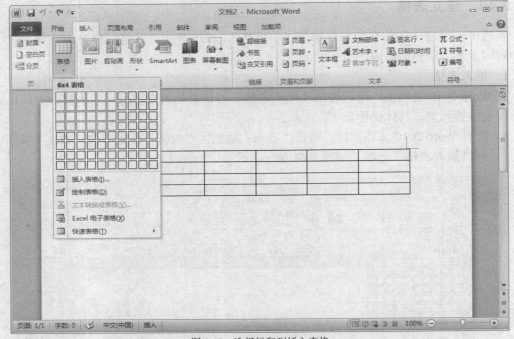

图 3.47　选择行和列插入表格

3．绘制表格

用户不仅可以通过指定行和列插入表格，还可以通过绘制表格功能自定义插入需要的表格，具体操作如下。

单击"插入"功能区"表格"分组中的"表格"按钮，选择"绘制表格"选项，如图 3.48 所示。

当鼠标指针呈现铅笔形状时，在 Word 文档中可拖动鼠标左键绘制表格边框，然后在适当的位置绘制行和列，如图 3.49 所示。

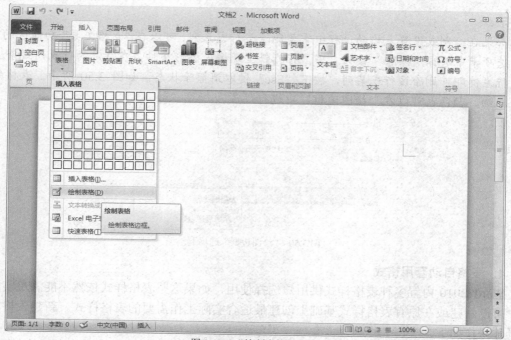

图 3.48　"绘制表格"命令

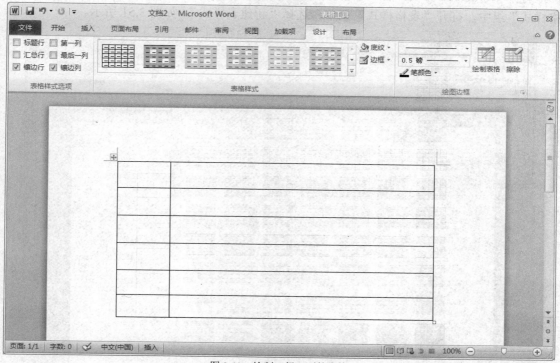

图 3.49　绘制 6 行 2 列的表格

　　完成表格的绘制后，按下键盘上的"Esc"键，或者在"表格工具"功能区中"设计"选项卡上的"绘图边框"按钮的下拉菜单中选择"绘制表格"，结束表格绘制状态。

提示

如果在绘制或设置表格的过程中需要删除某行或系列，可以在"表格工具"功能区的"设计"选项卡中选择"擦除"按钮。当鼠标指针呈现橡皮擦形状时，在特定的行或列线条上拖动鼠标左键即可删除该行或某列，按下"Esc"键取消擦除状态，如图 3.50 所示。表格的线型、粗细、颜色也可以在"绘图边框"中进行设置。

图 3.50 "绘图边框"选项卡

4．表格自动套用格式

Word 2010 内置多种表格样式供用户选择使用，如果这些表格样式依然不能满足实际需要，可以新建或在原有表格样式基础上创建最适合实际工作需要的表格样式。新建表格样式的具体操作如下。

打开 Word 2010 文档，插入任意表格。在"表格工具"功能区的"设计"选项卡上的"表格样式"组中，打开"表格样式"菜单，选择"新建表样式"，如图 3.51 所示。

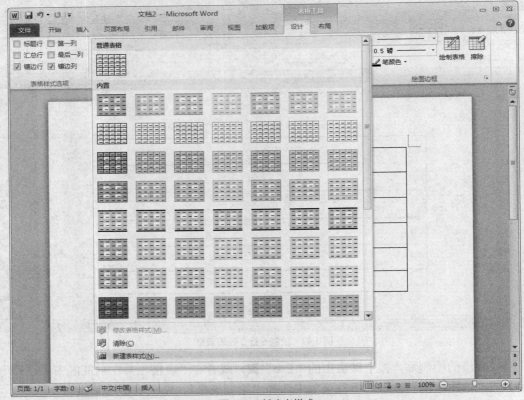

图 3.51 新建表样式

打开"根据格式设置创建新样式"对话框，在"名称"编辑框中输入新样式的名称，"样式类型"选择默认的"表格"选项。单击"样式基准"下拉按钮，选择最接近实际需要的 Word 2010 内置表格样式。在"将格式应用于"下拉列表中选择"整个表格"项，然后分别设置"字体"、"字号"、"表格边框样式"、"边框颜色"、"底纹颜色"等格式。完成格式设置后选中"基于该模板的新文档"复选框，如图 3.52 所示。成功创建新的 Word 表格样式后，即可在"表格样式"列表中查找应用该表格样式。

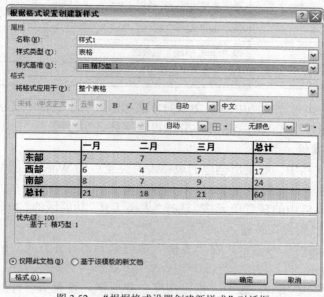

图 3.52 "根据格式设置创建新样式"对话框

思考与练习

利用所学表格知识制作下图中的借款单。

借　款　单

借款理由			
借款部门		借款时间	年　月　日
借款数额	人民币（大写）		￥：
财务主管批示		出纳签字	
付款记录	年　月　　日以现金/支票（号码：　　　）给付		

3.4.2　表格编辑

建立表格之后，还需要在表格中输入内容，在表格中处理文本需要对表格中的每个独立的单元格分别处理，单元格会根据输入内容的多少自动调整。相关操作如表 3.1 所示。

表 3.1	选定表格文本的操作方法
目的	操作
选定一个单元格文本	单击该单元格的左边界
选定一行文本	单击该行的左侧
选定一列文本	单击该列的顶端边界
选定多个连续单元格、行或列的文本	选定某单元格、行或列，然后按住"Shift"键同时单击其他单元格、行或列
选定下一个单元格中的文本	按"Tab"键
选定前一个单元格的文本	按"Shift + Tab"组合键
选定整个表格中的文本	单击表格左上角的表格整体标志

在表格中输入文本与在文档中输入文本的方法相似，对于表格中文字的处理与文档文字相同，也是在"开始"功能区的"字体"分组设置字体、字号等。

1. 设置表格的属性

在 Word 2010 文档中，如果所创建的表格没有完全占用 Word 文档页边距以内的页面，可以为表格设置相对于页面的对齐方式，具体操作如下。

- 单击 Word 表格中的任意单元格。选择"表格工具"功能区的"布局"选项卡中的"表"分组，单击"属性"按钮。
- 打开"表格属性"对话框，在"表格"选项卡中"对齐方式"区域设置对齐方式，如图 3.53 所示。
- 切换到"行"选项卡，选中"指定高度"复选框，设置当前行的高度值。在"行高值是"下拉列表中，设置行高。选中"允许跨页断行"复选框可以在表格跨页的情况下，显示时允许在当前行断开。单击"上一行"或"下一行"按钮，改变当前行，如图 3.54 所示。

图 3.53　设置表格对齐方式

图 3.54　"行"选项卡

- 切换到"列"选项卡，选中"指定宽度"复选框，设置当前列宽数值。单击"前一列"或"后一列"按钮，改变当前列，如图 3.55 所示。

- 切换到"单元格"选项卡，选中"指定宽度"复选框设置单元格宽度值，则当前单元格所在列宽度自动适应该单元格宽度，如图 3.56 所示。

图 3.55　"列"选项卡

图 3.56　"单元格"选项卡

2．插入行列

制作表格时，若需要给原有表格增加行或列，可以通过插入行列来实现。具体操作如下。

- 单击"布局"选项卡中的"行和列"分组，单击"在上方插入"，如图 3.57 所示，即可插入一行，如图 3.58 所示。

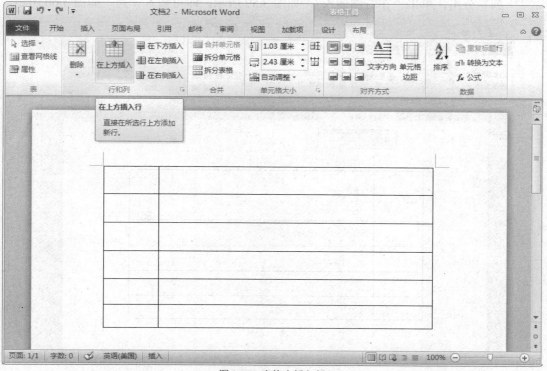

图 3.57　表格中插入行

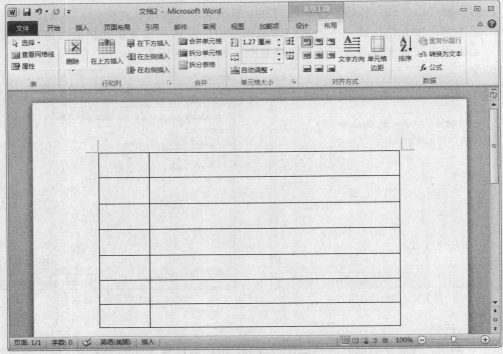

图 3.58　插入行效果图

- 若要在表格个最右侧插入一列，先选中最后一列，单击"布局"选项卡中的"行和列"分组，单击"在右侧插入"，如图 3.59 所示，即可插入一列，如图 3.60 所示。

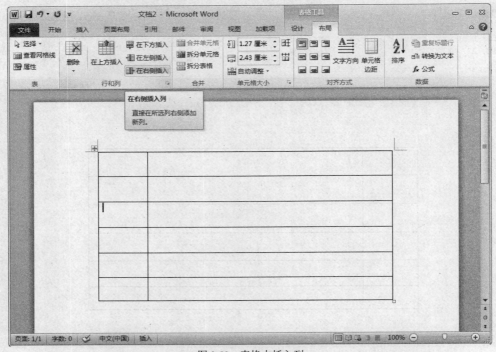

图 3.59　表格中插入列

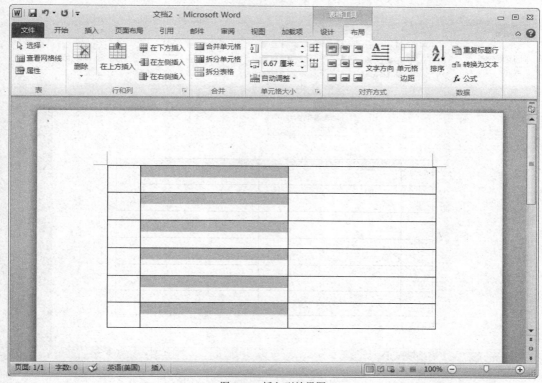

图 3.60　插入列效果图

3．合并与拆分单元格

（1）合并单元格

在 Word 2010 文档表格中，通过使用"合并单元格"功能可以将两个以上的单元格合并成一个单元格，从而制作出样式、功能多样的表格。

合并单元格的方法主要有以下两种方法。

方法一：选中需要进行合并的两个或两个以上单元格，选择"表格工具"功能区的"布局"选项卡中的"合并"分组，单击"合并单元格"按钮，如图 3.61 所示。

方法二：在文档窗口中选中要合并的单元格，用鼠标右键单击选中的单元格，在打开的快捷菜单中选择"合并单元格"选项。

（2）拆分单元格

与合并单元格相反，还可使用"拆分单元格"功能将一个单元格拆分成两个或两个以上的单元格。具体操作如下。

- 在文档窗口中单击需要进行拆分的单元格，选择"表格工具"的"布局"选项卡"合并"分组中的"拆分单元格"按钮，如图 3.62 所示。
- 在打开的"拆分单元格"对话框中设置要拆分的"列数"和"行数"，如图 3.63 所示。

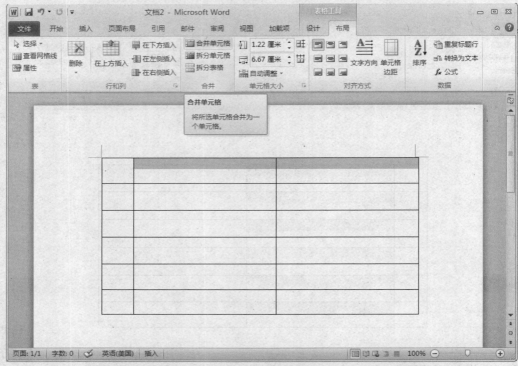

图 3.61　合并单元格

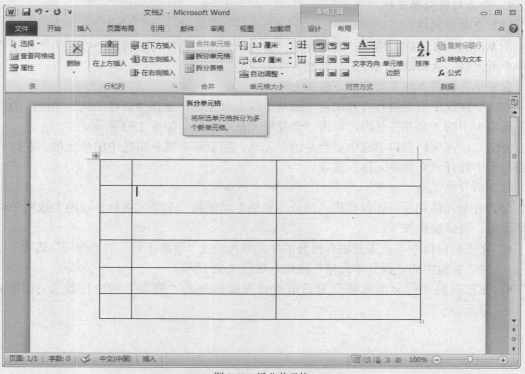

图 3.62　拆分单元格

图 3.63　"拆分单元格"对话框

4．删除表格

在 Word 2010 中，用户不仅可以删除表格中的行、列或单元格，还可以删除整个表格。具体操作如下。

- 在文档窗口中，选中要删除的表格中的任意单元格。
- 选择"表格工具"功能区的"布局"选项卡中的"行和列"分组，单击"删除"按钮，在打开的下拉菜单中选择"删除表格"，如图 3.64 所示。

5．表格与文本的转换

使用"表格转换文本"命令可以将表格的内容转换成普通文本，将各单元格的内容转换后用段落标记、制表符和指定的字符隔开。具体操作如下。

- 打开 Word 2010 文档，为准备转换成表格的文档添加段落标记作为分隔符，选中需要转换成表格的所有文字，如图 3.65 所示。

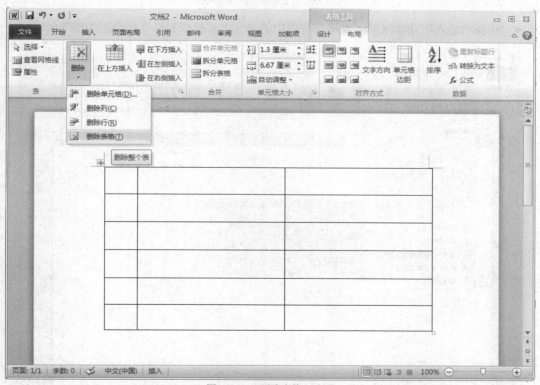

图 3.64　"删除表格"选项

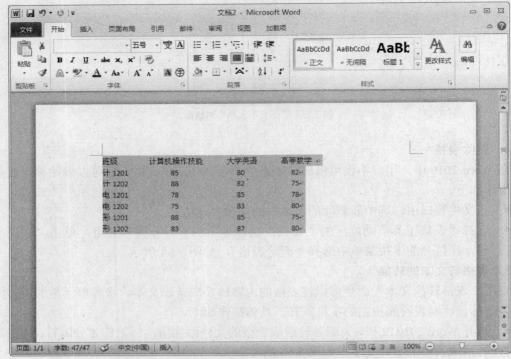

图 3.65　为文本添加段落分隔符

- 选择"插入"功能区的"表格"分组中的"文本转换成表格"命令，如图 3.66 所示。

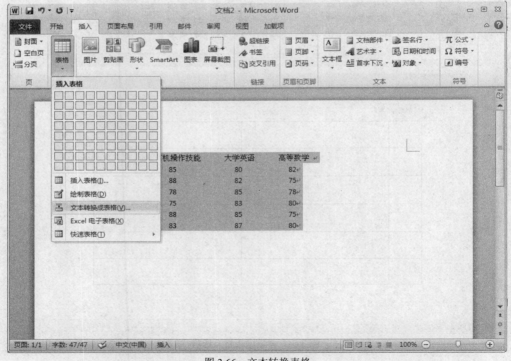

图 3.66　文本转换表格

- 打开"将文字转换成表格"对话框对需要设置的项目进行设置，如图 3.67 所示。转
换生成的表格如图 3.68 所示。

6. 表格数据的计算与排序

在 Word 2010 文档中，可以依照某列对表格进行排序，数值数据还可以按升序或降序排列。

Word 2010 提供的数学公式运算功能，能对表格中的数据进行加、减、乘、除及求和、求平均值等运算。

（1）数据的计算

表格的计算可以通过"自动求和"按钮快速对选中的数值求和。如果要进行复杂的计算，则需要使用公式、具体操作如下。

图 3.67　"将文字转换成表格"对话框

- 在要进行计算的表格中，单击生成计算结果的单元格。
- 选择"表格工具"功能区的"布局"选项卡中的"数据"分组，单击"公式"按钮，如图 3.69 所示。

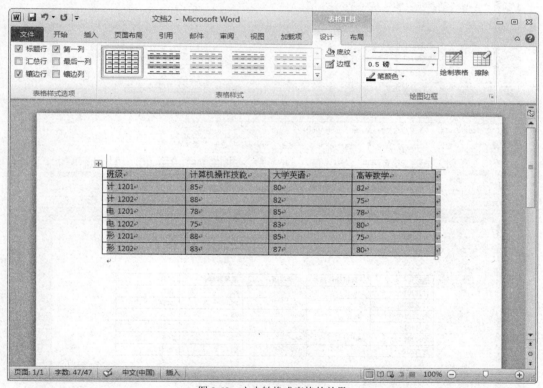

图 3.68　文本转换成表格的效果

- 在打开的"公式"对话框中，"公式"编辑框的内容会根据表格中的数据和当前单元格所在位置自动推荐公式。单击"粘贴函数"下拉按钮选择合适的函数，如平均数函数"AVERAGE"等。其中公式中括号内的参数包括 4 个：左侧（LEFT）、右侧（RIGHT）、上面（ABOVE）和下面（BELOW）。完成公式编辑后，单击"确定"按

钮即可得到计算结果，如图 3.70 所示。

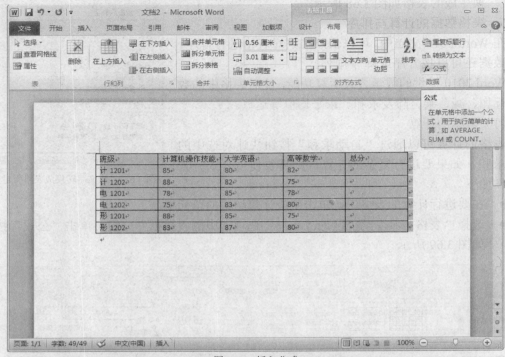

图 3.69　插入公式

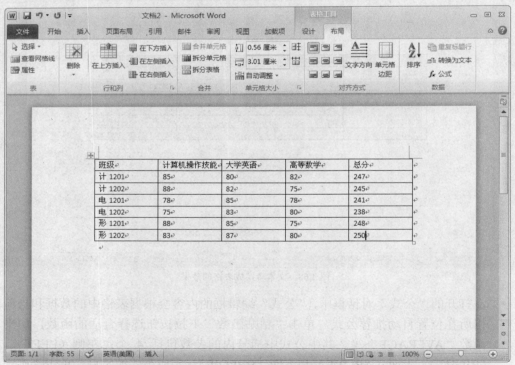

图 3.70　编辑函数公式计算出的结果

- 还可以在"公式"对话框的"公式"编辑框中手动输入运算符号进行计算。

（2）排序

对表格中的文字、数字、日期等数据进行排序的具体操作如下。

- 在文档窗口中，选中需要进行排序的表格中的任意单元格，选择"表格工具"功能区"布局"选项卡中的"数据"分组，选择"排序"，如图 3.71 所示。

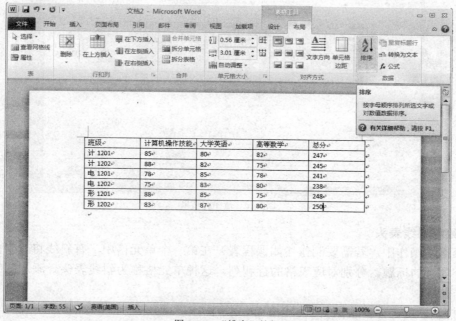

图 3.71　"排序"按钮

- 打开"排序"对话框，在"列表"区域选中选中"有标题行"单选按钮。若选中"无标题行"单选按钮，则 Word 表格中的标题也会参与排序，如图 3.72 所示。

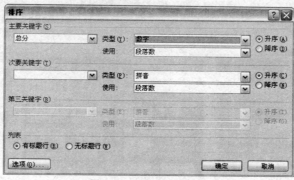

图 3.72　"排序"对话框

- 在"主要关键字"区域，单击"关键字"下拉按钮，选择排序依据的主要关键字。单击"类型"下拉按钮，可以选择"笔画"、"数字"、"日期"或"拼音"等选项。选中"升序"或"降序"单选按钮，设置排序的顺序类型。图 3.73 所示为对班级总分进行升序的排列结果。

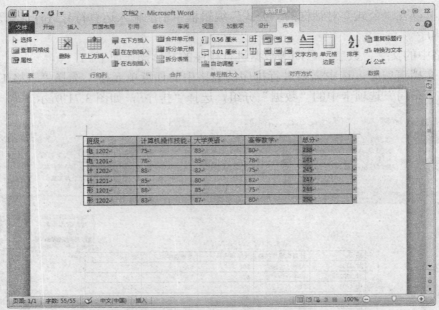

图 3.73 排序的结果

7. 绘制斜线表头

在表格的操作中，若需要制作（如课程表）在第一个单元格中，有斜线将表中内容按类分为多个项目的标题，分别对应表格的行和列，这种单元格称为斜线表头。添加斜线表头的具体操作如下。

- 将光标定位在要绘制斜线表头的单元格中。
- 单击"开始"功能区的"段落"分组中的"下框线"下拉按钮，在弹出的下拉菜单中选择"斜下框线"，如图 3.74 所示。

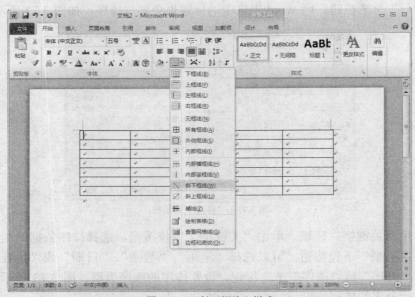

图 3.74 "斜下框线"样式

　　斜线表头设置完毕后效果如图 3.75 所示。在表头中可直接输入文字，按"Enter"键切换到下一行可继续输入。

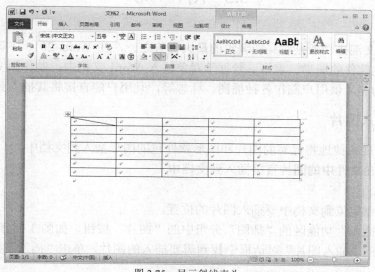

图 3.75　显示斜线表头

思考与练习

　　插入如下表格，要求如下：

　　（1）表格第一行行高为 2.5 厘米，其他行行高为 1.5 厘米，表格中每一列列宽为 3 厘米；

　　（2）表格内第一行文字，华文隶书，三号，中部居中；

　　（3）表格最后一行文字，黑体，加粗，四号，靠下居中；

　　（4）表格中其他文字，华文隶书，小四号，中部居中；

　　（5）表格线，外边框线为"双线型"，3 磅，绿色；内边框线为"虚线型"，1.5 磅，绿色；

　　（6）底纹，为表格加下图所示底纹。

	星期一	星期二	星期三	星期四	星期五
第一节	数学	语文	数学	英语	物理
第二节	政治	地理	历史	数学	语文
第三节	英语	数学	语文	体育	数学
第四节	地理	政治	英语	政治	历史
第五节	语文	活动	书法	历史	英语
备注：	隔周周五第四节课为地理				

3.5 图 形

Word 的图文混排功能是对文档编辑的最大优势之一，在 Word 2010 中该功能更加强大了，可以将其他软件的图形、表格、数据等对象插入 Word 文档中，制作图文并茂的文档。它还提供绘图功能，供用户制作各种插图、标志等，且用户能直接将其插入到文档中。

3.5.1 插入图片

Word 2010 能快捷地将已有的图片和图形软件包的图形插入到文档中。

1．将储存在文件中的图片直接插入到文档中

具体操作如下。

- 将插入点定位到文档中要插入图片的位置。
- 单击"插入"功能区的"插图"分组中的"图片"按钮，如图 3.76 所示。
- 在弹出的"插入图片"对话框中找到需要插入的图片，单击"插入"按钮，如图 3.77 所示。

图 3.76 "插入"图片菜单

图 3.77 "插入图片"中查找范围与文件类型

2．插入剪贴画到文档

插入剪贴画的具体操作如下。

- 将插入点定位到文档中要插入剪贴画的位置。
- 单击"插入"功能区"插图"分组中的"剪贴画"按钮，如图 3.78 所示。
- 弹出"剪贴画"对话框，在"搜索文字"文本框中输入"人物"关键字进行搜索，搜索完毕后可以显示符合条件的剪贴画，根据需要选择剪贴画并插入到文档中。

3．使用屏幕截图功能插入图片

借助 Word 2010 的"屏幕截图"功能，可以方便地将已经打开且未处于最小化状态的窗口截图插入到当前 Word 文档中。需要注意的是，"屏幕截图"功能只能用于文件扩展名为".docx"的文档中。插入屏幕截图的具体步骤如下。

图 3.78　"剪贴画"

- 将准备插入到 Word 2010 文档中的窗口处于非最小化状态，然后打开 Word 2010 文档窗口，单击"插入"功能区"插图"分组中的"屏幕截图"按钮，如图 3.79 所示。
- 打开"可用视窗"下拉列表，Word 2010 将显示智能监测到的可用窗口。单击需要插入截图的窗口，即可将图片插入到指定位置，如图 3.80 所示。

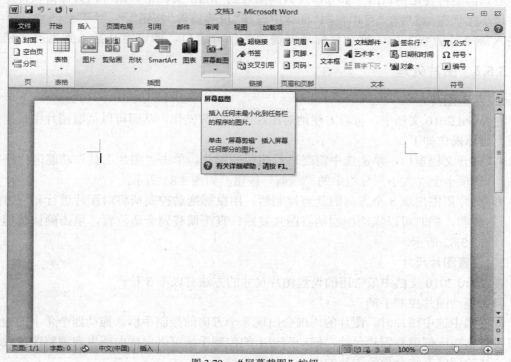

图 3.79　"屏幕截图"按钮

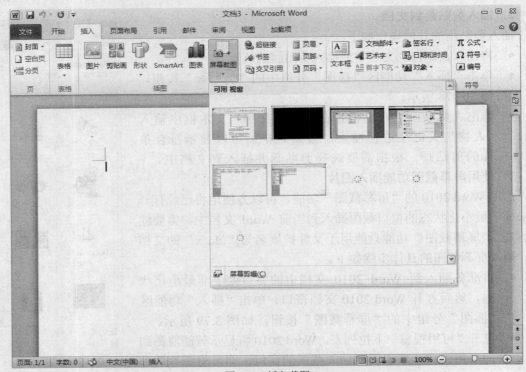

图 3.80　插入截图

　　若只需要将特定窗口的一部分作为截图插入到 Word 文档中，则可以只保留该特定窗口为非最小化状态，然后在"可用视图"面板中选择"屏幕剪辑"按钮" 🖳 屏幕剪辑(C) "，在进入屏幕裁剪状态后，拖动鼠标选择需要的部分窗口，即可将其插入到当前文档中。

3.5.2　图片处理

1．裁剪图片

在 Word 2010 文档中，可以方便地对图片进行裁剪操作，从而可以截取图片中最需要的部分，具体操作如下。

- 打开文档窗口，单击选中需要进行裁剪的图片。单击"图片工具"功能区"格式"选项卡上"大小"分组中的"裁剪"按钮，如图 3.81 所示。
- 图片周围出现 8 个方向的裁剪控制柄，用鼠标拖动控制柄将对图片进行相应方向的裁剪，同时可以拖动控制柄将图片复原，直至调整到合适位置，单击确认裁剪，如图 3.82 所示。

2．设置图片尺寸

在 Word 2010 文档中最常用的设置图片尺寸的方法有以下 3 种。

（1）拖动图片控制手柄

在文档中选中图片时，图片的周围会出现 8 个方向的控制手柄。拖动四个角上的控制手柄可以按宽高比例调整图片尺寸，拖动四边上的控制手柄可以向横向或纵向调整图片大小，但是这样的调整方法会导致图片的变形，如图 3.83 所示。

图 3.81　"裁剪"按钮

图 3.82　裁剪图片

图3.83　拖动图片控制手柄调整图片尺寸

（2）直接输入图片宽度和高度的尺寸

若要精确调整图片的尺寸，可以直接在"图片工具"功能区中输入图片宽和高的尺寸，具体操作如下。

在文档窗口中选中需要调整尺寸的图片，在"图片工具"功能区的"格式"选项卡中的"大小"组中分别输入"宽度"和"高度"的数值即可，如图3.84所示。

（3）在"大小"对话框中设置图片尺寸

具体操作如下。

图3.84　设置图片宽度和高度值

用鼠标右键单击需要调整尺寸的图片，在打开的快捷菜单中选择"大小和位置"命令，在弹出的"布局"对话框中"大小"选项卡下的内容里进行设置，如图3.85所示。

3．设置图片亮度

设置图片亮度的方法主要有以下2种。

（1）在"图片工具"功能区中设置图片亮度

在文档窗口中选中需要进行亮度设置的图片，单击"图片工具"功能区的"格式"选项卡上"调整"组中的"更正"按钮，打开"更正"列表，在"亮度和对比度"区域选择适合的亮度和对比度的值，如图3.86所示。

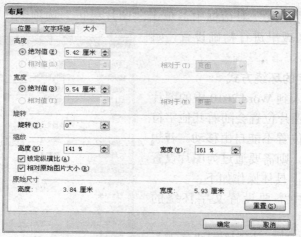

图 3.85　"布局"对话框中的"大小"选项卡

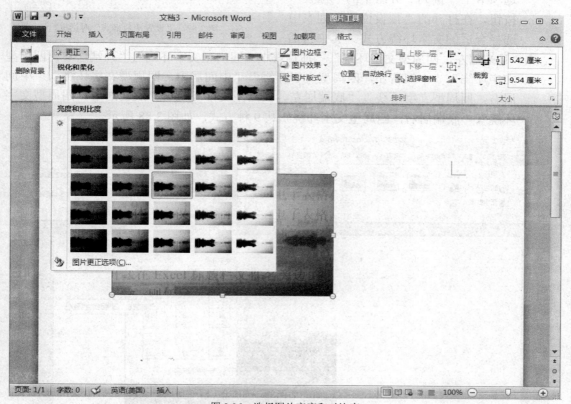

图 3.86　选择图片亮度和对比度

（2）在"设置图片格式"对话框中设置图片亮度

在"设置图片格式"对话框中可以对图片的亮度进行更精确的设置，具体操作如下。

在文档窗口中选中需要进行亮度设置的图片，单击"图片工具"功能区的"格式"选项卡上"调整"组中的"更正"按钮，打开"更正"列表，选择"图片更正选项"命令"　　图片更正选项(C)…　　"按钮。

- 在"设置图片格式"对话框中，单击"图片更正"选项卡，在右边的"亮度和对比度"调整区域里进行精确设置，如图 3.87 所示。

4. 设置图片文字的环绕方式

默认情况下，插入到 Word 2010 中的图片是作为字符插入的，图片位置会随着其他字符的改变而改变，图片位置不能自由移动。若想要自由移动图片位置，则需要通过为图片设置文字环绕方式来实现，具体操作如下。

- 在文档中选中需要设置文字环绕的图片。
- 单击"图片工具"功能区的"格式"选项卡上"排列"分组中的"位置"按钮，在打开的"预设位置"列表中选择合适的文字环绕方式。其中包括

图 3.87　"设置图片格式"对话框

"顶端居左，四周型文字环绕"、"顶端居中，四周型文字环绕"、"顶端居右，四周型文字环绕"、"中间居左，四周型文字环绕"、"中间居中，四周型文字环绕"、"中间居右，四周型文字环绕"、"底端居左，四周型文字环绕"、"底端居中，四周型文字环绕"、"底端居右，四周型文字环绕"共 9 种方式，如图 3.88 所示。

图 3.88　选择文字环绕方式

　　若想要进行更加丰富的文字环绕方式设置，如将图片设置为水印等特殊版式，可以单击"图片工具"功能区的"格式"选项卡上"排列"分组中的"自动换行"按钮，在打开的菜单中选择需要的文字环绕方式，如图 3.89 所示。

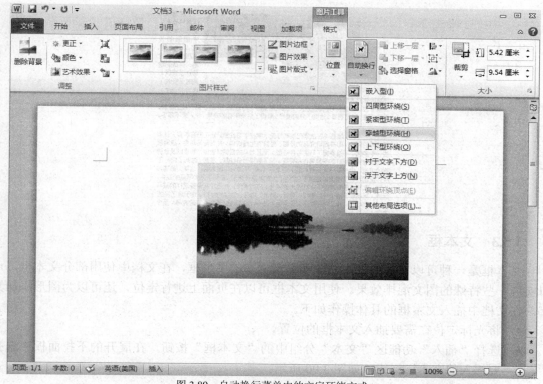

图 3.89　自动换行菜单中的文字环绕方式

　　"自动换行"菜单中的每种文字环绕方式的含义如下。
　　① 嵌入型。图片作为字符插入到文档中，不能设置环绕。
　　② 四周型环绕。文字以矩行方式环绕在图片四周。
　　③ 紧密型环绕。文字按照图片形状紧密围绕在图片四周。
　　④ 穿越型环绕。文字可以穿越不规则图片的空白区域环绕图片。
　　⑤ 上下型环绕。文字环绕在图片的上、下方。
　　⑥ 衬于文字下方。图片在下、文字在上，分为两层，文字覆盖图片。
　　⑦ 浮于文字上方。图片在上、文字在下，分为两层，图片覆盖文字。
　　⑧ 编辑环绕顶点。可以编辑文字环绕区域的顶点，实现自定义的环绕效果。

思考与练习

　　为以下素材添加图形标题框，图形为"流程图：资料带"，并添加文章标题"风驰电掣顾盼有神"，字体为"华文行楷"，一号字，居中对齐，颜色为黑色，图形填充颜色为渐变"预设"中的"熊熊火焰"，底纹为"斜上"，无填充线条，给图形添加阴影效果"阴影样式 15"，将图形版式设置为"四周型"并将图形放置于文章中。效果如下图所示。

徐悲鸿是中国现代著名画家、美术教育家。在他炉火纯青的画笔下，一匹匹飞奔的骏马，或腾空而起，或踏下生烟，或回首顾盼，或一往直前。即使是低头饮水的，也显示出马的悍气。

难能可贵的是：他没有被马的表面臃肥体胖的气势所迷惑，而是抓住了马的一个最基本、最有艺术魅力的特征——健，不仅画出了马的骨，而且画出了马的神。

在画马的运笔用墨上，徐悲鸿发挥了中国画的传统，以线造型，常用饱酣的重墨、奔放的笔势加以表现；同时又吸收了西方的画法，局部用体面造型并注意物象的光影明暗，正是这种把中西画法结合得天衣无缝的表现手法，使他的马翩翩如生、充满笔墨情趣，与他画的风前小鸟、枝上喜鹊、小憩花猫，风格迥异，达到了新的境界，取得了前所未有的效果，令人爱不释手。

二十年代，徐悲鸿去法国巴黎高等美术学校学习油画。他在勤奋掌握人体素描技巧的同时，即开始研究马的骨骼、经络等生理结构，并对活马写生，速写稿达一千多幅，不但掌握了马的各种造型，而且对马的坚毅、敏捷、驯良以及驰骋时的矫健和休憩时的安静等性格特征，都了解得十分细腻、透彻，达到了成马在胸的境地。但他画马真正有成就，还是在 1940 年访问印度之后。这年，徐悲鸿应印度国际大学邀请前往讲学，游历了大吉岭克什米尔，看到了许多罕见的高头、长腿、宽胸、皮毛像缎子一样闪光的骏马，深为着迷。他经常骑着这样的骏马远游，更逐渐了解了马的剽悍、勇猛、驯良、耐劳、忠实的性格，终于成了马的知己。这期间，他又对着骏马大量写生，进一步地塑造出千姿百态的奔马，至今为世人所称道和珍爱。

3.5.3　文本框

文本框是一种可以在其中独立输入和编辑文字的图形框，在文档中使用部分文本框，可以实现一些特殊的图文混排效果。使用文本框可以在页面上进行定位，还可以为图形添加文字。在文档中插入文本框的具体操作如下。

- 将光标定位在需要插入文本框的位置。
- 选择"插入"功能区"文本"分组中的"文本框"按钮，在展开的下拉面板中选择要插入的文本框样式，如图 3.90 所示。

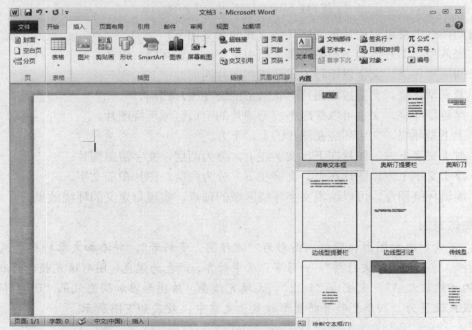

图 3.90　文本框样式

- 若要插入竖排文本框，则在下拉面板中选择"绘制竖排文本框"选项。
- 文本框插入完毕后即可在其中输入文字。

3.5.4 艺术字处理

特殊效果的文字就是艺术字，包括特殊形状、旋转、延伸和倾斜等特殊文字效果。

在以前版本的 Word 里，艺术字是作为图片对象处理的。在 Word 2010 中，艺术字作为文本框插入，用户可以随意编辑文字，该功能的改进更具人性化。

插入艺术字的具体操作如下。

- 将光标定位在需要插入艺术字的地方，选择"插入"功能区"文本"分组中的"艺术字"按钮，在展开的下拉面板中选择需要的艺术字样式，如图 3.91 所示。选择任意一个样式，文档的插入位置将出现系统默认的文字内容，将其改为"计算机操作技能"，如图 3.92 所示。

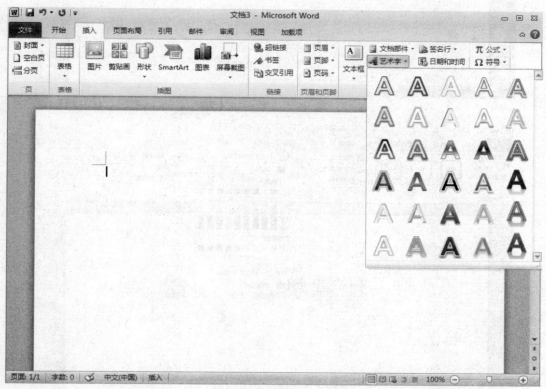

图 3.91 "艺术字"按钮

- 使用"绘图工具"功能区"格式"选项卡上"艺术字样式"分组中的"文本填充"按钮来重新设置文字颜色，如图 3.93 所示。
- 单击"文本填充"按钮下方的"文字效果"按钮，在弹出的下拉菜单中，可以对文字进行"阴影""发光"等多种效果的设置。

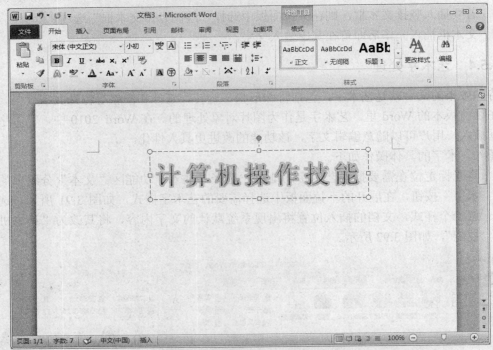

图 3.92　设置好艺术字的文本效果

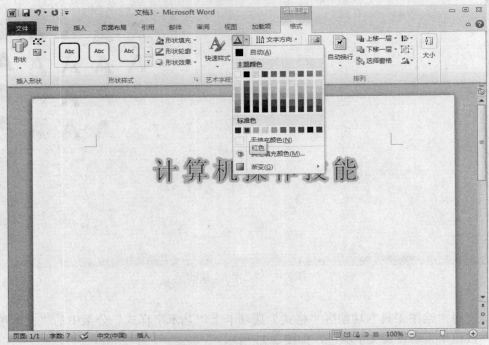

图 3.93　"文本填充"按钮

3.5.5　图形处理

利用 Word "插入" 功能区 "插图" 分组中的 "形状" 工具，可以快速绘制各种图形，并对图形进行调整和修改。具体操作如下。

单击"插入"功能区中的"插图"分组中的"形状"按钮，弹出下拉面板，如图 3.94 所示。从中选择相应形状栏中需要的图形，在文档中进行绘制，如图 3.95 所示。

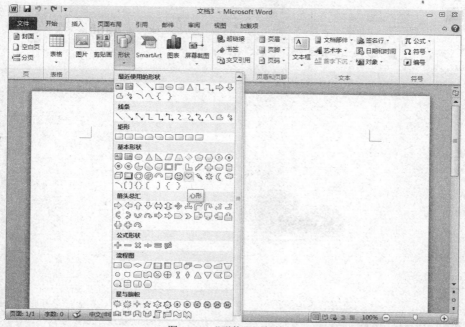

图 3.94　"形状"下拉按钮

图 3.95　绘制"心形"

选中绘制的图形，单击"绘图工具"功能区"格式"选项卡上"形状样式"分组中的"形状填充"按钮更改图形颜色，单击"形状填充"下方的"形状效果"按钮，在弹出的下拉面板中选择"预设"中的任意样式，如图3.96所示。

图 3.96　应用了"预设"效果的心形

思考与练习

　　绘制如下图形，"自选图形"中的"心形"并添加文字"爱心行动"，字体为"方正姚体"，字号为"初号"，颜色为"白色"，居中对齐，并为形状添加阴影。为图形设置填充效果，填充颜色为"渐变"；图案线条颜色为"红色"，虚实为"划线-点"，粗细为"3磅"。效果如图。

3.5.6　SmartArt 图形功能

Word 2010 还提供了 SmartArt 图形功能用来表明表达对象之间的从属和层次关系等。使用的具体操作如下。

在文档中单击"插入"功能区"插图"分组中的"SmartArt"按钮，如图 3.97 所示。弹出"选择 SmartArt 图形"对话框，如图 3.98 所示。根据需要选择一种"层次结构"，然后返回文档进行文字编辑，如图 3.99 所示。

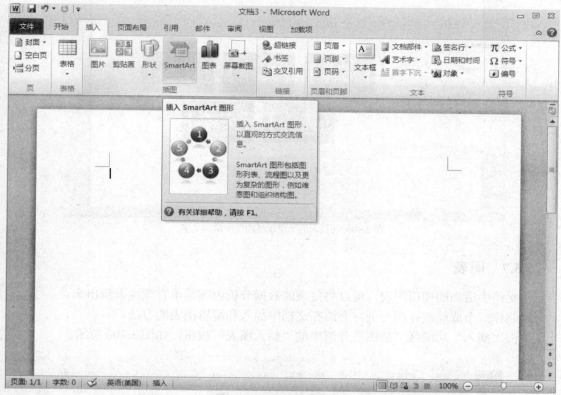

图 3.97　插入 SmartArt 图形

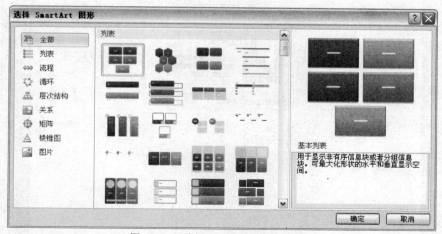

图 3.98　"选择 SmartArt 图形"对话框

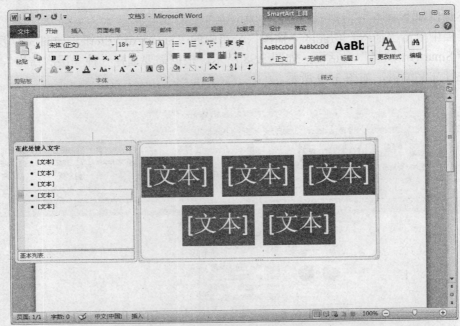

图 3.99　在插入的"层次结构"中编辑文字

3.5.7　图表

在文档中适当的使用图表，可以将复杂的数据分析内容简单直观地表现出来。以制作一个成绩统计图为例，介绍在文档中插入和编辑图表的方法。

单击"插入"功能区"插图"分组中的"插入图表"按钮，如图 3.100 所示。

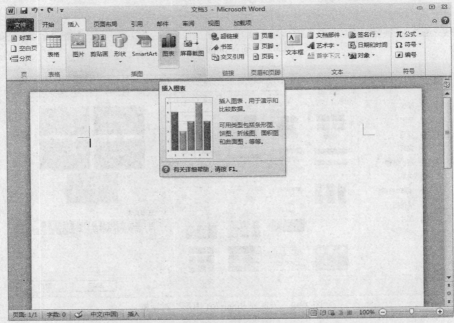

图 3.100　"图表"按钮

在弹出的"插入图表"对话框左侧列表中选择"柱形图"选项，在右侧"柱形图"选项区中选择"三维簇状柱形图"后单击"确定"按钮，如图 3.101 所示。

生成图表的同时，系统会自动产生一个 Excel 表格，单击要输入数据的单元格输入数据，如图 3.102 所示。

如果选中图表，单击"图表工具"功能区的"设计"选项卡"数据"分组中的"选择数据"按钮，如图 3.103 所示。

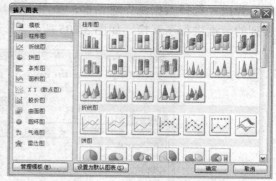

图 3.101   "插入图表"对话框

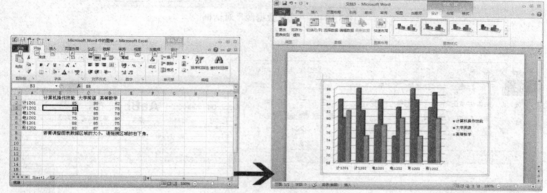

图 3.102   Excel 表格对应生成图

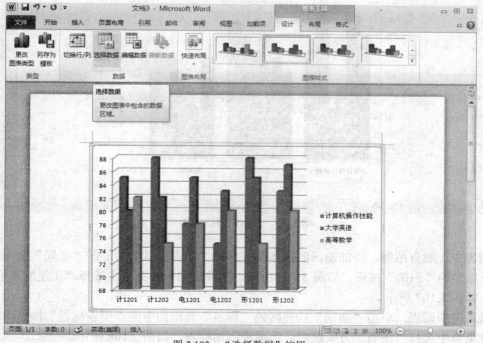

图 3.103   "选择数据"按钮

　　弹出"选择数据源"对话框，如图 3.104 所示，单击"切换行/列"按钮，图表效果将行和列的数据进行了互换，如图 3.105 所示。

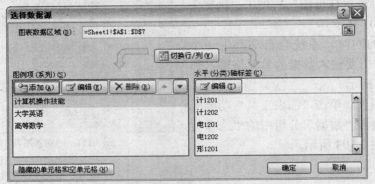

图 3.104　"选择数据源"对话框

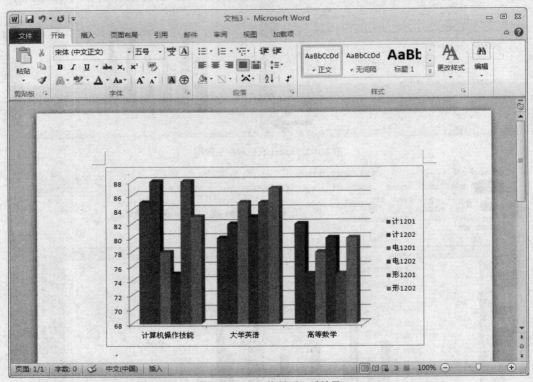

图 3.105　"切换行列"后效果

　　图表中一般有图例，添加图例的操作是：单击"图表工具"功能区"布局"选项卡"标签"分组中的"图例"按钮，如图 3.106 所示。在弹出的下拉菜单中选择"在左侧显示图例"选项，如图 3.107 所示。

　　最后选中图表，单击"布局"功能区的"标签"分组的中的"图表标题"按钮，在弹出的下拉菜单中选择"图表上方"选项，为图表添加标题，如图 3.108 所示。

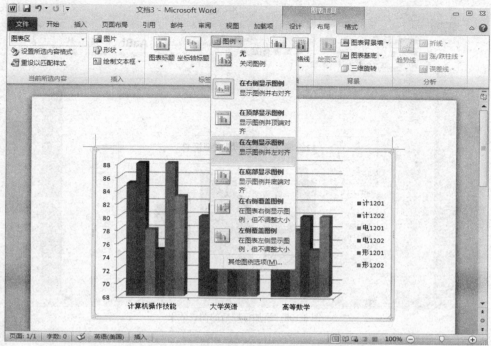

图 3.106　"图例"按钮

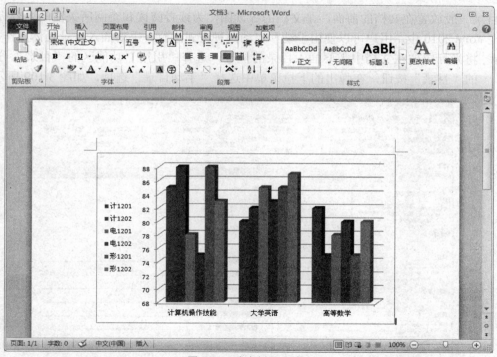

图 3.107　在左侧显示图例

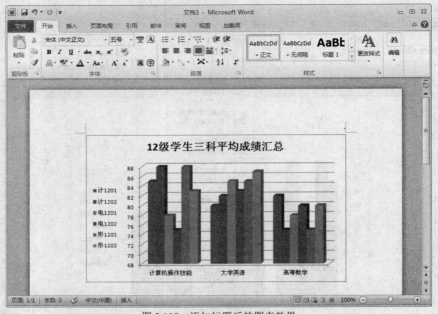

图 3.108　添加标题后的图表效果

3.6　创 建 目 录

目录一般放置在文档的前面，是文档的导读图，为读者阅读和查阅所关注的内容提供便利。在 Word 2010 中，用户可以使用手动和自动两种方式进行，手动插入目录具体操作如下。

- 将光标定位在文档中需要插入目录的位置，选择"引用"功能区的"目录"分组中的"目录"按钮，在弹出的下拉菜单中选择"手动目录"选项，如图 3.109 所示。

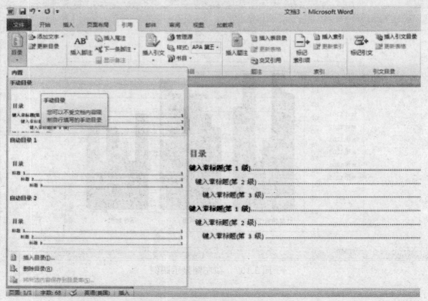

图 3.109　创建目录

- 页面中出现目录的基本格式，手动输入章节标题即添加完成，如图 3.110 所示。

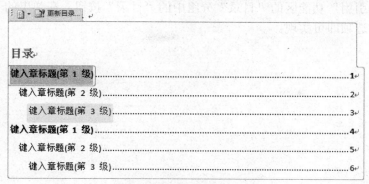

图 3.110　编辑目录

如果选择自动生成目录，在进行目录添加之前需要对文档进行样式编辑，具体操作如下。

- 单击"开始"功能区中"样式"分组右下角的 ▣ 按钮，弹出"样式"对话框。在"样式"对话框中对文档中出现的各级标题和正文的样式进行编辑。
- 样式编辑完毕后，将文档中的各级标题设置为各级标题样式。然后，进行插入目录。
- 选择"引用"功能区的"目录"分组中的"目录"按钮，在弹出的下拉列表框中选择"插入目录"选项，在弹出的"目录"对话框中，勾选"显示页码"和"页码右对齐"，在"制表符前导符"下拉列表中选择要使用的前导符，根据文档的标题级别，在"常规"选项区中设置显示级别，如图 3.111 所示。单击"确定"按钮后自动生成目录。
- 如果文档中的内容发生变化，目录需要进行更新，手动添加的目录，需要手动去更改目录中的标题内容和页码；自动生成的目录，选择"引用"功能区的"目录"分组中的"更新目录"按钮，弹出"更新目录"对话框，如果文档中各级标题没有发生变化，勾选"只更新页码"，否则勾选"更新整个目录"，如图 3.112 所示。

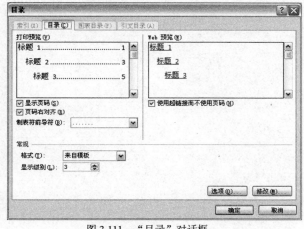

图 3.111　"目录"对话框

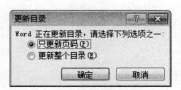

图 3.112　更新目录

　　可以根据需要对目录中的内容有进行字体和段落编辑。如果需要将文档中的目录进行删除，可以选择"引用"功能区的"目录"分组中的"目录"按钮，在弹出的下拉列表框中选择"删除目录"选项即可实现。

第4章

电子表格软件 Excel 2010

本章介绍 Excel 2010 的基本知识和基本操作，包括 Excel 2010 的工作环境、启动与退出、工作簿及工作表的创建与编辑、工作表的格式化、公式与函数、数据管理、图表的创建和编辑、页面设置和打印等。

本章学习目标

- 掌握 Excel 2010 基本工具的使用方法。
- 掌握工作表编辑、数据输入、公式与常用函数等的操作。
- 掌握数据的查询、排序、筛选、分类汇总、数据透视表等操作。
- 掌握图表的应用，包括图表的创建、编辑等操作。

4.1 Excel 2010 工作环境概述

Excel 是 Microsoft Office 办公软件中的电子表格程序。它集文字、数据、图形、图表及其他多媒体对象于一体，不仅可以制作各类电子表格，还可以组织、计算和分析多种类型的数据，方便地制作图表等，被广泛地应用于财务、统计和分析等领域。

Excel 2010 兼容早期版本，Excel 97、Excel 2003、Excel 2007 等格式的文档，会自动在兼容模式下打开（在 Excel 标题栏文件名旁边的方括号内提示"兼容模式"）。如果在兼容模式下使用工作簿，则任何新增或增强的 Excel 2010 功能都不可用，这使得在早期版本的 Excel 中打开工作簿时可避免数据丢失和保真损失。此外，工作簿将使用 Excel 97、Excel 2003 文件格式（.xls）进行保存。

Microsoft Office 提供了特定更新和文件转换器，可以帮助用户在早期版本的 Excel（Excel 2000～2003）软件中打开 Excel 2010 工作簿。安装这些更新和转换器后，可以打开所有 Excel 2010 工作簿，用户无需将现有的 Excel 版本升级到 Excel 2010 就可以编辑和保存工作簿。

4.1.1 Excel 2010 的启动

启动 Excel 的方法很多，下面主要介绍常用的两种。

（1）利用"开始"菜单启动 Excel 2010

单击"开始→所有程序→Microsoft office→Microsoft Office Excel 2010"启动程序。

（2）利用桌面上的快捷方式图标启动 Excel 2010

如果桌面上已经建立有 Excel 2010 快捷方式图标 "⊠"，双击该图标，即可启动 Excel 2010。

4.1.2　Excel 2010 窗口

启动 Excel 2010 后，即可进入 Excel 2010 的窗口界面。Excel 2010 工作窗口由标题栏、快速访问工具栏、功能区、名称框、编辑栏、工作表编辑区、行号、列标和状态栏等组成。如图 4.1 所示。

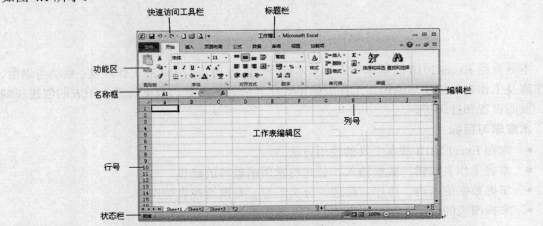

图 4.1　Excel 2010 窗口

1．标题栏

标题栏位于 Excel 2010 窗口的顶端，用于标识窗口名称。显示窗口控制图标、居中显示正在编辑的工作簿文件名和应用程序名，右侧显示"最小化""还原/最大化"和"关闭"按钮。如果该窗口为活动窗口，标题区会以较深的颜色显示。

2．快速访问工具栏

快速访问工具栏位于 Excel 2010 窗口的左上方，用于显示常用命令按钮。图 4.2 所示启动用了"保存""撤销"和"恢复"按钮，用户也可自定义设置常用的命令按钮。

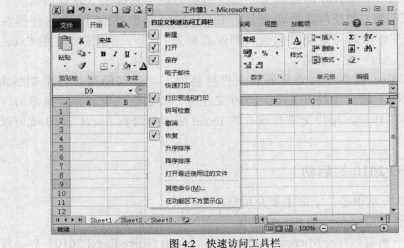

图 4.2　快速访问工具栏

3．功能区

功能区由多个选项卡组成，如"文件"、"开始"和"插入"等。选择不同的选项卡标签显示不同的功能区，每个功能区包含多个命令按钮。

4．名称框

其用于显示当前单元格（即活动单元格）的名称或区域名称，还可以在其下拉列表中选择已定义的区域名或公式名等。当进行公式编辑时，"名称框"切换为"函数名列表框"供用户选择函数。"名称框"可调整大小。

5．编辑栏

编辑栏对应的是活动单元格，给活动单元格以更大的编辑空间。两者内容会同步变化，但两者有分工，一般情况下，编辑区显示公示或函数，活动单元格显示结果。编辑栏由三部分组成，自左向右依次为：单元格名称框、按钮和编辑栏。

当对活动单元格进行数据输入和编辑时，单击按钮 f_x，则打开"插入函数"对话框进行公示编辑，此时"名称框"也切换为"函数名列表框"；单击按钮 ✔（或按 Enter 键）表示确认对活动单元格数据的输入或编辑；单机按钮"✖"（或按 Esc 键）表示对活动单元格的输入或编辑无效。当单元格为"输入"或"编辑"状态时，编辑按钮显示状态如图 4.3 所示。

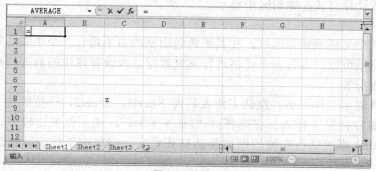

图 4.3　编辑栏

6．状态栏

状态栏位于 Excel 2010 窗口的底端，用于显示信息，用户可自定义显示内容。如单元格模式（就绪、输入、编辑）、宏录制、试图快捷方式、显示比例等。

7．工作表编辑区

工作表编辑区位于编辑栏下方，是 Excel 电子表格区域。构成工作表的基本单位是单元格。每张工作表由 16384（列）×1048576（行）个单元格组成，每一行列交叉即为一个单元格、每个单元格的名称默认使用"列标＋行号"来表示，就是它所在工作表的位置。如 A1，如图 4.4 所示。

（1）列标

工作表首行为列标行，用英文字母顺序编号标记各列名称，依次为 A，B，…，Z，AA，AB，…，AZ，BA，BB，…，ZZ，AAA，…，XFD，共 16 384 列。

（2）行号

工作表首行为行号列，用自然数顺序编号标记各行行号，依次为 1，2，3，…，1 048 576，共 1 048 576 行。

图 4.4　工作表编辑区

（3）单元格

每个单元格的名称默认由列标和行号组成，如 A1，B1，…，XEU1048573。把当前被选定的单元格称为"活动单元格"。活动单元格一个突出特点就是被粗黑框所包围。但若被包围的是一个活动区域时，活动单元格则呈反相显示。此外，活动单元格的名称在"名称框"中显示，其内容或计算公式在编辑区中显示。

（4）填充柄

对于选定的单元格或矩形区域，在其黑色包围框的右下角有一个小实心矩形，这就是填充柄。拖动填充柄可以向各方向单元格进行重复数据录入或有规律的数据填充。

（5）工作表标签

工作表标签显示工作表名。默认工作表名为 Sheet1，Sheet2，…按照建立的顺序以此类推。工作表标签左侧是工作表标签选择区"⃥◀ ◀ ▶ ▶⃥"，当工作表比较多，屏幕无法完全显示时，可拖动水平滚动条左侧的缩放条调整其宽度，或单击工作表标签选择区按钮切换工作表。

（6）工作表选择框

其位于工作簿窗口左上角，行列交汇处，鼠标单击选择框可选中整个工作表。

（7）拆分条

其位于垂直滚动条上端和水平滚动条右端，如图 4.4 所示。用于工作簿窗口的水平和垂直拆分。拆分条可使整个工作表拆分成 4 个区域，使得距离较远区域能同屏显示，可相互参照和编辑，增强可视性。

4.1.3　Excel 2010 的退出

退出 Excel 2010 工作窗口的方法很多，常用的方法如下。

① 双击 Excel 窗口左上角的控制菜单图标"▣"。

② 选择"文件"菜单中的"退出"命令。

③ 单击窗口右上角的"关闭"按钮"✖"。

④ 按快捷键"Alt + F4"。

在退出 Excel 2010 之前，文档如果还未保存，在退出时，系统会提示是否将正在编辑的文档保存。

4.2 工作簿和工作表的基本操作

工作表（也称电子表格）是在 Excel 中用于存储和处理数据关系的主要文档。工作表由排列成行或列的单元格组成。工作表存储在工作簿中，每一个工作簿都可以包含多张工作表，系统默认的工作表标签以 Sheet1～Sheet3 来命名。工作簿是用户使用 Excel 进行操作的主要对象或载体，创建数据表格，在表格内编辑和操作等一系列工作都是在这个对象上完成的。Book1 是系统默认的工作簿（文件）名称，保存工作簿时可以另存为其他名称。工作簿的默认扩展名是 ".xlsx"。

4.2.1 Excel 2010 文件的新建、保存与打开

1. 新建工作簿

（1）启动创建工作簿

启动 Excel 2010 后，系统会自动创建一个名为工作簿 1（默认工作簿名）的空白工作簿。

（2）打开新的空白工作簿

单击"文件"选项卡→"新建"，如图 4.5 所示，"在可用模版"中双击"空白工作簿"。也可通过键盘快捷方式"Ctrl + N"快速新建空白工作簿。还可通过"自定义快速访问工具栏"，添加"新建"选项；还可单击"新建"按钮，建立一个空白工作簿。

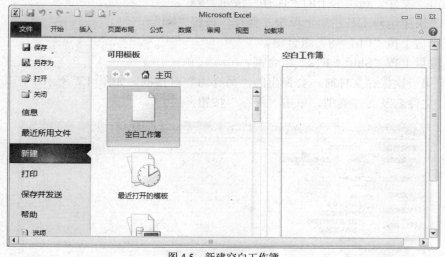

图 4.5 新建空白工作簿

（3）基于现有工作簿创建新工作簿

单击"文件"选项卡→"新建"，在"可用模板"中选择"根据现在内容新建"，在"根据现有工作簿新建"对话框中，浏览至包含要打开工作簿的驱动器、文件夹或 Internet 位置。单击该工作簿，然后单击"新建"按钮。

（4）基于模板创建新工作簿

单击"文件"选项卡→"新建"，在"可用模板"中选择单击"样本模板"或"我的模

板"，双击需要使用的模板，如图 4.6 所示。

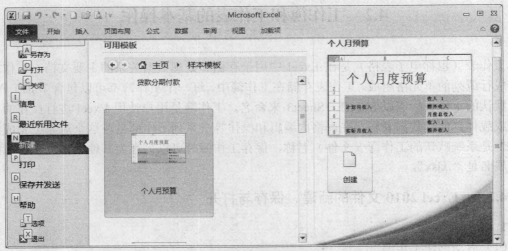

图 4.6　基于模板新建工作簿

新创建的工作簿名称会按默认方式递增。例如，原来的工作簿为 Book1，则现在创建的工作簿名为 Book2，如果继续建立新工作簿，则会以 Book3、…、Book*n* 的方式递增下去。

2．保存工作簿

将创建好的工作簿需保存在磁盘上，以下几种等效操作可以保存工作簿。

① 单击"文件"选项卡上的"保存"按钮"　"。

② 在"快速访问工具栏"上单击"保存"按钮"　"。

③ 在键盘上按"Ctrl + S"组合键。

④ 在键盘上按"Shift + F12"组合键。

当用户第一次保存文件时，会弹出的"另存为"对话框，如图 4.7 所示，在其中选择保存的位置、文件名及文件类型，单击"保存"按钮。

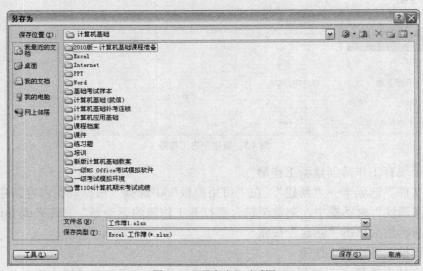

图 4.7　"另存为"对话框

3．打开工作簿

打开已保存的 Excel 文件，可通过以下 3 种方式进行。

（1）直接通过文件打开

找到工作簿文件保存的位置，双击文件图标打开。

（2）使用"打开"对话框打开

单击"文件"选项卡→"打开"，或在"快速访问工具栏"中添加"打开"，在弹出"打开"对话框中选择"文件路径"、"文件类型"和"文件名"，单击对话框中的"打开"按钮，即可打开指定工作簿。

（3）通过打开的历史记录打开

单击"文件"选项卡→"最近使用文件"单击所要打开的文件。在"最近使用的工作簿"下方可以设置快速访问工作簿的数目，可设置数目的范围是 0～25 个。

4．关闭工作簿

当用户结束编辑 Excel 文件后，以下几种等效操作可以关闭当前工作簿。

① 单击"文件"选项卡上的"退出"按钮。

② 使用键盘快捷键"Ctrl + W"。

③ 单击功能区右上方的"关闭窗口"按钮。

4.2.2　工作表基本操作

1．工作表的选定、切换

在使用工作簿文件时，只有一个工作表是当前活动的工作表，活动工作表的名称下有一条单下画线，用以区别于其他工作表，单击不同的工作表标签可以进行工作表之间的切换，单击工作表标签左侧的左右滚动按钮，可以查看所有的工作表标签。

（1）选定单个工作表

单击要选定的工作表标签，使其变成白色，成为当前活动工作表，如图 4.8 所示。

（2）选定多个工作表

选定多个（两个以上）连续的工作表，可在单击第一个工作表标签之后，按住"Shift"键，然后单击最后一个工作表标签。

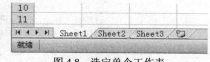

图 4.8　选定单个工作表

选定多个（两个以上）不连续的工作表，在选定第一个工作表后，可按"Ctrl"+ 鼠标左键的方法选定其他工作表。

选定多个工作表后，在标题栏中可以看到工作簿名后加上"[工作组]"，表示打开了多个工作表。如果想取消工作组，则在工作表标签上单击鼠标右健，在弹出的快捷菜单中选择"取消组合工作表"，如图 4.9 所示。

（3）选定全部工作表

在任意工作表标签上单击鼠标右健，弹出如图 4.9 所示的快捷菜单，从中选择"选定全部工作表"命令。

（4）切换工作表

当需要从当前活动工作表切换到工作簿中的其他工作表时，只需单击其他工作表的标签就能实现。如果工作簿中包含的工作表比较多，可以用鼠标右键单击标签滚动按钮

"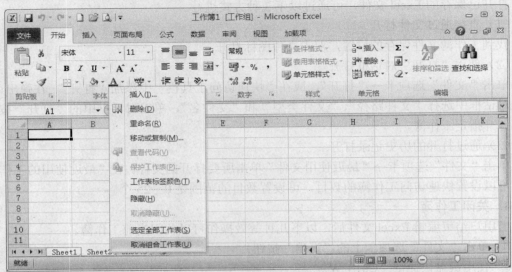"，将弹出工作表标签列表，然后单击所需工作表的标签名即可切换。

图 4.9　工作表快捷菜单

2．创建工作表

工作表是随工作簿一同创建的。默认情况下，新建的工作簿包含名为 Sheet1、Sheet2 和 Sheet3 的 3 张工作表。用户可根据实际情况改变新建工作簿包含工作表的数量。单击"文件"选项卡上的"选项"标签，在弹出的"Excel 选项"对话框中选择"常规"，设置"新工作簿时包含的工作表数"，如图 4.10 所示，创建工作表数量的范围在 1～255，工作表名为 Sheet1～Sheet n。

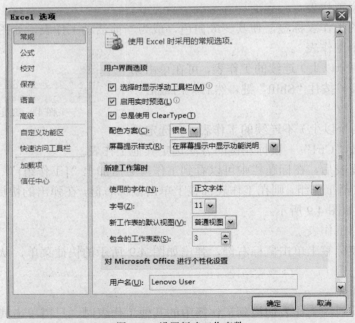

图 4.10　设置新建工作表数

3．插入工作表

一个工作簿文件最多可包含 255 个工作表，系统默认的只有 3 个，可以按需要自行增加或减少工作表的个数，具体操作步骤如下。

（1）插入单张工作表

方法一：先选取一个工作表 Sheet2，单击"开始"选项卡在"单元格"组的"插入"下拉列表中选择"插入工作表"选项，即可在 Sheet2 表前插入一空白工作表，并成为当前活动工作表，如图 4.11 所示。

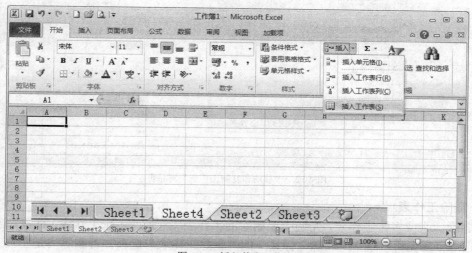

图 4.11　插入单张工作表

方法二：在某工作表标签上单击鼠标右键，在弹出的快捷菜单中选择"插入"选项，在弹出的"插入"菜单中选择"工作表"，单击"确定"按钮，即可在该工作表之前插入一张新工作表。

（2）插入多张工作表

确定要添加工作表的数目，在打开的工作簿中选择要添加的相同数目的现有工作表标签（选中的工作表要相邻），按插入单张工作表的方法可插入连续的多张工作表。插入的工作表会排列在所选工作表标签之前，并依照现在工作表数目自动编号命名。

4．移动或复制工作表

移动或复制工作表可在工作簿内部和工作簿之间进行，有下列两种操作方式。

（1）鼠标操作

在一个工作簿内部移动工作表可使用鼠标拖曳工作表标签的方法；复制工作表，则拖曳同时按住"Ctrl"键。在不同工作簿之间复制或移动，将源工作簿和工作目标工作簿窗口还原，同时显示在屏幕上，再利用鼠标拖曳工作表标签。

（2）菜单操作

先选中要移动或复制的工作表，选择"开始"选项卡→"单元格"组的"格式"下拉列表中"移动或复制工作表"对话框，如图 4.12 所示，选择移至的"工作簿"移至"Sheet1"之前，若选中"建立副本"复选框，则为复制，否则为移动。注意：如果移动工作表，那么基于工作表数据的计算结果或图表可能变得不准确。

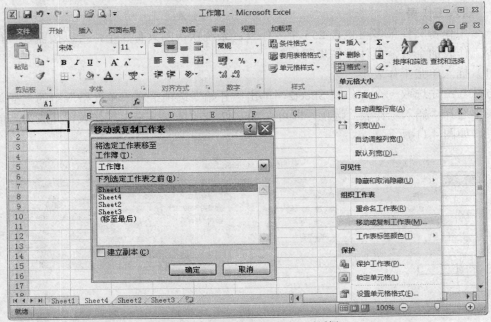

图 4.12 "移动和复制工作表"对话框

5．删除工作表

若删除一张或多张工作表，先选中要删除的工作表（一张或多张工作表）标签，选择"开始"选项卡"单元格"组中"删除"标签下的"删除工作表"选项。若删除的是空白工作表，则直接删除；若工作表内有数据，系统会弹出对话框，请求用户确认。工作表被删除后不可恢复。

工作表被删除后，其对应的标签也从标签栏中消失，剩余工作表签序号不重排。

6．重命名工作表

系统默认的工作表都是以 Sheet1、Sheet2……来命名的，不便于记忆和管理，因此用户需要改变每张工作表的名称。工作表名称最长可达 31 个中文字符，其中可含有空格。例如，将 Sheet1 工作表重命名为"学生成绩表"的操作步骤如下。

① 双击要修改名称的工作表标签。

② 当工作表标签变为黑底白字时，直接键入新的工作表标签名（不大于 31 个双字节字符），按"Enter"键即可重命名。如图 4.13 所示。

也可直接用鼠标右键单击需要修改名称的工作表标签，在弹出的快捷菜单中选择"重命名"选项。

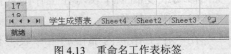

图 4.13 重命名工作表标签

7．设置工作表标签的颜色

当有多个工作表时，为突出工作表标签，可以为工作表标签设置背景颜色。选择"开始"选项卡"单元格"组中"格式"面板的"工作表标签颜色"选项。

8．查看所有工作簿窗口

当要查看多个工作簿窗口时，可以通过"视图"选项卡"窗口"组中"全部重排"实现选项卡，如图 4.14 所示，在弹出的"重排窗口"对话框中选择排列方式，同时显示多个工作簿窗口。

图 4.14 "重排窗口"对话框

4.3 数 据 输 入

4.3.1 在单元格中输入数据

1. 单元格的选定

对工作表的操作都是建立在对单元格或单元格区域进行操作基础上的,所以对当前的工作表进行各种操作,都需要选定单元格或单元格区域。单元格区域是指工作表中的两个或多个单元格,区域中的单元格可以相邻,也可以不相邻。

(1)选定单个单元格

单击要选定的单元格或者按方向键移动到要选定的单元格,该单元格即成为活动单元格。也可在名称框中直接输入单元格的地址来选定某一单元格。

(2)选定连续区域单元格

将鼠标指针指向区域中的第一个单元格,再按住鼠标左键拖曳到最后一个单元格,便可选定一块单元格区域;或者选定区域中的第一个单元格后按住"Shift"键,再单击区域中的最后一个单元格。对于连续区域还可用其左上角和右下角单元格名称并用冒号进行连接来表示,如 A1:D4,该区间则包括了 16 个单元格,如图 4.15 所示。

(3)选定不连续单元格或区域

选定第一个单元格或区域,按住"Ctrl"键的同时用鼠标单击其他单元格或选定区域,如图 4.16 所示。对于不连续的单元格(或区域)还可用逗号连接它们的名称来表示,如 A3:A10,D3:D10。

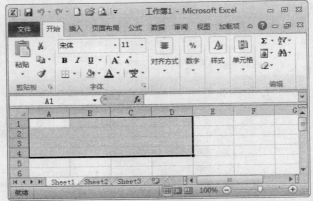

图 4.15　选择连续区域

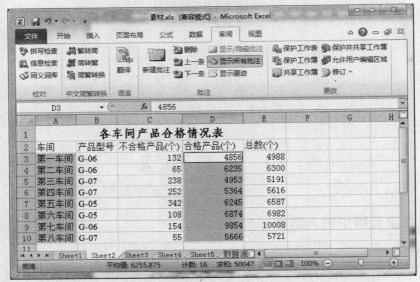

图 4.16　不连续区域的选定

（4）选定整行（或整列）

用鼠标单击行号（或列标）。

（5）选定连续多行（或多列）

用鼠标拖动行号（或列标），或单击第一个要选定的行号（或列标），再按住"Shift"键，然后单击选定的最后一行的行号（或最后一列的列标）。

（6）选定不连续多行（或多列）

用鼠标单击第一个要选定的行号（或列标），再按住"Ctrl"键，然后单击其他行的行号（或列标）。

（7）取消单元格选定区域

单击工作表中其他任意一个单元格即可取消单元格选定区域。

2．输入数据

（1）向单元格内输入数据

首先要选定单元格，然后再输入数据，输入结束后按"Enter"键、"Tab"键、箭头键或用鼠标单击编辑按钮"√"，均可确认输入，输入的内容会在编辑栏和单元格中显示。按"Esc"键或单击编辑按钮"×"取消输入。

（2）向区域内输入数据

先选定区域，然后逐个输入数据（按"Enter"键即可进行区域内下一个单元格的输入），与向单元格输入数据相同。若向区域内输入相同数据，可以在选定区域后，在编辑栏中输入数据，按"Ctrl + Enter"组合键即可。

（3）数据类型

① 输入文本。文本是指当作字符串处理的数据，它包括汉字、英文字母、数值、空格及其他键盘能输入的符号。在默认状态下，单元格中的所有文本都是左对齐，若输入的数据含有如"姓名"、"TX20010101"、"800-975"等字符的，Excel 会自动确认为文本。当需要输入如"010001"等纯数字形式的文本（如输入邮政编码、身份证号码、电话号码）时，应在英文输入法状态下先输入单引号（'），表示随后输入的数字当作字符串处理，Excel 会自动并在该单元格左上角加上绿色三角标记。

若一个单元格中输入的文本过长，Excel 允许其覆盖右边相邻的无数据的单元格。若相邻的单元格中有数据，则显示部分文本，但内容并没有丢失，在编辑栏内可显示完整的内容。若要取消当前的输入操作，可按"Esc"键、退格键或单击编辑栏中的"取消"按钮"×"即可。

当单元格内的数据比较长时，可以按组合键"Alt + Enter"（或在单元格格式中设置"自动换行"）实现单元格内换行，单元格会自动增加行高。

② 输入数值。在 Excel 中，数值可以采用整数、小数格式，也可以使用科学计数法表示。输入的数字符号可包括 0～9 的数字、运算符号（+、-、*、/）、左右括号、分数（/）、千位符（,）、小数点（.）、百分号（%）、指数（E）和（e）、货币符号（￥、$）等。在默认状态下，所有数值在单元格中均右对齐。

应当注意：

- 当输入分数时，应在分数前加"0"和一个空格，这样可以区别于日期，如输入"2/3"，结果为"2 月 2 日"，输入"0 2/3"，结果为"2/3"。
- 当输入带括号的数字时，被认为是负数，如输入（119），在单元格显示的是-119。

当输入数值的长度大于单元格宽度时，单元格内容自动变成科学计数形式。如输入数值"123456789123"后单元格内容显示为"1.235E + 11"，E 表示基数为 10，11 是指数（可以是正数、负数或零），相当于 1.23457×10^{11}；而编辑栏中还是显示"123456789123"。因此输入的数值与在单位格中显示的数值未必相同。但 Excel 的数字精度为 15 位，当数字超过 15 位时，多余的数字将被转换为 0 参与运算。

③ 输入日期和时间。工作表中的时间或日期的显示方式取决于所在单元格的数字格式。若输入 Excel 2010 可以识别的日期或时间数据后，单元格格式会从"常规"数字格式改为某种内置的日期或时间格式并默认为右对齐。

应用注意：

- 键入日期时，应使用斜杠（/）或连字符（-）分开年、月、日，如 2013/6/8 或 2013-3-8，若省略年份，输入 2 位数，则默认为 1930～2029 年间的后 2 位。输入时间时，时、分、秒之间要用半角冒号"："分开，上午/下午用 AM（可省略）/PM 表示，且 AM/PM

与时间之间有空格，缺少空格会被当作字符数据处理。

- 如果 Excel 2010 不能识别输入的日期或时间格式，输入的内容将被视为文本，并在单元格中左对齐。
- 可在同一单元格键入日期和时间，但必须用空格隔开，如 2013-6-8　6:30。输入当前系统日期可按快捷键"Ctrl＋;"，输入当前时间可按快捷键"Ctrl＋Shift＋;"。
- 若要使用其他的日期和时间格式，可在"单元格格式"对话框中进行设置。

4.3.2　自动填充

在 Excel 2010 工作表中，如果输入的数据是一组有固定序列的数值，可以使用"自动填充"功能进行填充。操作方法为：通过鼠标拖曳"填充柄"（选中当前单元格右下角的"■"，当鼠标指向时，自动变成"+"后，才能进行拖动操作，完成自动填充），从而达到快速在工作表上复制公式或单元格内容的目的。

1．数值型数据的填充

选中初始单元格后直接拖动填充柄，数值不变，相当于复制。还可通过选择"自动填充选项"（）来选择填充所选单元格的方式。例如，可选择"复制单元格"、"填充序列"、"仅填充格式"或"不带格式填充"等，或者拖动填充柄的同时按"Ctrl"键，以默认的步长为 1，向右、向下填充，数值增大，向左、向上填充，数值减小；当填充的步长不等于 1 时，选中前两项作为初值，用鼠标拖曳填充柄进行填充，Excel 将自动把前两项的差作为步长。如图 4.17 所示。

图 4.17　数值型数据自动填充

2．文本型数据的填充

① 不含数字串的文本串，无论填充时是否按"Ctrl"键，数值均保持不变，相当于复制。

② 含有数字串的文本串，直接拖动，文本串中最后一个数字串成等差数列变化，其他内容不变；按"Ctrl"键拖动，相当于复制。例如初始单元格的值为 A1，直接拖动填充时，被填充的单元格的值依次为 A2、A3、……若按住"Ctrl"键拖动，被填充的单元格的值都是 A1。

3．日期型、时间型数据的填充

直接拖曳填充柄，按"日"（或"小时"）生成等差数列；按"Ctrl"键同时拖曳填充柄，相当于复制。还可通过选择"自动填充选项"（）来选择填充所选单元格的方式，如按年填充。

值得注意：单击"自动填充选项"（）所弹出的下拉菜单的内容，与所填充的数据类型不同而不同，这样可先填充，然后根据需要再选"自动填充选项"（）弹出的下拉菜单的相应命令，使数据的输入更快捷、更方便。

4．利用"填充"菜单

当填充数据比较复杂，如等比数列、等差数列（公差任意）、按年（月、工作日）变化的日期时，可以采用序列填充。

例如，利用序列填充功能把日期按月份从 2013-1-1 填充到 2013-5-1。

其操作方法如下：选定初始值的单元格，选择"开始"选项卡"编辑"组上的"填充""系列"对话框，在"系列"对话框中设置序列产生是在行方向还是列方向、序列类型、步长值和终止值。如图 4.18 所示。

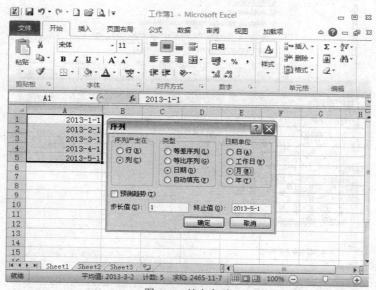

图 4.18 填充序列

注意：如果在产生序列前没有选定序列产生的区域，必须输入终止值。

5．自定义序列

用户可自定义输入序列中的成员。选择"文件"选项卡上的"选项"按钮，在弹出的"Excel 选项"对话框中选择"高级"→"常规"→"编辑自定义列表"，在打开的"自定义序列"对话框的"输入序列"文本框中输入自定义序列成员，每项独占一行，确定后单击"添加"按钮，加入到"自定义序列"文本框中。或者选择已输入的序列，将其导入"自定义文本框"，如图 4.19 所示。当在单元格中输入自定义的某一序列中任一成员，拖动填充柄，即可按定义的顺序自动填充数据。

6．记忆式输入

使用记忆式输入可以在同一列快速填充文本型重复输入项。

（1）自动重复法

选择"文件"选择卡上的"选项"按钮，在弹出的"Excel 选项"对话框中选择"高级"选项下的"编辑选项"按钮，选中"为单元格值启用记忆式键入"选项，如图 4.20（a）所示。设置后，若输入的字符与该列上一行字符相匹配时，则会自动填充剩余字符，如图 4.20（b）所示，单击按钮"√"（或"Enter"键）即可。

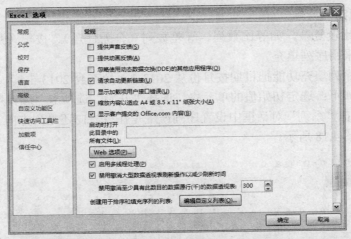

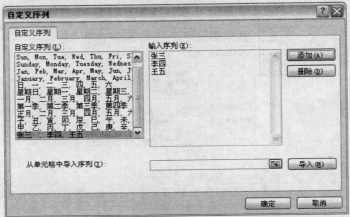

图 4.19　自定义序列

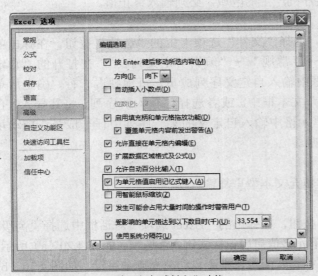

（a）开启"记忆式键入"功能

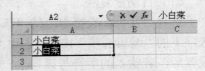

（b）"记忆式键输入"实例

图 4.20　记忆式输入

（2）下拉列表选择法

在活动单元格中，输入起始字符，按"Alt＋↓"组合键，在下拉列表中显示同列上面行已输入的、含有该字符的所有项，可从中选取相应项填入活动单元格当中，如图 4.20（b）所示。

4.3.3　编辑工作表数据

在编辑工作表的过程中，常常需要进行删除和更改单元格中的内容、移动和复制单元格数据、插入和删除单元格、插入和删除行/列等编辑操作。

1．编辑单元格内容

活动单元可以直接输入内容（状态栏由"就绪"切换为"输入"状态），要修改或删除单元格中的内容，状态栏由"就绪"切换为"编辑"状态。

当单元格内容需要修改时，首先选定并双击需修改的单元格，再移动鼠标指针进行修改；或选定需修改单元格后按"F2"键进入编辑状态再修改；再或者选定需修改单元格后在编辑栏中直接修改。按回车键确认所做的改动或按"Esc"键取消所做的改动。

2．插入、清除和删除

（1）插入

数据输入时可插入单元格或插入行和列。

选中要插入单元格的位置，选择"开始"选项卡"单元格"组中的"插入"选项，打开"插入"对话框，如图 4.21 所示，在弹出的"插入"对话框中选择"活动单元格右移"，即将选中的单元格右移，新插入的单元格放在选中单元格的左侧；选择"活动单元格下移"，则新插入的单元格在选中单元格上方。选择"整行"或者"整列"，再选中单元格上方插入一行或者在左侧插入一列。

图 4.21　插入单元格

（2）清除

清除针对的对象是数据，单元格本身不受影响。在选取单元格或者区域后，选择"开始"选项卡"编辑"组中的"清除"选项，在弹出的下拉菜单中有 5 个选项："全部清除"、"清除格式"、"清除内容"、"清除批注"和"清除超链接"。其中"全部清除"包括其他 4 项，单独选择某一项则只清除相关信息，但单元格本身仍留在原位置不变，如图 4.22 所示。

选定单元格或区域后，按"Delete"键，相当于选择"清除内容"。

（3）删除

删除针对的对象是单元格，删除后选取的单元格连同其数据将一起被删除。在选取单元格或区域后，选择"开始"选项卡"单元格"组中的"删除"面板上的"删除单元格"按钮，弹出"删除"对话框，如图 4.23 所示，可选择"右侧单元格左移"或"下方单元格上移"来填充被删除的单元格留下的空缺。选择"整行"或者"整列"将删除选取区域所在的行和列，其下方行或左侧列自动填补空缺。当选定要删除的区域是若干整行或整列时，将直接删除而不出现"删除"对话框。

图 4.22　清除单元格

图 4.23　删除单元格

删除单元格、行或列后工作表中行列数不变。

3．撤销与恢复

Excel 提供了撤销操作这一功能，避免因误操作损失工作。

如果只撤销上一步操作，只需单击"快速访问工具栏"中的"撤销"（　）按钮，或按快捷键"Ctrl + Z"；如果要撤销多步操作，单击"　"按钮右端的下拉箭头"▼"，在随后显示的列表中选择要撤销的步骤，Excel 将撤销选定的操作项。

如果要恢复已撤销的操作，可单击"快速访问工具栏"中的"恢复"按钮"　"。

如果上一次的操作由于某种原因不能恢复或重复，则"　"按钮会变为灰色显示"　"。

4．移动和复制

（1）移动单元格

① 选定要移动的单元格，选择"开始"选项卡"剪贴板"组中的"剪切"按钮"　"；或者在单元格区域内单击鼠标右键，出现快捷菜单，如图 4.24 所示，选择"剪切"命令；再或者直接按"Ctrl + X"快捷键，在选定区域的边框上出现一个闪烁的线框"　"。如果要将选定区域移到另一个工作表或工作簿上，则切换到该工作表或工作簿。

② 选定粘贴区域左上角的第一个单元格。

③ 单击"开始"选项卡"剪贴板"组中的"粘贴"按钮"　"；或者单击鼠标右键在弹出的快捷菜单中选择"粘贴"命令；再或者直接按快捷键"Ctrl + V"，便将选定区域移到了目标区域。

（2）复制单元格

① 选定要复制的单元格，单击"开始"选项卡"剪贴板"组上的"复制"（　）按钮；或者直接按快捷键"Ctrl + C"，在选定区域的边框上出现一个闪烁的线框"　"。如果要将选定区域复制到另一个工作表（簿）上，则切换到该工作表（簿）。

② 选定粘贴区域左上角的第一个单元格。

③ 单击"开始"选项卡"剪贴板"组中的"粘贴"按钮"　"，

图 4.24　单元格快捷菜单

便将选定区域复制到了目标区域。

　　用鼠标拖动复制单元格的方式与用鼠标拖动移动单元格类似，只是在拖动过程中需按住"Ctrl"键。

　　值得注意：Excel 将以选定区域数据替换粘贴区域中任何现有数据。采用这种方法，Excel 将复制整个单元格，包括其中的公式及其结果、批注和格式。

　　（3）选择性粘贴

　　一个单元格含有多种属性，如数值、公式、格式、超链接、批注等。单元格复制时有时只需要复制它的部分属性。另外，在复制数据的同时还可以进行算术运算、行列转置等，这些都可以通过"选择性粘贴"来实现。

　　现将数据复制到剪贴板，再选择被粘贴的目标区域，单击"开始"选项卡上的选择"粘贴"选项，单击"选择性粘贴"按钮，弹出"选择性粘贴"对话框，如图 4.25 所示。选择操作选项后，单击"确定"按钮。例如，使得某区域单元格数值都乘 5，可先复制 5，在"选择性粘贴"对话框中选择"乘"法运算，单击"确定"按钮后，区域内单元各种数值都乘 5 后的结果。

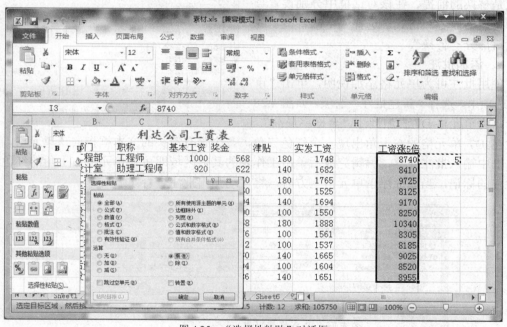

图 4.25　"选择性粘贴"对话框

5．查询和替换

（1）查找

　　单击"开始"选项卡上的"查找和选择"选项，单击"查找"按钮，弹出"查找和替换"对话框中的"查找"选项卡，如图 4.26 所示。在该对话框中可设置查找的内容、范围（工作表或工作簿）、搜索（按行或按列）、查找范围（公式、值、批注），还可指定格式。可实现全部查找和逐个查找。

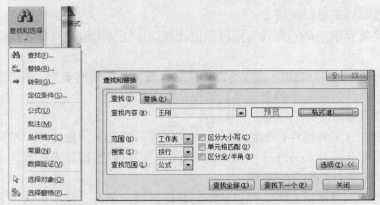

图 4.26 "查找"选项卡

（2）替换

单击"开始"选项卡上的"查找和选择"选项中的"查找"按钮，弹出"查找和替换"

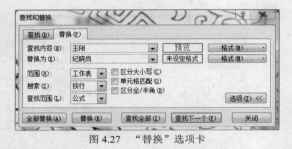

对话框中的"替换"选项卡，如图 4.27 所示。
查找是替换的前提，在该对话框中分别设置查找和替换的内容和格式，选择"全部替换"或查找后部分"替换"。

图 4.27 "替换"选项卡

6．添加批注

使用批注可为单元格添加说明，单击"审阅"选项卡，选择"新建批注"选项。如图 4.28所示，为单元格 D7 添加批注"合格率最高"。

此时在 D7 单元格的右上角出现一个红色三角，一个带有箭头的文本框指向该单元格，可在文本框中输入批注内容，编辑完成后单击工作表的其他区域即可。单元格右上角的红色三角是批注的标记，当鼠标浮于单元格上方时，将自动弹出批注查看。

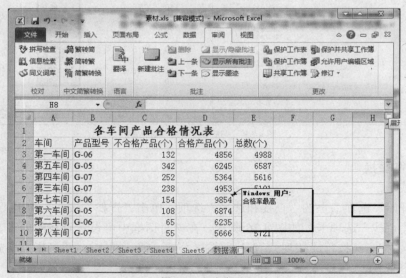

图 4.28 添加批注

清除批注的方法：选取要清除批注的单元格，单击"开始"选项卡"编辑组"中的"清除批注"选项。

4.4　单元格编辑与格式设置

4.4.1　单元格格式设置

与 Word 一样，用户也可对 Excel 单元格中数据进行格式化操作，使工作表的外观整洁、美观、重点突出。可通过"格式"工具栏的按钮对单元格进行设置，也可通过"单元格格式"对话框进行设置。先选取要进行格式化的单元格，单击"开始"选项卡"单元格"组中的"格式"选项，单击"设置单元格格式"按钮，如图 4.29 所示。在弹出的"设置单元格格式"对话框中有 6 个选项卡："数字""对齐""字体""边框""填充"和"保护"。

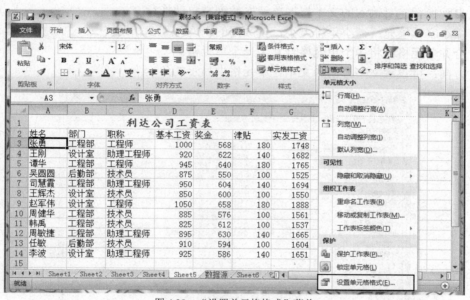

图 4.29　"设置单元格格式"菜单

1. 设置数字格式

"数字"选项卡用于单元格中的数字格式化，如图 4.30 所示。对话框左侧为"分类"列表，给出数字格式的类型，右侧显示该类型的格式。如"数值"选项，可设置显示的小数的位数、千分位分隔符和负数的显示方式。在对话框的下方，对选中的类型都有相应的文字说明。

2. 设置对齐格式

"对齐"选项卡用于设置单元格中的数据对齐格式，如图 4.31 所示。默认情况下，Excel 根据输入的数据自动调节数据的对齐格式，如文本左对齐、数值和日期时间右对齐。

- 水平对齐：包括常规、靠左、居中、靠右、填充、两端对齐、跨列居中、分散对齐。
- 垂直对齐：包括靠上、居中、靠下、两端对齐、分散对齐。

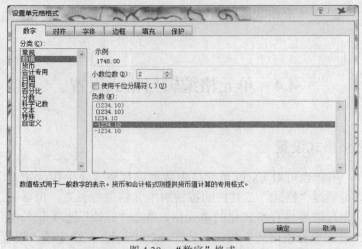

图 4.30　"数字"格式

- 自动换行：对输入的文本根据单元格的列宽自动换行。
- 缩小字体填充：减小字符大小，使数据的宽度与列宽相同。
- 合并单元格：将多个单元格合并为一个单元格。
- 方向：可设置文字方向和文本在单元格中显示的角度。

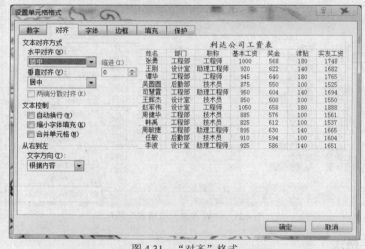

图 4.31　"对齐"格式

3. 设置字体

在"字体"选项卡中可以设置所选单元格内数据的字体、字形、字号和颜色等。

① 选中要设置字体的单元格区域，如 A1 到 G1 所在单元格。

② 选择"字体"选项卡。

在"字体"框中选择楷体、在"字形"框中选择加粗、在"字号"框中选择 16、在"颜色"框中选择红色，如图 4.32（a）所示。单击"确定"按钮。结果如图 4.32（b）所示。

还可以通过"开始"选项卡中的"字体"组来设置单元格字体。选定要设置的单元格区域，依次单击"字体"列表框"楷体"、"字号"列表框"16"和"字体颜色"按钮

"▲·"右侧的下拉式按钮"▼",从中选择字体为"楷体"、"字号"为 16、"字体颜色"为红色即可。

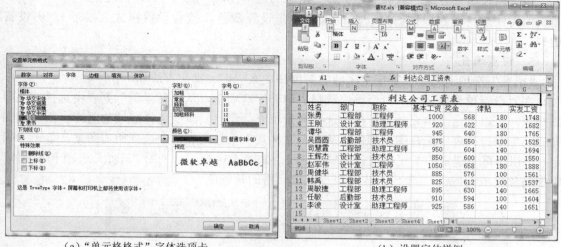

（a）"单元格格式"字体选项卡　　　　　　　（b）设置字体样例

图 4.32　"字体"格式

4．设置边框

Excel 表格的网格线不明显，为突出已做好的数据表，在"边框"选项卡中对其进行添加边框线的设置，如图 4.33 所示。具体操作步骤如下。

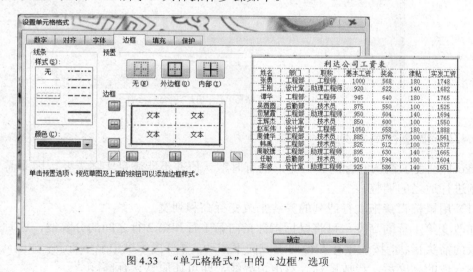

图 4.33　"单元格格式"中的"边框"选项

① 选取要设置边框的单元格区域。

② 单击"开始"选项卡"单元格"组中的"格式"选项，单击"设置单元格格式"按钮，打开"边框"选项卡。

③ 在"线条样式"中选择边框的形状和粗细，在"颜色"中设置边框的颜色，如选"红色"。

④ 在选择"预置"中选择边框的位置，或从边框按钮中添加边框样式，例如，外边框用粗实线，内部用虚线，并可预览草图。

也可以使用"开始"选项卡"字体"组中的边框按钮" ▦▾ "来设置边框。

值得注意：设置边框时，一般的顺序是先设置颜色，接着设置样式（线形），再设置边框。

5．设置填充

"填充"选项卡用于设置指定区域的颜色和图案阴影。操作方法如下。

在"设置单元格格式"对话框中选择"填充"选项卡，从"背景色"列表中选择背景所需颜色，可以单击"填充效果"按钮选择背景填充颜色；要改变选择区域的阴影，则从"图案颜色"下拉列表中选择图案颜色，从"图案样式"下拉列表框中选择所需图案，单击"确定"按钮即可为选定的单元格设置背景或底纹。如图 4.34 所示。利用"开始"选项卡"字体"组中的颜色填充按钮" 🖌▾ "，也可以改变单元格的背景色。

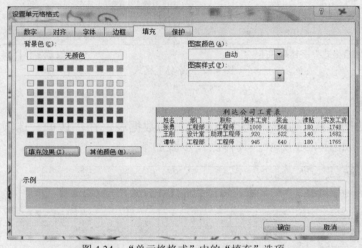

图 4.34　"单元格格式"中的"填充"选项

4.4.2　调整行高和列宽

Excel 设置了默认的行高和列宽，但有时默认值并不能满足实际需要，因此需要对行高和列宽进行适当的调整。

（1）用鼠标直接拖动行或列的界线来改变行高和列宽

如改变第 1 行的高度，可将鼠标指针指向第 1 行和第 2 行之间的分隔线，这时鼠标指针变成双向箭头形状，按住鼠标左键向上或向下拖动，屏幕提示框中显示行高，如图 4.35 所示，调整到合适的高度后，释放鼠标。双击边界线，即可还原默认行高。

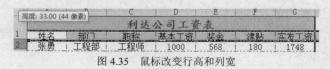

图 4.35　鼠标改变行高和列宽

调整列宽的方法同调整行高相似，不同的是用鼠标拖动的是两列间的分隔线。

（2）精确改变行高和列宽

选中要修改的单元格（或行），单击"开始"选项卡"单元格"组中"格式"选项上的"行高"按钮，在弹出的"行高"对话框中输入一个数值，如图 4.36 所示。

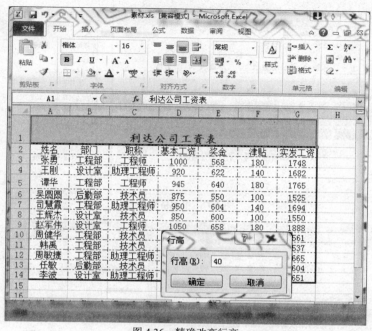

图 4.36　精确改变行高

系统还可以根据行中最大字号的高度来自调整该行的高度。选择"格式"选项中的"自动调整行高"按钮即可。

调整列宽的方法与行高相似，不同的是单击"格式"选项中的"列宽"按钮，在弹出的"列宽"对话框中输入一个数值，或是调整为"自动调整列宽"或"默认列宽"。

4.4.3　样式设置

1．单元格样式

Excel 2010 提供了可视化设置单元格样式的功能。选中待设置的单元格，单击"开始"选项卡"样式"组中的"格式"选项，弹出下拉菜单，如图 4.37 所示。当鼠标移动到不同样式图标上方时，可预览单元格样式，单击确定选定样式。选择"新建单元格样式"，可以自定义并保存。

2．条件格式

条件格式是把指定单元格根据特定条件以指定格式显示出来。使用条件格式可以直观地查看和分析数据、发现关键问题及识别模式和趋势。条件格式可以突出显示所关注的单元格或单元格区域，强调异常值，使用数据条、颜色刻度和图标集来直观的显示数据。条件格式基于条件更改单元格区域的外观。如果条件为"True"，则基于该条件设置设置单元格区域的格式；如果条件为"False"，则不基于该条件设置设置单元格区域的格式。

例如，设置"城镇规划"和"工程测量"成绩低于 60 分的单元格为"浅红填充色深红色文本"。如图 4.38 所示选取"城镇规划"和"工程测量"成绩单元格区域，单击"开始"

选项卡"样式"组中的"条件格式"选项上的"突出显示单元格规则"选项，单击"小于"按钮，在弹出的"小于"对话框中设置条件和格式，单击"确定"按钮，完成设置。

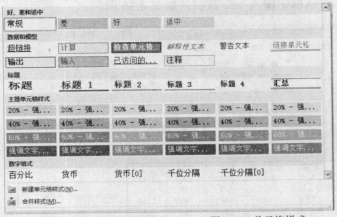

图 4.37 单元格样式

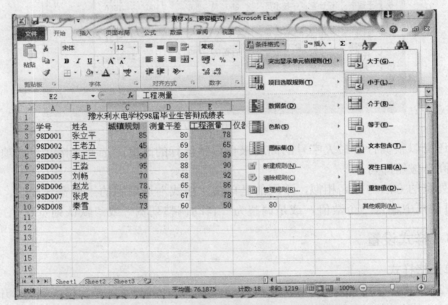

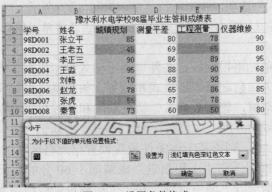

图 4.38 设置条件格式

若要删除单元格格式，单击"开始"选项卡"样式"组中的"条件格式"选项，单击"清除规则"按钮，根据选择的内容，单击"所选单元格"、"当前表"或"此数据透视表"。也可选择"条件格式"中的"管理规则"命令，在"条件格式规则管理器"对话框中，选中待删除的规则，单击"删除规则"按钮，如图 4.39 所示。若要对规则进行再编辑，可在"条件格式规则管理器"对话框中单击"编辑规则"，弹出如图 4.40 所示"编辑格式规则"对话框，修改规则。

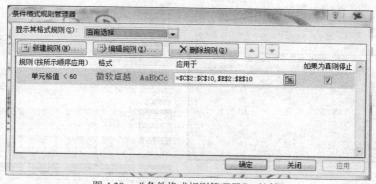

图 4.39　"条件格式规则管理器"对话框

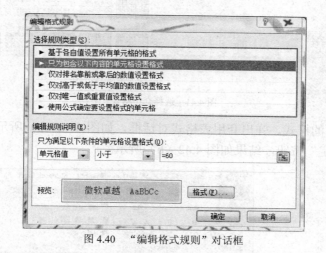

图 4.40　"编辑格式规则"对话框

除上例所述"突出显示单元格规则"外，常用的还有"项目选取规则"，可以选择最大、最小、平均项等；利用颜色和图标表示的有"数据条"、"色阶"和"图标集"，通过颜色填充量、颜色变化和图标变化显示单元格数据关系，使用方法同上例。

Excel 2010 除预定义格式规则外，用户还可以新建格式规则。单击"开始"选项卡"样式"组中的"条件格式"选项，单击"新建规则"按钮，在弹出的"新建规则格式"对话框中选择不同类型进行设置。

3．套用表格格式

Excel 2010 预定义了表格格式供用户使用。这些格式中组合了数字、字体、对齐方式、边界、模式、列宽和行高等属性，套用这些格式，既可以美化工作表，又能大大提高用户的工作效率。举例如下。

① 选定需要自动套用格式的单元格区域 A1：F10。

② 单击"开始"选项卡"样式"组中的"套用表格格式"选项，在弹出的菜单中选择表格样式，如图 4.41 所示。

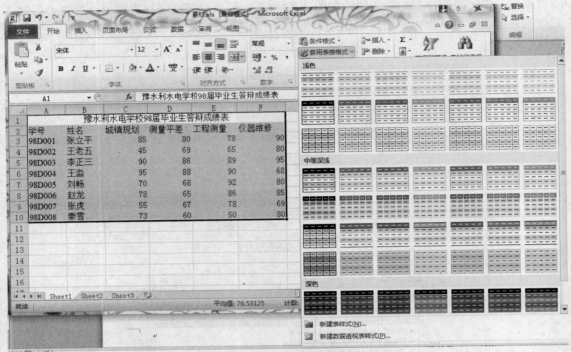

图 4.41 选择套用格式

③ 选择所需要的样式。弹出套用表格式对话框，如图 4.42（a）所示，选择要套用样式的区域，单击"确定"按钮，结果如图 4.42（b）所示。

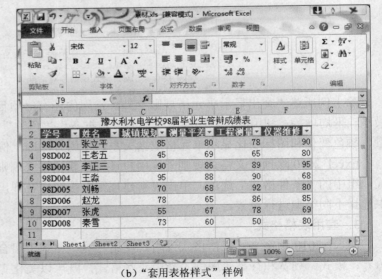

（a）"套用表格式"对话框　　　　　　　　（b）"套用表格样式"样例

图 4.42 套用表格格式

思考与练习

利用所学的知识，完成下列操作。

（1）新建工作簿文件 EXCEL.xlsx，在工作表 sheet1 中从 A1 单元格开始录入以下内容：

考生号	数学	外语	语文
12144091A	78	82	80
12144084B	82	87	80
12144087C	94	93	86
12144085D	90	89	91

（2）将表格设置为列宽 2.4 厘米；表格外围框线为 3 磅单实线，表内线为 1 磅单实线；表内所有内容对齐方式为水平居中。

（3）将表格中的行高设置为"自动调整行高"，列宽设置为"自动设置列宽"。

（4）将表格中的数字设置显示两位小数。

（5）将表格中"数学"高于 90 分的单元格设置为"浅红色填充"。

4.5 公式与函数

4.5.1 应用公式

在工作表中，计算统计等工作是普遍存在的，一般的数字和文本不能满足这种需要，通过在单元格中输入公式，可以对表中数据进行总计、平均、汇总及其他更为复杂的运算。因此，分析和处理 Excel 工作表中的数据，离不开公式。

公式是函数的基础，它是单元格中的一系列值、单元格引用、名称或运算符的组合，可以生成新的数据，也可以执行计算、返回信息、操作其他单元格的内容、测试条件等。公式始终以等号"="开头。公式可以包含常量、运算符、函数和引用。例如，常量运算"=520＋1314"，包含引用运算"=A1＋520"，包含函数运算"＝SUM（A1：D3）"，包含嵌套函数运算"=IF（AVERAGE（A1＋D2）>60，及格，不及格）"。

具体操作方法：选中待输入公式的单元格 G3，首先在单元格中输入"="号，然后在编辑栏中或在 E3 单元格中直接输入"=C3＋D3＋E3＋F3"，单击输入按钮"✔"（或按"Enter"键）完成输入，单击取消按钮"✘"（或按"Esc"键）取消输入，默认情况下，输入公式后，单元格中显示公式计算结果，在编辑栏中显示公式，如图 4.43 所示。

可通过选择单击"文件"选项卡"选项"组，在弹出的"Excel 选项"对话框中选择"高级"按钮，在"此工作表的显示选项"选项区中选中"在单元格中显示公式而非其计算结果"复选框，则在单元格中显示公式，如图 4.44 所示。

修改公式时，可在编辑栏中直接进行修改，或双击含公式的单元格，然后移动插入点进行修改。

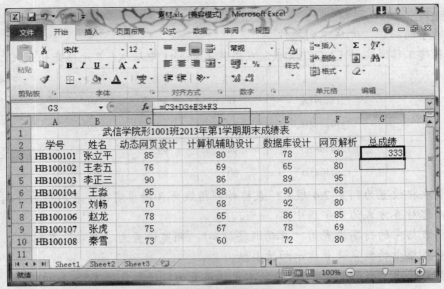

图 4.43　公式的应用

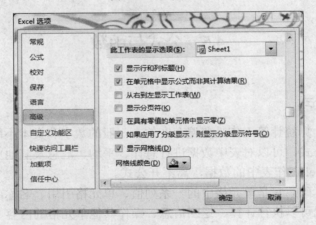

武信学院形1001班2013年第1学期期末成绩表						
学号	姓名	动态网页设计	计算机辅助设计	数据库设计	网页解析	总成绩
HB100101	张立平	85	80	78	90	=C3+D3+E3+F3
HB100102	王老五	76	69	65	80	
HB100103	李正三	90	86	89	95	
HB100104	王淼	95	88	90	68	
HB100105	刘畅	70	68	92	80	
HB100106	赵龙	78	65	86	85	
HB100107	张虎	75	67	78	69	
HB100108	秦雪	73	60	72	80	

图 4.44　显示计算结果

1．常量

常量是指不进行计算的值，因此也不会发生变化。例如，数字 200、文本"总成绩"都是常量。表达式以及表达式产生的值都不是常量。

2．运算符

运算符是一个标记或符号，指定表达式内执行的计算的类型。Excel 包含 4 种类型运算符：算术、比较、文本连接和引用。

（1）算术运算符

算术运算符包括"+（加）、-（减）、*（乘）、/（除）、^（乘方）、%（百分比）、-（负）"。除最后两个是单目运算符外，其余均为双目运算符，即运算符两边均为数值类型数据才能进行运算。其运算结果仍是数值型数据。算术运算符的含义及示例如表 4.1 所示。

表 4.1　　　　　　　　　　　　　　　算术运算符

算术运算符	含义	示例
+（加号）	加法运算	5 + 5 = 10
-（减号）	减法运算；负	5-4 = 1
*（星号）	乘法运算	5*5 = 25
/（正斜杠）	除法运算	5/5 = 1
%（百分号）	百分比	20%
^（脱字号）	乘方运算	5^2 = 25

（2）比较运算符

比较运算符可以比较两个数值，包括"=（等于）、>（大于）、<（小于）、>=（大于等于）、<=（小于等于）、<>（不等于）"。比较运算符是双目运算符，符号两边应为同数据类型才能比较，产生的结果是逻辑值，即"True"或"False"。比较运算符的含义及示例如表 4.2 所示。

表 4.2　　　　　　　　　　　　　　　比较运算符

比较运算符	含义	示例
=（等号）	等于	A1 = B1
>（大于号）	大于	A1>B1
<（小于号）	小于	A1<B1
>=（大于等于号）	大于或等于	A1>= B1
<=（小于等于号）	小于或等于	A1<= B1
<>（不等号）	不等于	A1<>B1

（3）文本连接运算符

文本运算符只有一个"&（连接）"，符号两边均应为文本数据类型，连接结果仍是文本型数据。其含义及示例如表 4.3 所示。

表 4.3　　　　　　　　　　　　　　　文本连接运算符

文本连接运算符	含义	示例
&（与号）	将两个文本值连接起来产生一个连续的文本值	"Micro" & "soft" 结果为 Microsoft
&（与号）	将单元格与文本内容连接起来产生一个连续的文本值	A1& "soft" 结果为 A1soft（A1 单元格内容为 "Micro"）

（4）引用运算符

引用运算符可以将单元格合并计算，包括"空格（ ）为交叉运算符、逗号（，）为联合运算符、冒号（：）为区域运算符"。符号两边均应为单元格名或区域名才能合成新的引用区域，其含义及示例如表 4.4 所示。

表 4.4　　　　　　　　　　　　　　　　引用运算符

引用运算符	含义	示例
：（冒号）	区域运算符，产生一个对包含在两个引用之间的所有单元格的引用	B5：B15
，（逗号）	联合运算符，将多个引用合并为一个引用	SUM（B5：B15，D5：D15）
（空格）	交集运算符，产生一个对两个引用中共有的单元格的引用	B7：D7 C6：C8（C7 为两个区域共有单元格）

3．运算符的优先级

运算符的优先级如表 4.5 所示。表中显示的运算符由上至下，级别依次降低。当公式中包含多个运算符，优先级高的运算符优先运算；若优先级相同，则从左到右计算（单目运算除外）。若要改变运算的优先级，可利用括号将先运算的部分括起来。

表 4.5　　　　　　　　　　　　　　　　运算符的优先级

运算符	说明
：（冒号）、（单个空格）、（逗号）	引用运算符
−	负号
%	百分比
^	乘方
*和/	乘和除
+和−	加和减
&	连接两个文本字符串（连接）
＝　＜　＞　＜＝　＞＝　＜＞	比较运算符

4.5.2　单元格引用

引用的作用在于标识工作表上的单元格或单元格区域，并指明公式中所使用的数据的位置。通过引用，可以在公式中使用工作表不同部分的数据，或者在多个公式中使用同一个单元格的数值。还可以引用同一个工作簿中不同工作表中的数据。当被引用的单元格数据发生更改时，使用公式的单元格（从属单元格）内容会自动更新，从而减少修改数据的工作量。

默认情况下，Excel 使用 A1 引用样式，此样式引用字母标识列（从 A 到 XFD，共 16 384 列）和数字标识行（从 1 到 1 048 576）。单元格引用分为相对引用、绝对引用和混合引用。

1．相对引用

Excel 中默认的单元格引用为相对引用，如 A1、A2 等。相对引用是当公式在复制时会根据移动的位置自动调节公式中引用单元格地址，如图 4.45 所示。G3 单元格的值为 C3、D3、

E3 和 F3 单元格的值之和，G4 单元格的值为 C4、D4、E4 和 F4 单元格的值之和。

	A	B	C	D	E	F	G
1			武信学院形1001班2013年第1学期末成绩表				
2	学号	姓名	动态网页设计	计算机辅助设计	数据库设计	网页解析	总成绩
3	HB100101	张立平	85	80	78	90	=C3+D3+E3+F3
4	HB100102	王老五	76	69	65	80	=C4+D4+E4+F4
5	HB100103	李正三	90	86	89	95	=C5+D5+E5+F5
6	HB100104	王淼	95	88	90	68	=C6+D6+E6+F6
7	HB100105	刘畅	70	68	92	80	=C7+D7+E7+F7
8	HB100106	赵龙	78	65	86	85	=C8+D8+E8+F8
9	HB100107	张虎	75	67	78	69	=C9+D9+E9+F9
10	HB100108	秦雪	73	60	72	80	=C10+D10+E10+F10

图 4.45　相对引用

公式可以引用同一工作表中的单元格、同一工作簿不同工作表中的单元格，或者其他工作簿的工作表中的单元格。如"=（[Book1]Sheet3!B2 + 55）/SUM（D5：F5）"表示将"Book1工作簿"中的"Sheet3"工作表的"B2"单元格中的数值加上"55"，再除以当前工作表中"D5"到"F5"单元格中数值的和。

2．绝对引用

在行号和列号前均加上"$"符号，则代表绝对引用，如$A$1。公式复制时，绝对引用单元格将不随着公式位置变化而变化，如图 4.46 所示。F4 单元格的值为 D3 和 E3 单元格值的百分比之和，而不是 D4 和 E4 单元格值的百分比。

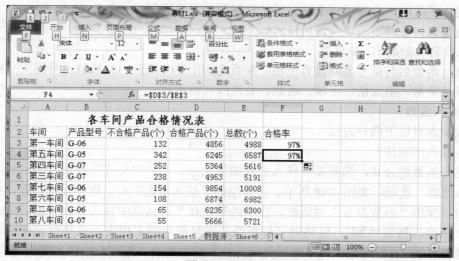

图 4.46　绝对引用

3．混合引用

混合引用是指单元格地址的行号或列号前加上"$"符号，如$A1、B$2。当公式因为复制或插入而引起行或列变化时，公式的相对地址部分会随位置变化，而绝对地址部分仍保持不变，如图 4.47 所示。设置 C4 单元格公式为"A$1 + $B1"，将公式复制到"D5"，"D5"单元格为"=B$1 + $B2"。因为混合引用中第 1 行和 B 列不随单元格位置发生变化而改变引用地址，故"D5"

图 4.47　混合引用

单元格的值为 6。

若引用工作簿中非当前工作表中的单元格或区域时，要在工作表名与单元格或区域之间加"!"（叹号），如 = SUM（Sheet1!A1：C1），表示引用工作表 Sheet1 中 A1：C1 区域。

4.5.3　函数

函数是预先编写的公式，可以对一个或多个值完成运算，并返回一个或多个值。函数可以简化和缩短工作表中的公式，尤其在用公式执行很长或复杂的计算时。

1．函数结构

（1）结构

函数的结构以等号（=）开始，后面紧跟函数名称和左括号，然后以逗号分隔输入该函数的参数，最后是右括号。

（2）函数名称

如果要查看可用函数的列表，可以单击一个单元格，并按"Shift + F3"组合键。

（3）参数

函数参数可以是数字、文本、逻辑值、错误值或单元格引用。指定的参数都必须为有效参数值，可以是常量、表达式、公式或其他函数。

（4）参数工具提示

在键入函数时，会显示一个带有语法和参数的工具提示。

函数是直接被调用的，其调用格式如下。

= 函数名（参数 1，参数 2，…）

注意：函数名与括号之间没有空格，参数之间用逗号隔开，参数与逗号间无空格。函数参数可以是常量、单元格、区域、函数、公式或其他函数。

2．输入函数

函数输入有以下两种方法。

（1）插入函数法

创建带函数的公式，选择需要输入公式的单元格，单击"公式"选项卡"函数库"组上的"插入函数"选项，如图 4.48 所示。在弹出的"插入函数"对话框中选择函数，单击"确定"按钮后弹出"函数参数"对话框，在"函数参数"对话框中输入参数；也可单击参数框右侧的"折叠"按钮"⬛"，可将对话框折叠，在显露出的工作表中选择单元格或单元格区域，如选择"C3:D3"区域，再单击折叠后的输入框右侧的"返回"按钮"⬛"，恢复参数输入对话框。在"函数参数"对话框中显示函数的名称、函数的各个参数、函数及其各个参数的说明、函数的当前结果及整个公式的当前结果，如图 4.49 所示。

在"公式"选项卡的"函数库"组中，将函数进行了分类管理，如财务、逻辑、文本、日期和时间、查找与引用、数学和三角函数等，可按类别选择要插入的函数。

（2）直接输入法

选取要插入函数的单元格，若设置了"公式记忆式键入"功能，则键入"=（等号）"和开头的几个字母或显示触发字符之后，Excel 会在单元格的下方显示一个动态下拉列表，该列表中包含与这几个字母或该触发字符相匹配的有效函数、参数和名称，如图 4.50 所示。

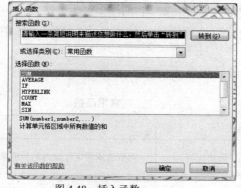

图 4.48　插入函数

图 4.49　"函数参数"对话框

图 4.50　直接输入函数

设置“公式记忆式键入”功能，可单击“文件”选项卡→“选项”，在弹出的“Excel 选项”对话框中选择“公式”选项中的“使用公式”按钮，选中“公式记忆式键入”复选框。

3．常用函数

在 Excel 中常用的函数如表 4.6 所示。

表 4.6　　常用函数

函数	格式	功能	举例
求和	=SUM（数值或单元格区域）	对数值或指定区域内的数值求和	=SUM（E3:E7） =SUM（67，78，65）
求平均值	=AVERAGE（数值或单元格区域）	对数值或指定的区域求平均值	= AVERAGE（E3:E7） = AVERAGE（34，35，66）
求最大值	=MAX（数值或单元格区域）	对数值或指定的区域求最大值	=MAX（E3:E7） =MAX（34，35，66）
求最小值	=MIN（数值或单元格区域）	对数值或指定的区域求最小值	=MIN（E3:E7） =MIN（23，24，42）
统计	=COUNT（数值或单元格区域）	计算区域中包含数字的单元格的个数	=COUNT（A3：A10）
排名	=RANK（数值或单元格区域，单元格区域，数字）	返回某数字在一列数字中对于其他数值的大小排名	=RANK（G3，G3:G10，0）
条件	=IF（条件表达式，值 1，值 2）	当条件表达式为真时，返回值 1，否则返回值 2	=IF（E5>，60，”达标”，”不达标”）
条件统计	=COUNTIF（单元格区域，条件）	计算区域中满足给定条件的单元格的个数	=COUNTIF（E3:E7，” >60”）
条件求和	=SUMIF（单元格区域，条件）	计算区域中满足给定条件的单元格的和	=SUMIF（E3:E7，” >60”）

（1）SUM 函数

功能：计算指定单元格区域中所有数值的和。

格式：SUM（number1，number2，…）

说明：number1，number2，…1～30 个待求和的数值。单元格中的空白单元格、逻辑值和文本将被忽略。但作为参数键入时，逻辑值和数字文本有效。计算时，逻辑值“True”转换成数字 1，“False”转换成数字 0；数字文本转换成数字本身。示例如图 4.51 所示。

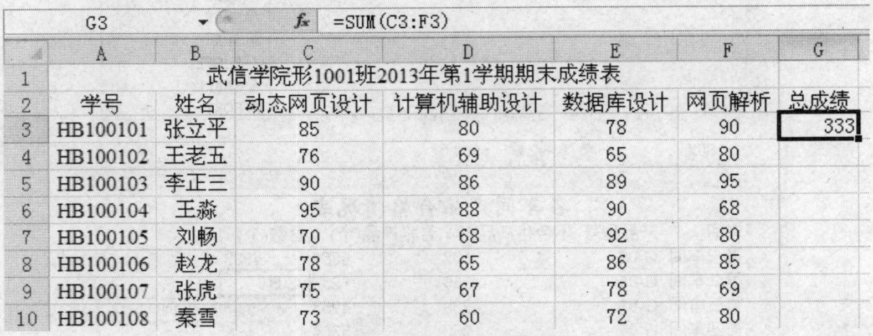
G3　fx　=SUM(C3:F3)

	A	B	C	D	E	F	G
1	武信学院形1001班2013年第1学期期末成绩表						
2	学号	姓名	动态网页设计	计算机辅助设计	数据库设计	网页解析	总成绩
3	HB100101	张立平	85	80	78	90	333
4	HB100102	王老五	76	69	65	80	
5	HB100103	李正三	90	86	89	95	
6	HB100104	王淼	95	88	90	68	
7	HB100105	刘畅	70	68	92	80	
8	HB100106	赵龙	78	65	86	85	
9	HB100107	张虎	75	67	78	69	
10	HB100108	秦雪	73	60	72	80	

图 4.51　SUM 函数

（2）AVERAGE 函数

功能：返回其参数的算术平均值。参数可以是数值或包含数值的名称、数组或引用。

格式：AVERAGE（number1，number2，…）

说明：参数要求同 SUM 函数

（3）COUNT 函数

功能：计算包含数字的单元格及参数列表中的数字的个数。

格式：COUNT（value1，value2，…）

说明：value1，value2，…为 1～30 个包含或引用各种不同类型数据的参数，但 COUNT 函数只对数值型数据进行计算，包括数字、日期和时间。文本数字、逻辑值和空参数作为直接参数时也被计数。示例如图 4.52 所示。

B11　=COUNT(C3:C10)

	A	B	C	D	E	F	G
1	武信学院形1001班2013年第1学期期末成绩表						
2	学号	姓名	动态网页设计	计算机辅助设计	数据库设计	网页解析	总成绩
3	HB100101	张立平	85	80	78	90	333
4	HB100102	王老五	76	69	65	80	
5	HB100103	李正三	90	86	89	95	
6	HB100104	王淼	95	88	90	68	
7	HB100105	刘畅	70	68	92	80	
8	HB100106	赵龙	78	65	86	85	
9	HB100107	张虎	75	67	78	69	
10	HB100108	秦雪	73	60	72	80	
11	学生人数	8					

图 4.52　COUNT 函数

（4）IF 函数

功能：判断一个条件是否满足，如果满足返回一个值；如果不满足，则返回另一个值。

格式：IF（logical_test，value_if_true，value_if_false）

说明：logical_test 为任何一个可判断为“True”或“False”的数值或表达式。当其为“True”时，执行 value_if_true；否则，执行 value_if_false。示例如图 4.53 所示。

H3　=IF(G3>90,"优秀",IF(G3>80,"良好",IF(G3>60,"及格","不及格")))

	A	B	C	D	E	F	G	H
1	武信学院形1001班2013年第1学期期末成绩表							
2	学号	姓名	动态网页设计	计算机辅助设计	数据库设计	网页解析	平均成绩	等级
3	HB100101	张立平	95	85	93	90	90.75	优秀
4	HB100102	王老五	76	69	65	80	72.5	及格
5	HB100103	李正三	90	86	89	95	90	良好
6	HB100104	王淼	95	88	90	68	85.25	良好
7	HB100105	刘畅		68	92	80	80	及格
8	HB100106	赵龙	78	65	86	85	78.5	及格
9	HB100107	张虎	75	67	78	69	72.25	及格
10	HB100108	秦雪	73	60	72	80	71.25	及格
11	学生人数	7						

图 4.53　IF 函数

（5）RANK 函数

功能：返回某数字在一列数字中相对于其他数值的大小排名。

格式：RANK（number，ref，order）

说明：number 是要查找排名的数；ref 是 number 在哪个范围内的排名；order 是在列表中排名的数字，如果为 0 或忽略则为降序，非零则为升序。示例如图 4.54 所示。

I3　=RANK(G3,$G$3:$G$10,0)

	A	B	C	D	E	F	G	H	I
1	武信学院形1001班2013年第1学期期末成绩表								
2	学号	姓名	动态网页设计	计算机辅助设计	数据库设计	网页解析	平均成绩	等级	排名
3	HB100101	张立平	95	85	93	90	90.75	优秀	1
4	HB100102	王老五	76	69	65	80	72.5	及格	6
5	HB100103	李正三	90	86	89	95	90	良好	2
6	HB100104	王淼	95	88	90	68	85.25	良好	3
7	HB100105	刘畅		68	92	80	80	及格	4
8	HB100106	赵龙	78	65	86	85	78.5	及格	5
9	HB100107	张虎	75	67	78	69	72.25	及格	7
10	HB100108	秦雪	73	60	72	80	71.25	及格	8
11	学生人数	7							

图 4.54　RANK 函数

注意：在 RANK 函数中，在使用自动填充时，要将 Ref 设置为绝对引用。

（6）COUNTIF 函数

功能：计算区域中满足给定条件的单元格的个数。

格式：COUNTIF（range，criteria）

说明：range 要计算其中非空单元格数目的区域；criteria 是以数字、表达式或文本形式定义的条件。示例如图 4.55 所示。

C11　=COUNTIF(C3:C10,">=60")

	A	B	C	D	E	F	G	H	I
1	武信学院形1001班2013年第1学期期末成绩表								
2	学号	姓名	动态网页设计	计算机辅助设计	数据库设计	网页解析	平均成绩	等级	排名
3	HB100101	张立平	95	85	93	90	90.75	优秀	1
4	HB100102	王老五	45	69	65	80	64.75	及格	8
5	HB100103	李正三	90	86	89	95	90	优秀	2
6	HB100104	王淼	95	88	90	68	85.25	良好	3
7	HB100105	刘畅	89	68	92	80	82.25	良好	4
8	HB100106	赵龙	78	65	86	85	78.5	及格	5
9	HB100107	张虎	75	67	78	69	72.25	及格	6
10	HB100108	秦雪	50	60	72	80	65.5	及格	7
11	及格学生人数		6						

图 4.55　COUNTIF 函数

4．简单计算

求和、平均值、计数、最大值和最小值是常用的简单计算，在“开始”选项卡的“编辑”组中 Excel 提供了这些简单计算的功能，可以快捷地完成计算。选中数据列的下方单元格或数据行的右侧单元格，单击“Σ”按钮选择计算方式，则在所选单元格中自动插入公式。

5．自动计算

Excel 提供自动计算功能，利用它可以自动计算选定单元格的总和、平均值、计数、最大值、最小值等。在状态栏单击鼠标右键，可自定义“状态栏”，选择设置某计算功能（如求和）后，当选定单元格区域时，其计算结果将在状态栏显示出来，如图 4.56 所示。

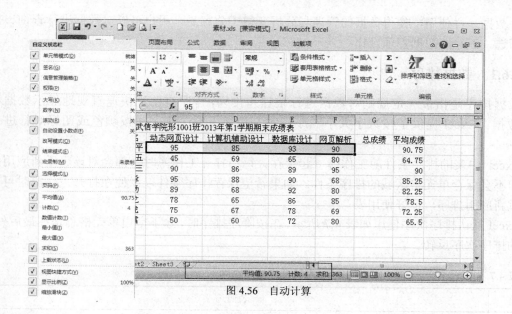

图 4.56　自动计算

思考与练习

利用所学的知识，完成下列操作。

（1）新建工作簿文件 EXCEL.xlsx，在工作表 sheet1 中从 A1 单元格开始录入以下内容。

姓名	数据库技术	C 语言程序设计	软件测试	总分	专业能力评价得分	排名	是否优等生
曹吉	72	68	85				
柴安	60	67	71				
吴华	71	84	67				
陈平	80	71	76				
程俊	94	89	91				

（2）利用求和函数求出"总分"列数据。

（3）利用公式求出"专业能力评价得分"列数据，具体公式：专业能力评价得分=数据库技术*30%+C 语言程序设计*30%+软件测试*40%。

（4）利用 RANK 函数求出"排名"列数据，按专业能力评价得分数据进行排名。

（5）利用 IF 函数求出"是否优等生"列数据，总分大于等于 240 分时评为"是"，否则评为"否"。

4.6　数 据 管 理

Excel 2010 针对工作簿中的数据提供了一整套强大的命令集，它对工作表数据可以像对数据库数据一样使用，使得数据的管理与分析变得十分容易。用户可以对数据进行查询、排序、筛选、汇总等数据管理操作。

4.6.1 数据排序

数据排序是指按一定规则对数据进行整理和排列，排序有助于快速直观地显示数据和查找数据。Excel 提供了按数字大小顺序排序、按字母顺序排序、按颜色或图标对行进行排序。

Excel 中表的排序条件随工作簿一起保存。每当打开工作簿时，都会对该表重新应用排序，但不会保存单元格区域的排序条件。如果希望保存排序条件，以便在打开工作簿时可以定期重新应用排序，最好使用表。

Excel 默认排序次序使用如表 4.7 所示。在按降序排序时，除了空白单元格总是在最后外，其他的排序次序反转。

表 4.7 默认升序排序次序

类型	说明
数字	从最小的负数到最大的正数进行排序
字母	在按字母先后顺序对文本项进行排序时，Excel 从左到右逐个字符地进行排序。例如，如果一个单元格中含有文本"A100"，则这个单元格将排在含有"A1"的单元格的后面、含有"A11"的单元格的前面
文本及包含数字的文本	0 1 2 3 4 5 6 7 8 9（空格）" # $ % & ( ) * , . / : ; ? @ [\ ] ^ _ { | } ~ + < = > A B C D E F G H I J K L M N O P Q R S T U V W X Y Z 撇号（'）和连字符（-）会被忽略。但例外情况是，如果两个文本字符串除了连字符不同外其余全部相同，则带连字符的文本排在后面
逻辑值	False 排在 True 之前
错误值	所有错误值的优先级相同
空格	空格始终排在后面

Excel 支持单一条件排序和多条件排序。

1．单一条件排序

按哪一个字段排序，就选中数据区域排序列的任一单元格，单击"数据"选项卡中"排序和筛选"组的"↑↓"（升序）或"↓↑"（降序）。

2．多条件排序

选择待排序数据区域中的任一单元格，单击"数据"选项卡"排序和筛选"组的"排序"选项，在弹出的"排序"对话框中设置条件，如图 4.57 所示。

"列"分为"主要关键字"和"次要关键字"，通过单击"添加条件"按钮可增加多个排序条件，也可对条件进行删除和复制。单击"复制条件"右侧的上下箭头可调整条件的先后顺序。"排序依据"包括"数值"、"单元格颜色"、"字体颜色"和"单元格图标"。"次序"包括"升序"和"降序"。排序时先按主要关键字排序，对主要关键字相同的记录，再按次要关键字排序，以此类推。若数据区域有标题行，则选中"数据包含标题"选项，反之不选中。

对于文本类型数据可单击"选项"按钮，在"排序选项"对话框设置如区分大小写、按行列排序、按字母/笔画排序的条件。

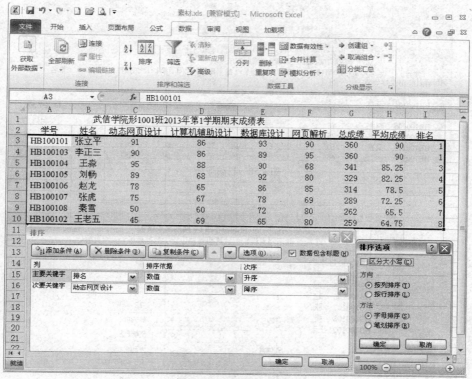

图 4.57　"排序"对话框

4.6.2　数据筛选

筛选是从数据清单中查找和分析出符合特定条件数据记录的快捷方法，经过筛选的数据清单只显示满足条件的行，即把需要的行筛选出来作为操作对象而把无关的行隐藏起来，筛选数据之后，对于筛选过的数据，不需要重新排列或移动就可以复制、查找、编辑、设置格式、制作图表和打印，还可以按多个列进行筛选。Excel 2010 提供了两种筛选命令：自动筛选和高级筛选。

1．自动筛选

自动筛选适用于简单条件，通常是在一个数据清单的一个列中，查找相同的值。自动筛选可以创建 3 种筛选类型，即按值列表、按格式或按条件。对每个单元格区域或表，这 3 种筛选类型是互斥的。例如，不能既按单元格颜色又按数字列表进行筛选，只能在两者中任选其一，如果要在其他数据清单中使用该命令，则需清除本次筛选。

选择待筛选的数据区域或表中的任一单元格，单击"数据"选项卡"排序和筛选"组中的"筛选"选项按钮，在标题行字段单元格的右边增加一个向下的筛选箭头按钮，如图 4.58 所示。单击其下拉菜单，如图 4.59 所示，可选择某一数值或"数字筛选"某一个条件。

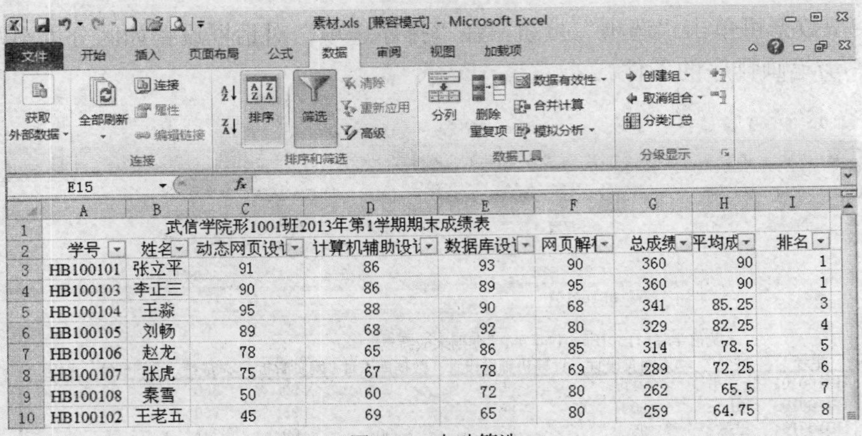

图 4.58　自动筛选

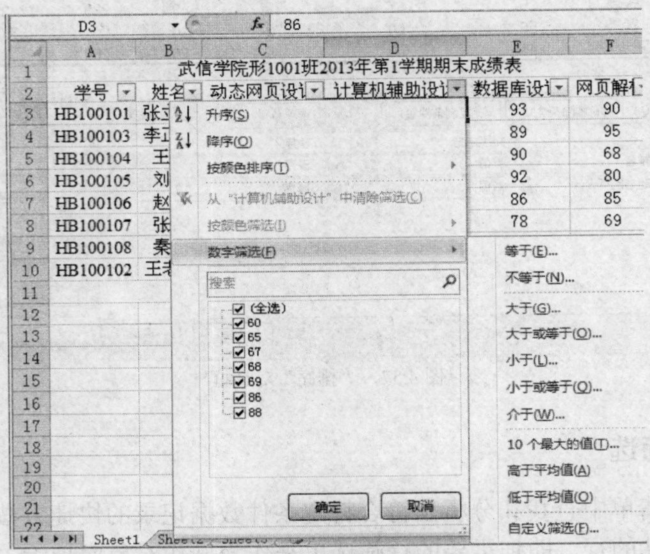

图 4.59　设置筛选条件

若要设置多个筛选条件，则选择"自定义筛选"。在弹出的"自定义自动筛选方式"对话框中输入条件，如图 4.60（a）所示，设置动态网页设计的成绩"大于或等于 60"与"小于 80"，单击"确定"按钮，得到如图 4.60（b）所示的筛选结果。其中"与"表示多件条件都满足，"或"表示满足一个及以上多个条件。筛选后，下拉箭头变为筛选图标，表示该列设置了筛选条件。

（a）筛选条件 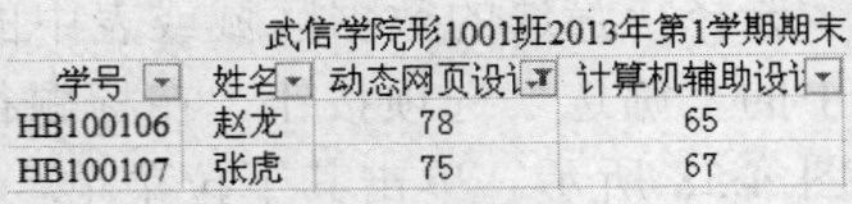　　　　　　　　　　　　　　　　（b）筛选结果

图 4.60　自定义自动筛选

取消自动筛选，可直接单击"数据"选项卡"排序和筛选"组中的"筛选"选项按钮，显示所有数据。

2．高级筛选

高级筛选可指定复杂的筛选条件，筛选结果也可放在指定区域。因此在高级筛选前需要在条件区域预先指定筛选条件。条件区域的第一行是作为筛选条件的字段名，这些字段名必须与数据清单中的字段名完全相同，条件区域的其他行则用来输入筛选条件。

选择待筛选的数据区域或表中的任一单元格，单击"数据"选项卡"排序和筛选"组面板上的"高级"选项，如图 4.58 所示，在"高级筛选"对话框中输入数据清单区域、条件区域、筛选结果复制到（须在方式选项组中选择将筛选结果复制到其他位置），确定后筛选结果将出现在指定区域中。

取消高级筛选，可直接单击"数据"选项卡"排序和筛选"组中的"筛选"选项按钮，显示所有数据。

注意：条件区首行为字段名，其下各行应为该字段的取值条件，同行条件间为"与"关系，异行条件间则为"或"关系。图 4.61 所示的筛选条件为"动态网页设计成绩大于 80 且总分大于或等于 300 分，或数据库设计成绩大于或等于 90 分的记录。

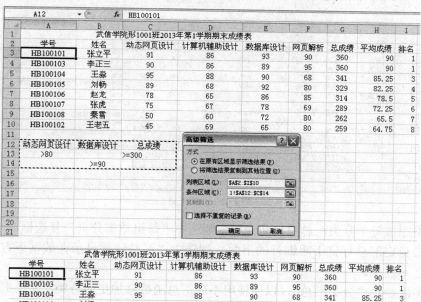

图 4.61　高级筛选

4.6.3　数据分类汇总

通过使用"分类汇总"可以自动计算列的分类汇总和总计。汇总方式灵活多样，如求和、均值、方差及最大和最小值等，可以得到清楚、有条理的报告，能满足用户多方面的需要。

1．插入分类汇总

分类汇总前，数据区域要满足如下 3 个条件。

① 数据区域在工作表上包含的两个或多个单元格（可以相邻或不相邻）。

② 进行分类汇总计算的每个列的第一行都具有一个标签，每个列中都包含类似的数据，并且该区域不包含任何空白行或空白列。

③ 对分组的数据的列进行排序。

选中待分类汇总的数据区域任一单元格，单击"数据"选项卡"分级显示"组中的"分类汇总"选项按钮，显示"分类汇总"对话框，如图 4.62 所示，其汇总设置选项说明如下。

- 在"分类字段"框中，单击要分类汇总的列。图 4.62 中选择"部门"。
- 在"汇总方式"框中，单击要用来计算分类汇总的汇总函数。图 4.62 中选择"平均值"。
- 在"选定汇总项"框中，对于包含要计算分类汇总的值的每个列，选中其复制框。图 4.62 中选择"基本工资"、"奖金"和"实发工资"。

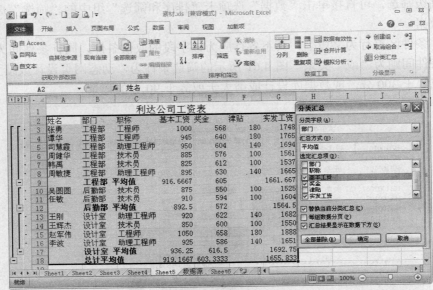

图 4.62　分类汇总

- 如果想按每个分类汇总项自动分页，则选中"每组数据分页"复选框。
- 若要指定汇总行位于明细行的下面，则选中"汇总结果显示在数据下方"复选框，反之不选中。
- 可多次使用"分类汇总"，以便使用不同汇总函数添加更多分类汇总。若要避免覆盖现有分类汇总，选中清除"替换当前分类汇总"复选框。
- 若是要只显示分类汇总和总计的汇总，可单击行编号旁边的分级显示符号" 1 2 3 "。使用" + "和" - "符号来显示或隐藏各个分类汇总的明细数据行。

2．删除分类汇总

选择包含分类汇总区域的某个单元格，在"数据"选项卡"分级显示"组中选择"分类汇总"选项按钮，在弹出的"分类汇总"对话框中，单击"全部删除"按钮。

4.6.4　建立数据透视表

数据透视表是交互式报表，可快速合并和比较大量数据，能够看到行列源数据的不同汇总，显示目标区域的明细数据。分类汇总适合于一个字段的分类汇总，数据透视表则可对一个或多个字段进行汇总。

1．创建数据透视表

基于工作表数据创建数据透视表的步骤如下。

（1）选择数据源

若要将工作表数据作为数据源，选中包含该数据的单元格区域的任意一个单元格。若要将 Excel 表格中的数据作为数据源，选中该表格中的任意一个单元格。注意该数据区域具有列标题或表中显示了标题，并且该区域或表中无空行。

（2）打开"创建数据透视表"对话框

在"插入"选项卡"表格"组中，选择"数据透视表"选项，或者单击"数据透视表"→"数据透视表"。Excel 会显示"创建数据透视表"对话框，如图 4.63 所示。

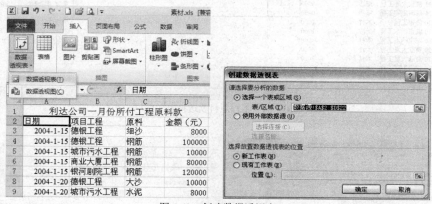

图 4.63　创建数据透视表

（3）选择一个表或区域

在"创建数据透视表"对话框中，在"请选择要分析的数据"下，选中"选择一个表或区域"。在"选择放置数据透视表的位置"下指定位置，若要将数据透视表放置在新工作表中，并以单元格 A1 为起始位置，单击"创建工作表"。若要将数据透视表放置在现有工作表中，选中"现有工作表"，然后在"位置"框中指定放置数据透视表的单元格区域的第一个单元格。最后单击"确定"按钮。

Excel 会将空的数据透视表添加至指定位置并显示数据透视表的字段列表，以便用户添加字段、创建布局及自定义数据透视表。

创建数据透视表后，选中数据透视表区域任意位置，在功能区显示"数据透视表工具"，包括"选项"和"设计"选项卡。

将图 4.63 中数据源工作表作为数据透视表源数据，创建"工程原料款透视表"，如图 4.64 所示。默认建立的数据透视表名为"数据透视表 1"，可在"选项"选项卡"数据透视表"组中的"数据透视表名称"选项中修改数据透视表名称。

在"工程原料款透视表"中，右侧显示"字段列表"窗口，将"项目工程"字段拖放到"列标签"区域中，"原料"字段拖放到"行标签"区域中，"金额"拖放到"数值"区域中，如图 4.65 所示，得到按原料统计的各工程原料款合计。

图 4.64　工程原料款透视表（1）

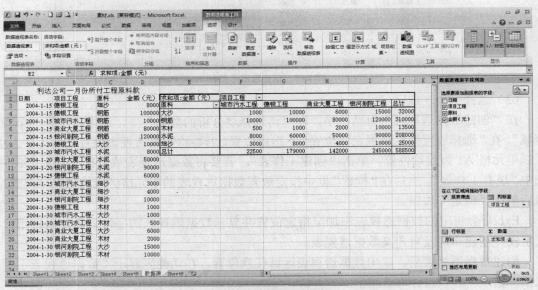

图 4.65　工程原料款透视表（2）

在图 4.65 中按日期统计的基础上，还可进行一步对时间进行"月"、"季度"、和"年"统计。如图 4.66 所示，对日期进行分组。选中"日期"列，单击"选项"→"分组"→"将所选内容分组"，弹出"分组"对话框。在"分组"对话框中设置"起始于"2013-1-1，"终止于"2013-12-31，"步长"为"季度"，单击"确定"按钮，图 4.66 所示为工程原料款分组统计结果。

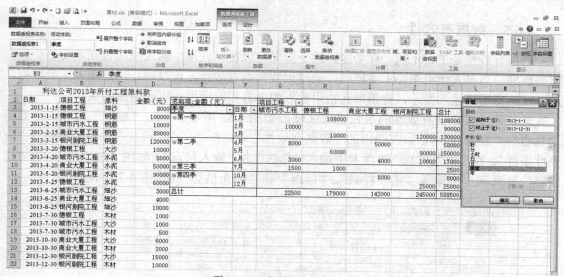

图 4.66 工程原料款分组统计

2．删除数据透视表

① 在要删除的数据透视表的任意位置单击。

② 在功能区"数据透视表工具"面板上的"选项"功能区中选择"操作"组选项，单击"选择"按钮，再单击"整个数据透视表"，如图 4.67 所示。

③ 按"Delete"键。

数据透视表将被删除，建立数据透视表的源数据不变，数据透视表所在的工作表不被删除。

图 4.67 删除数据透视表

3．格式化数据透视表

数据透视表建立后，还可对其进行格式化，如修改字段的颜色、设置三维效果等，具体操作步骤如下。

① 选定已建立的数据透视表中的任意单元格，单击"开始"选项卡"样式"组中的"自动套用格式"命令，选择样式。

② 选定单元格区域"E5：J15"，单击"开始"选项卡"单元格"组中的"格式"面板上的"设置单元格格式"命令，在弹出的"设置单元格格式"对话框中设置对齐方式、字体样式、边框等样式。

4.6.5 数据有效性

数据有效性是 Excel 的一种功能，用于定义可以在单元格中输入或应该在单元格中输入哪些数据。当多人使用 Excel 文档时，通过设置数据有效性，可以防止用户输入无效数据，还可以设置用户输入提示，提示单元格中输入的内容和帮助用户更正错误的说明。

选取要设置数据有效性的单元格或区域，如图 4.68 所示。单击"数据"选项卡→数据工具组→"数据有效性"。在弹出的"数据有效性"对话框中，在"设置"选项卡中输入"有效性条件"，在"输入信息"选项卡中输入"标题"和"输入信息"（如图 4.69 所示），在"出错警告"选项卡中输入"错误样式"、"标题"和"错误信息"（如图 4.70 所示）。

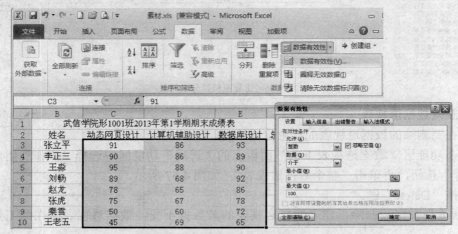

图 4.68 "数据有效性"设置

图 4.69 "输入信息"选项卡

图 4.70 "出错警告"选项卡

有效数据设置后，如图 4.71 所示，当输入的无效数据 1000 时，系统将提示并禁止用户输入。若对已输入的数据进行审核，可单击"数据"选项卡→数据工具组→"数据有效性"→"圈释无效数据"，将错误标记出来，如图 4.72 所示。选择"清除无效数据标识圈"取消标记。

指定数据有效性允许条件还包括序列、日期时间、文本等。

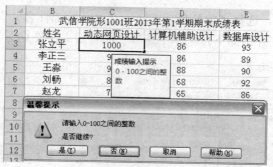

图 4.71　数据有效性举例

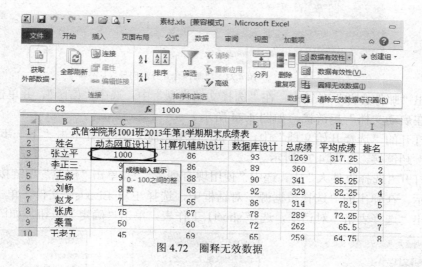

图 4.72　圈释无效数据

4.6.6　邮件合并

批量进行信函、邀请函、成绩单制作等类似操作时可以通过邮件合并完成，在 Office 2010 中，进行邮件合并之前需要先建立两个文档：一个包括所有文件共有内容的 Word 文档和一个包括变化信息的数据源 Excel 文件，然后使用邮件合并功能在主文档中插入变化的信息，合成后的文件用户可以保存为 Word 文档，可以打印出来，也可以以邮件形式发出去。下面以制作成绩单为例，使用"邮件合并向导"创建邮件合并信函，具体操作如下。

- 新建工作薄文件 EXCEL.xlsx，在工作表 sheet1 中从 A1 单元格开始录入以下成绩内容。

姓名	数据库技术	C 语言程序设计	软件测试
曹吉	72	68	85
柴安	60	67	71
吴华	71	84	67
陈平	80	71	76
程俊	94	89	91

录入完毕后，保存文件并关闭，这是在创建邮件中需要使用到的数据源。

- 新建 Word 文档，选择"邮件"功能区，在"开始邮件合并"分组中单击"开始邮件合并"按钮，在弹出的下拉菜单中选择"邮件合并分布向导"，如图 4.73 所示。

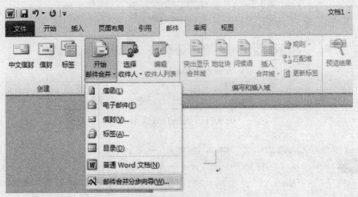

图 4.73 "邮件合并分步向导"

- 弹出"邮件合并"对话框，在"选择文档类型"中，选中"信函"，并单击"下一步：正在启动文档"超链接，如图 4.74 所示。
- 在打开的"选择开始文档"中，选中"使用当前文档"，并单击"下一步：选取收件人"超链接，如图 4.75 所示。
- 在打开"选择收件人"中，选中"使用现有列表"，并单击"浏览"超链接，如图 4.76 所示，在弹出的"选择数据源"对话框中，选择 EXCEL.xlsx 文件，单击"打开"，弹出"选择表格"对话框，选择 sheet1 工作表，单击"确定"按钮，如图 4.77 所示。

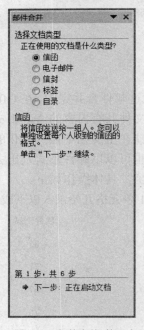

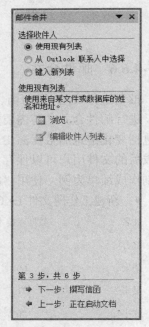

图 4.74 邮件合并 第 1 步　　　图 4.75 邮件合并 第 2 步　　　图 4.76 邮件合并 第 3 步

- 在"邮件合并收件人"对话框中选择要进行邮件合并的人员，单击"确定"按钮，如图 4.78 所示。

图 4.77　选择表格

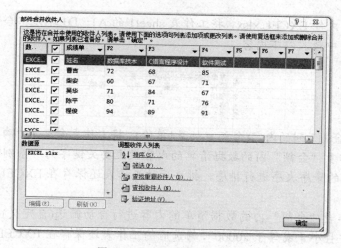

图 4.78　邮件合并收件人

- 将光标定位在文档中对应的位置，选择"邮件"功能区，在"编写和插入域"分组中，单击"插入合并域"按钮，在弹出的下拉菜单中选择对应的列标题，如图 4.79 所示。

图 4.79　插入合并域

- "插入合并域"完毕后，选择"邮件"功能区，在"预览结果"分组中，单击"预览结果"按钮，如图 4.80 所示，可以看到合并后的结果，如图 4.81 所示。

图 4.80　预览结果

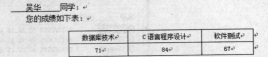

图 4.81　合并后的结果

● 选择"邮件"功能区，在"完成"分组中，单击"编辑单个文档"，可以将合并后的结果保存在一个新文档中。

思考与练习

新建工作簿文件 EXCEL.xlsx，将工作表 sheet1 的 A1：D1 单元格合并为一个单元格，并在工作表 sheet1 中录入以下内容。

	A	B	C	D
1	某单位购买办公用品情况表			
2	名称	数量	单价	金额
3	书柜	25	659	
4	办公桌	76	387	
5	办公椅	95	167	

（1）计算"金额"列的内容(金额 = 数量*单价)，将工作表命名为"购买办公用品情况表"。

（2）对工作表"金额"内的数据清单的内容按主要关键字为"系别"的降序次序和次要关键字为"数量"的降序次序进行排序，排序后的工作表还保存在 EXCEL.xlsx 工作簿文件中，工作表名不变。

（3）对工作表"金额"内的数据清单的内容进行自动筛选(自定义)，条件为"金额大于或等于 16000 并且小于或等于 20000"，筛选后的工作表还保存在 EXCEL.xlsx 工作簿文件中，工作表名不变。

4.7　图表的创建和编辑

图表以图形形式显示数值数据，具有较好的视觉效果，能反应数据之间的关系和变化，使数据更加直观、易懂。当工作表中的数据源发生变化时，图表中对应项的数据也自动更新。

Excel 2010 提供的图表类型包括柱形图、折线图、饼图、条形图、面积图、散点图、股价图、曲面图、圆环图、气泡图和雷达图，共 11 大类标准图表，有二维图表和三维图表，用户可以选择多种类型图表创建组合图。

图表中包含许多元素，如图 4.82 所示，这些元素可以根据需要进行添加。通过将图表元素移到图表中的其他位置、调整图表元素的大小或更改格式，可以更改图表元素的显示，还可以删除不显示的图表元素。

图表元素说明如下。

① 图表区。整个图表及其全部元素。

② 绘图区。通过轴来界定的区域，包括所有数据系列、分类名、刻度线标志和坐标轴标题。

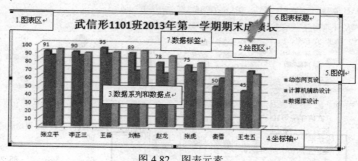

图 4.82　图表元素

③ 数据系列和数据点。图表中的每个数据系列具有唯一的颜色或图案并且在图表的图例中表示。可以在图表中绘制一个或多个数据系列。饼图只有一个数据系列。

在图表中绘制的相关数据点的数据源来自数据表的行或列。数据点在图表中绘制的单个值由条形、柱形、折线、饼图或圆环图的扇面、圆点和其他被称为数据标记的图形表示。相同颜色的数据标记组成一个数据系列。

④ 坐标轴。坐标轴是界定图表绘图区的线条，用作度量的参照框架。x 轴（横轴）通常为水平分类轴，y 轴（纵轴）通常为垂直分类轴。

⑤ 图例。图例是一个方框，用于标识为图表中的数据系列或分类指定的图案或颜色。

⑥ 图表标题。图表标题是说明性的文本，可以自动与坐标轴对齐或在图表顶顶部居中。

⑦ 数据标签。为数据标记提供附加信息的标签，数据标签代表源于数据表单元格的单个数据点或值。

4.7.1　创建图表

通过单击"插入"选项卡，在"图表"组中单击所需图表类型来创建基本图表。

1．在工作表中排列图表数据

数据可以排列在行或列中，Excel 自动确定将数据绘制在图表中的最佳方式。某些图表类型（如饼图、气泡图和股价图）则需要特定的数据排列方式。

2．选择包含要用于图表数据的单元格

如果只选择一个单元格，Excel 自动将紧邻该单元格且包含数据的所有单元格绘制到图表中。如果要绘制到图表中的单元格不在连续的区域中，只要选择的区域为矩形，便可以选择不相邻的单元格或区域。还可以隐藏不想绘制的行或列。单击工作表中的任意单元格，可取消选择的单元格区域。

3．插入图表

在"插入"选项卡的"图表"组中单击，图表类型，如图 4.83 所示，然后选择要应用的图表子类型，如图 4.84 所示插入二维簇状柱形图。将鼠标指针停留在任何图表类型或图表子类型上时，屏幕提示都将显示相应图表类型的名称和主要应用。若要查看所有可用的图表类型，单击"图表"组右下角的图标"▣"，弹出"插入图表"对话框，如图 4.85 所示，浏览图表类型。

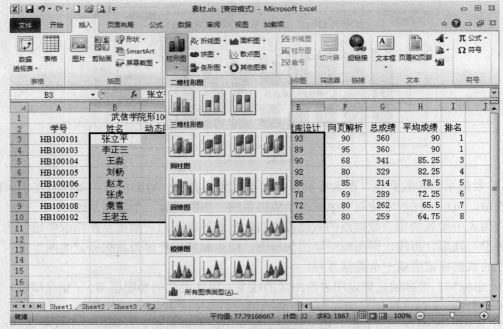

图 4.83　选择图表类型

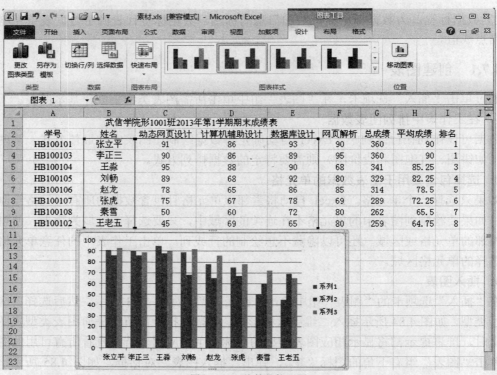

图 4.84　二维簇状柱形图

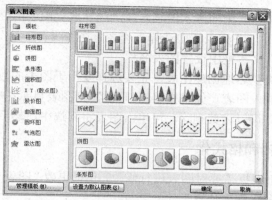

图 4.85 "插入图表"对话框

4. 确定图表位置

（1）嵌入图表

嵌入图表是将图表置于工作表中，而不是单独地生成于图表工作表中。当要在一个工作表中查看或打印图表/数据透视图及其源数据或其他信息时使用此类型。默认情况下，图表作为嵌入图表放在工作表上。

（2）图表工作表

图表工作表是工作簿中只包含图表的工作表。当单独查看图表或数据透视图时使用此类图表。

如果需要将图表放在单独的图表工作表中，需要更改嵌入表的位置，可单击嵌入图表中的任意位置以将其激活，如图 4.86 所示。在"图表工具"中增加了"设计"、"布局"和"格式"选项卡。选择"设计"选项卡"位置"组中的"移动图表"标签。在"选择放置图表的位置"下，单击"新工作表"并为工作表命名。

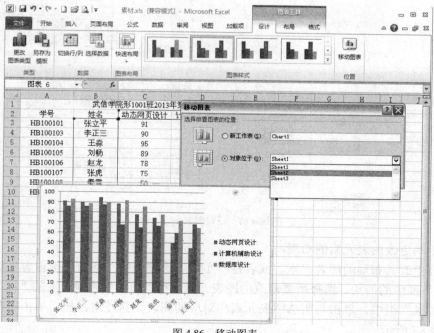

图 4.86 移动图表

若要将图表显示为工作表中的嵌入图表，在"选择放置图表的位置"对话框中选中"对象位于"，然后在"对象位于"列表框中选择工作表。在"图表工具"的"布局"选项卡"属性"组上的"图表名称"文本框中设置图表名称。

若要基于默认图表类型迅速创建图表，先要选择要用于图表的数据。如果按"Alt＋F1"组合键，则图表显示为嵌入图表。如果按"F11"键，则图表显示在单独的图表工作表上。

如果不再需要图表，可以将其删除。可单击图表将其选中，然后按"Delete"键。

4.7.2　图表的编辑和格式化

创建基本图表后，可根据需要对图表进行修改，包括更改"图表布局"、"图表样式"、"图表类型"、"图表数据"和"图表位置"。

选中图表区后，功能区增加了图表工具选项卡，包括"设计"、"布局"和"格式"，可对图表进行编辑。

1．图表布局

Excel 提供了多种预定义的布局供用户选择，用户也可以手动更改各个图表元素的布局。

（1）应用预定义图表布局

选中需要设置的图表区的任意位置，在"设计"选项卡上的"图表布局"组中，单击要使用的图表布局，若要查看所有可用的布局，单击" ▾ "按钮，如图 4.87 所示。当 Excel 窗口缩小时，"图表布局"组中的"快速布局"库中将提供图表布局选项。

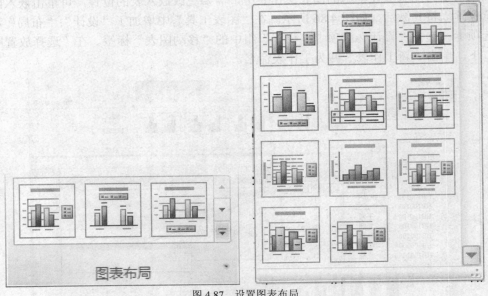

图 4.87　设置图表布局

（2）手动更改图表元素的布局

单击要更改其布局的图表元素，或者在"布局"选项卡的"当前所选内容"组中，单击"图表元素"框中的箭头，选择所要修改的图表元素。在"布局"选项卡上的"标签"、"坐标轴"或"背景"组中，单击与所选图表元素相对应的图表元素按钮，然后单击所需的布局选项，如图 4.88 所示。

图 4.88　"布局"选项卡

2．图表样式

（1）应用预定义图表样式

设置图表样式与设置图表布局方法相似。先选中要设置的图表区的任意位置，在"设计"选项卡上的"图表样式"组中，单击要使用的图表样式，如图 4.89 所示。若要查看所有可用的布局，单击"　"按钮。当 Excel 窗口缩小时，"图表样式"组中的"图表快速样式"库中将提供图表样式。

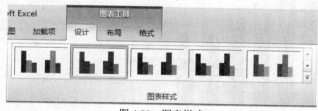

图 4.89　图表样式

（2）手动更改图表元素的格式

单击要更改其样式的图表元素，或者在"格式"选项卡上的"当前所选内容"组中，单击"图表元素"框中的箭头，选择所要修改的图表元素。

① 若要为选择的任意图表元素设置格式，在"当前所选内容"组中单击"设置所选内容格式"，在弹出的对应框中设置格式。

② 若要为选择的图表元素的形状设置格式，在"形状样式"组中单击需要的样式，或者单击"形状填充"、"形状轮廓"或"形状效果"，然后选择需要的格式选项。

③ 若要使用艺术字设置所选图表元素中文本的格式。在"艺术字样式"组中单击相应样式。还可以单击"文本填充"、"文本轮廓"或"文本效果"，然后选择所需的格式设置选项。

在应用艺术字样式后，用户便无法删除艺术字格式。若不需要已经应用的艺术字样式，可以选择其他艺术字样式。若要使用常规文本格式作为图表元素的文本设置格式，则可以单击鼠标右键或选择该文本，在"开始"选项卡上的"字体"组中设置格式。

3．图表类型

先选中图表，选择"设计"选项卡"类型"组中的"更改图表类型"选择项，在弹出的"更改图表类型"对话框中选择所需的图表类型和子类型，再单击"确定"按钮。

4．图表数据

创建图表后，图表和创建图表的工作表的数据区域之间建立了联系，当工作表中数据发生变化时，图表中的对应数据会自动更新。

若要修改生成图表的数据，可单击"设计"选项卡，选择"数据"组中"选择数据"，如图 4.90 所示，在弹出的"选择数据源"对话框中重新选择图表数据区，然后单击"确定"按钮。

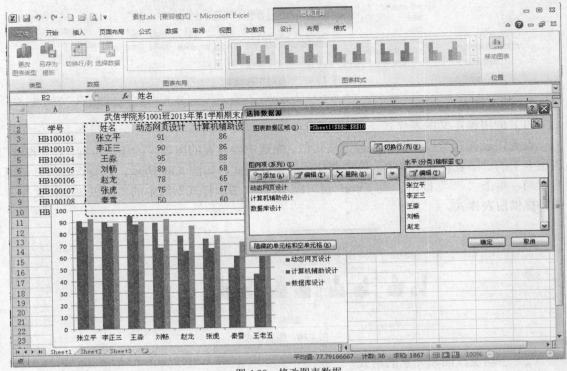

图 4.90　修改图表数据

当要删除图表中的数据系列时，只要选定所需删除的数据系列，按"Delete"键即可把整个数据系列从图表中删除，但不影响工作中的数据。若删除工作表中的数据，则对应的数据系列也被删除。

4.8　页面设置及打印设置

编辑好的 Excel 文件，可以打印 Excel 表格、整个或部分工作表和工作簿。在打印前，要查看打印内容和设置打印的效果。

若要在打印的页面上显示数据且确保该数据在屏幕上可见，则需要进行相应设置。例如，如果文本或数字太宽而不能嵌入列中，则打印的文本将被截断，打印的数字将显示为数字标记（##），应避免打印被截断的文本和数字标记，增加列宽或使用文本自动换行来增加行高以适应列宽，从而使文本在屏幕和打印的页面上可见。

4.8.1　页面设置

1．页面布局视图

单击"视图"选项卡"工作簿视图"组中的"页面布局"，可以快速在"页面布局"视图中对工作表进行微调，如图 4.91 所示。在此视图中可以在打印的页面环境中查看数据。可以轻松地添加或更改页眉和页脚、隐藏或显示行和列的标题、更改打印页面的页面方向、更改数据的布局和格式、使用标尺调节数据的宽度和高度，以及为打印设置页边距。

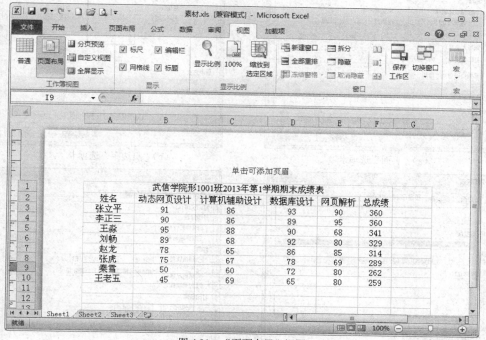

图 4.91 "页面布局"视图

2. 页面设置

单击"页面布局"选项卡，在"页面设置"组中可对页边距、纸张方向、分隔符、背景等进行设置。还可单击"显示页面设置"对话框的按钮，在弹出的"页面设置"对话框上完成"页面"、"页边距"、"页眉/页脚"和"工作表的精确设置"。

（1）"页面"选项卡

"页面"选项卡用于设置"打印方向"、"缩放"、"纸张大小"、"打印质量"和"起始页码"，如图 4.92（a）所示。

- "方向"框：同 Word 的页面设置。
- "缩放"框：用于放大或缩小打印工作表，其中"缩放比例"允许范围在 10%～400% 之间。"调整为"表示把工作表拆分为几部分打印，如调整为"3 页宽 2 页高"表示水平方向截为 3 部分，垂直方向截为 2 部分，共打印 6 页。
- "打印质量"框：表示每英寸打印多少个点，数字越大，打印质量越好。
- "起始页码"：可输入打印首页页码，默认"自动"从第一页或接上一页开始打印。

（2）"页边距"选项卡

"页边距"选项卡用于设置打印数据在所选纸张的上、下、左、右留出的空白尺寸。设置页眉和页脚距上下两边的距离时，通常该距离应小于上下空白尺寸，否则将与正文重合。设置打印数据在纸张上水平居中或垂直居中，默认为靠上靠左对齐，如图 4.92（b）所示。

（a）"页面"选项卡

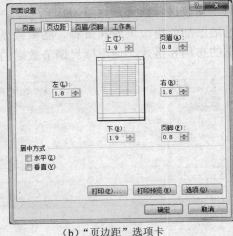

（b）"页边距"选项卡

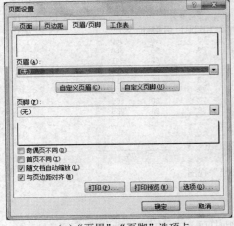

（c）"页眉"、"页脚"选项卡

（d）"工作表"选项卡

图 4.92　页面设置对话框

（3）"页眉/页脚"选项卡

　　"页眉/页脚"选项卡用于设置"页眉/页脚"的格式。可以在"页眉/页脚"列表框中选择，也可自定义，如图 4.92（c）所示。单击"自定义页眉"按钮，弹出"页眉"对话框，如图 4.93 所示，可输入位置为"左对齐、居中、右对齐"的 3 种页眉，10 个小按钮自左至右分别用于定义字体、插入页码、总页数、日期、时间、文件路径、文件或标签名、图片和设置图片按钮。页脚设置同页眉。

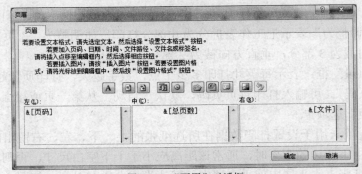

图 4.93　"页眉"对话框

（4）"工作表"选项卡

"工作表"选项卡用于设置"打印区域"、"打印标题"、"打印"和"打印顺序"，如图 4.92（d）所示。

① "打印标题"框：用于当工作表较大，要分成多页打印，每一页都可见标题。"顶端标题行"和"左端标题列"用于指出在各页上端和左端打印的行标题与列标题，便于对照数据。

② "网格线"复选框：被选中时用于指定工作表带表格线输出；否则，只输出工作表数据，不输出表格线。

③ "行号列标"复选框：被选中时，允许打印输出行号和列标，默认不输出。

④ "单色打印"复选框：用于当设置色彩格式，打印机为黑白色时选择。另外彩色打印机选此选项可缩短打印时间。

⑤ "批注"复选框：用于选择是否打印批注及打印的位置。

⑥ "草稿品质"复选框：可加快打印速度但会降低打印质量。

⑦ 如果工作表较大，超出一页宽和一页高时，"先列后行"规定垂直方向先分页打印完，再考虑水平方向分页，此为默认打印顺序。"先行后列"规定水平方向先分页打印。

4.8.2　设置打印区域

只打印部分工作表内容时需设置打印区域，工作表中内容较多时可为其设置分页符将内容分页。用户可根据打印区域采用系统默认页面设置，将工作表分为多页打印，或者自己手动设置分页符。分页包括自动分页和人工设置分页符。

1．设置打印工作表区域

先选定要打印的区域，单击"页面布局"选项卡"页面设置"组中的"打印区域"选项卡上的"设置打印区域"，如图 4.94 所示，选择区域周边的边框上出现虚线，表示打印区域已设置完成。打印时只有被选中的区域中数据被打印，且工作表被保存后，以后再打开，原来设置的打印区域仍然有效。

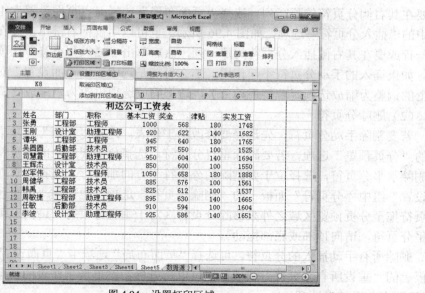

图 4.94　设置打印区域

若更改打印区域，可重新选择区域，再使用"设置打印区域"，若取消已设置的打印区域，可选中区域后，选中"打印区域"中的"取消打印区域"选项。

2．分页

当打印区域较大时，Excel 一般会自动为工作表分页，用虚线表示。用户也可以根据需要进行人工分页，手动插入的分页符显示为实线。移动自动设置的分页符将使其变成手动设置的分页符。

（1）插入分页符

手动分页通过插入分页符的方法来实现。分页包括水平分页和垂直分页。

选择待设置分页的工作表，在"视图"选项卡"工作簿视图"组中选择"分页预览"，如图 4.95 所示。也可以单击状态栏上的分页预览（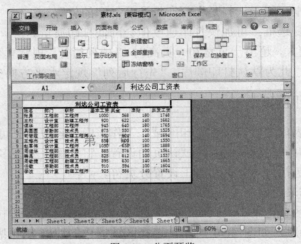）按钮。

图 4.95　分页预览

若要插入水平分页符，选择要在其下方插入分页符的那一行。若要插入垂直分页符，选择要在其右侧分页符的那一列。选择"页面布局"选项卡"页面设置"组上的"分隔符"选项中的"插入分页符"选项，如图 4.96 所示。也可以用鼠标右键单击要在其下插入分页符的那一行或要在其右侧插入分页符的那一列，然后单击"插入分页符"选项。

如果插入的手动分页符不起作用，那么可能是选中了"页面设置"对话框"页面"选项卡上的调整为缩放选项。若要手动分页，请将缩放选项更改为"缩放比例"。

（2）删除分页符

若要删除手动分页符，先选择要修改的工作表。选择"视图"选项卡"工作簿视图"组中的"分页预览"选项，若要删除垂直分页符，选择位于要删除的分页符右侧的那一列；若要删除水平分页符，选择位于要删除的分页符下方的那一行。选择"页面布局"选项卡"页面设置"组中"分页符"面板上的"删除分页符"选项。也可在"分页预览"视图下通过将分页符拖至分页预览区域之外来移除分页符（对于垂直分页符，请向左侧或右侧拖动；对于水平分页符，请向顶部或底部拖动）。

删除所有手动插入的分页符，可选择"页面布局"选项卡"页面设置"组中的"分隔符"面板上的"重设所有分页符"选项。也可以用鼠标右键单击工作表的任意单元格，然后单击"重设所有分页符"选项。

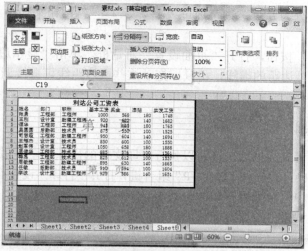

图 4.96　插入分页符

4.8.3　打印预览

预览是在打印之前浏览文件的外观，模拟显示打印设置的效果，如果效果不满意，可以对打印设置进行再次调整，直到效果设置满意时再打印。单击"文件"选项卡上的"打印"选项，设置"打印机属性"和打印"设置"，在右侧预览页面，可以选择右下角的"显示边距"按钮，调整页边距，如图 4.97 所示，若满足打印要求，单击"打印"按钮即可打印。

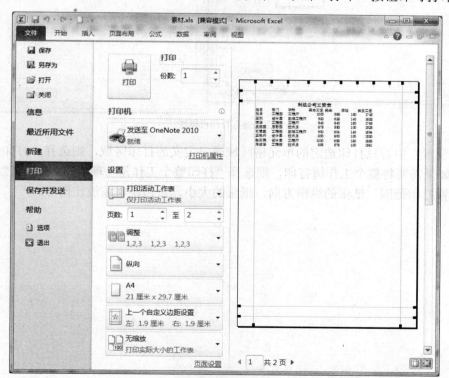

图 4.97　预览和打印

如果工作表内容分为几页，则可通过"◂ 1 共2页 ▸"按钮来切换各页内容在窗口中的显示。

单击"页面设置"按钮，打开"页面设置"对话框。单击"显示边距"按钮"▣▎"，预览视图中将出现表示页边距的虚线，用鼠标拖动这些页边距线可直接调整它们的位置，改变页边距。

4.8.4　打印输出

当打印有关的设置完成以后，就可以执行打印文件的操作了。单击"打印"按钮，则按设置状态打印文件，也可直接按"Ctrl + P"组合键，打开"打印"设置面板，如图 4.97 所示。

在"打印"命令中，可设置打印的份数。

在"打印机"设置中可设置打印机的属性，如图 4.98 所示。

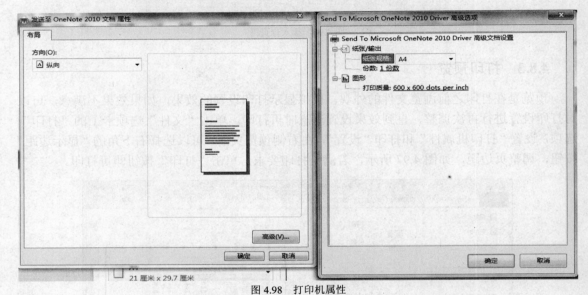

图 4.98　打印机属性

在"设置"中若只打印选定的单元格区域或已定义的打印区域，则选择"打印活动工作表"项；如果需要将整个工作簿打印，则选择"打印整个工作簿"项。除此之外，"设置"中还可以设置打印范围、纸张的纵横方向、纸张的大小、页边距、缩放比例等。

第5章

PowerPoint 2010 演示文稿制作

本章主要介绍 PowerPoint 2010 的知识和操作，包括 PowerPoint 2010 的启动与退出、演示文稿的创建与编辑、幻灯片的格式化和外观设置、演示文稿的动画设置、放映和打印等。

本章学习目标

- 熟悉 PowerPoint 2010 的工作界面演示文稿的创建与编辑。
- 熟悉幻灯片母版的修改、保护、删除和重命名等操作。
- 熟练掌握幻灯片动画效果的设置方法，包括幻灯片的切换、应用动画方案、制作和修改各种动画效果等。

5.1　PowerPoint 概述

5.1.1　PowerPoint 简介

PowerPoint 2010 是一款用于制作、维护、播放演示文稿的应用软件，可在演示文稿中插入和编辑文本、表格、图片、音频、视频、艺术字、公式、SmartArt 图形等对象，并设置幻灯片的切换和动画效果。演示文稿是由若干张连续的幻灯片所组成的文档，幻灯片是演示文稿的组成单位，如图 5.1 所示为利用 PowerPoint 制作演示文稿的一张情人节贺卡的幻灯片样本。

图 5.1　Powerpoint 演示文稿

5.1.2　PowerPoint 2010 的启动与退出

1. 启动 PowerPoint 2010

启动 PowerPoint 2010 的方法有很多，这里主要介绍常用的 3 种方法。

（1）"开始菜单启动

单击"开始"→"所有程序"→"Microsoft office"→"Microsoft Office PowerPoint 2010"启动程序。

（2）桌面快捷方式启动

如在桌面上已创建 PowerPoint 2010 应用程序的快捷方式，直接双击快捷方式便可启动

PowerPoint 2010。

（3）利用已有的演示文稿文件打开程序

如有已保存的演示文稿（扩展名为.pptx），双击文件后计算机在启动 PowerPoint 2010 程序的同时打开文件。

2．退出 PowerPoint 2010

退出 PowerPoint 2010 的方法通常有以下 4 种。

① 直接单击 PowerPoint 2010 控制菜单的"关闭"按钮。

② 使用快捷键"Alt+F4"。

③ 单击"文件"选项卡，再单击"关闭"按钮。

④ 双击 PowerPoint 2010 窗口左上角的关闭图标。

5.1.3　PowerPoint 2010 窗口布局

PowerPoint 2010 的窗口组成如图 5.2 所示。

图 5.2　PowerPoint2010 程序窗口

1．标题栏

程序窗口顶端是标题栏。在标题栏上显示的是当前执行的应用软件名（Mircrosoft PowerPoint）和演示文稿名（默认文件名为"演示文稿1"）。

2．快速访问工具栏

该工具栏显示常用的工具图标，单击图标可执行相应的命令。添加或删除快速访问工具栏上的图标，可通过单击" "按钮，在弹出的"自定义快速访问工具栏"菜单中重新勾选。

3．功能区选项卡

PowerPoint 提供的功能区选项卡，是用户控制 PowerPoint 功能的主要工具，通过单击选项卡可以显示功能区组的按钮和命令。默认情况下，PowerPoint 2010 包含以下 10 个功能区选项卡："文件""开始""插入""设计""切换""动画""幻灯片放映""审阅""视图""加载项"。

4．功能区组

功能区选项卡以组的形式管理命令，每个组由一组相关的命令组成。例如，"插入"选项卡包括"表格""插图""链接"等组。

5．幻灯片/大纲窗格

PowerPoint 普通视图窗口左侧窗格包含"幻灯片"选项卡和"大纲"选项卡。选择"幻灯片"选项卡在其窗体中显示当前演示文稿的缩略图，方便用户查看幻灯片的整体效果，并能对幻灯片进行重新排列、添加或删除幻灯片。选择"大纲"选项卡，可以对在其窗体中显示的幻灯片文本进行撰写和修改。单击其右侧的"关闭"按钮，可以关闭该选项卡。

6．幻灯片窗格

幻灯片窗格显示当前幻灯片。它是编辑幻灯片的主要区域，在此可以对文本进行添加、修改和删除图片、表格、图表、绘图对象、文本框、电影、声音、超链接、SmartArt 图形和动画等操作。

7．备注窗格

在备注窗格可以输入备注信息，在放映状态时备注信息不会显示。

8．状态栏

在 PowerPoint 窗口最底端是状态栏，这里主要显示一些与当前编辑演示文稿有关的信息，如显示幻灯片的张数，当前处理的是第几张幻灯片、视力按钮、显示比例等。

5.1.4　PowerPoint 2010 的主要视图方式

视图是文档在计算机屏幕上的显示方式。PowerPoint 2010 共提供了多种视图，本章着重介绍 5 种视图，分别是"普通视图"、"幻灯片浏览视图"、"备注页视图"、"阅读视图"和"幻灯片放映视图"。

1．普通视图

启动 PowerPoint 后首先看到的是普通视图。普通视图是主要的编辑视图，用于撰写或设计演示文稿。该视图有 3 个工作窗格：选项卡窗格、幻灯片窗格和备注窗格。单击视图按钮中的"普通视图"按钮或选择"视图"选项卡中的"普通视图"命令均可切换到普通视图。

2．幻灯片浏览视图

单击"幻灯片浏览视图"按钮或选择"视图"选项卡中的"幻灯片浏览"命令均可切换到幻灯片浏览模式，如图 5.3 所示。在该视图中，幻灯片呈行列排列，可以对其进行添加、编辑、移动、复制、删除等操作，但是不能对单张幻灯片进行编辑。如果要对单张幻灯片进行编辑，可双击该单张幻灯片，切换到普通视图方式下进行编辑。

图 5.3　幻灯片浏览视图示例

3．备注页视图

单击"视图"选项卡下的"备注页"命令，系统切换到备注页视图模式，该视图分为上下两部分，上面是幻灯片，下面是一个文本框，文本框用以输入备注内容，如图5.4所示。

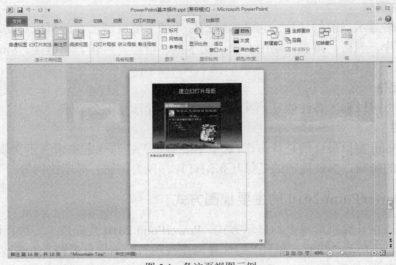

图 5.4　备注页视图示例

备注页是演示者对每张幻灯片的注释或提示，备注页视图与备注窗格略有不同的是，在备注窗格中用户只能添加文本，若想在备注中加入图形，则必须使用备注页视图。

4．幻灯片放映视图

单击"幻灯片放映"视图按钮，可启动幻灯片放映，该视图可以动态显示幻灯片、包括文字显示、动画、声音效果、切换效果等，演示文稿播放结束按"Esc"键可以退出放映视图。

5．阅读视图

幻灯片在"阅读视图"中只显示标题栏、状态栏和幻灯片放映效果，如图5.5所示，该视图一般用于幻灯片的简单预览。

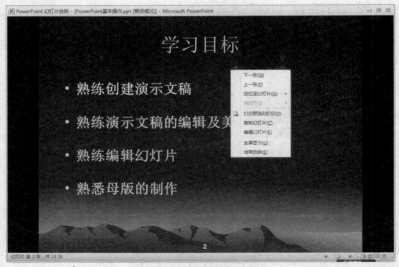

图 5.5　阅读视图示例

5.2　演示文稿基本操作

演示文稿在演讲、教学、产品展示等方面有广泛应用，因此，PowerPoint 是一款非常实用的办公软件。演示文稿由一系列幻灯片组成，每张幻灯片可包含标题、文字、数字、图片、音视频等对象，还可设置各种切换效果及动画效果，从而能够更生动地向观众表达观点。

5.2.1　演示文稿的创建、打开和保存

1．演示文稿的创建

（1）创建空白演示文稿

启动 PowerPoint 2010，系统将自动新建一个空白演示文稿，默认文件名为"演示文稿 1"，默认情况下，该文件只包含一张标题幻灯片。

除此之外，还可以通过单击"文件"选项卡"新建"组中的"空白演示文稿"选项按钮，如图 5.6 所示，单击"创建"按钮来新建空白演示文稿。

图 5.6　新建空白演示文稿

（2）模板或主题创建演示文稿

设计模板能帮助用户快速制作出具有专业水平的演示文稿。模板中包含演示文稿的样式、项目符号、字体的类型及大小、背景样式、配色方案及幻灯片母版等。

单击"文件"选项卡中的"新建"命令在"可用的模板和主题"区，选择"样本模板""主题""我的模板"等项，均可利用本地计算机存储的模板文件创建演示文稿。如图 5.7 所示。

图 5.7　模板或主题创建演示文稿

如果要从网络上获取模板，可以从"Office.com 模板"中选择模板类型，如图 5.8 所示，再从中选择所需的模板，然后单击"下载"按钮，将模板文件下载到本地计算机，然后再创建演示文稿。

图 5.8　Office.com 模板创建演示文稿

2．演示文稿的打开

双击演示文稿文件，可自动运行 PowerPoint 2010 并打开，也可以单击"文件"选项卡上的"打开"命令，在"打开"对话框中选择需要打开的文件，单击"打开"按钮。

3．演示文稿的保存

演示文稿创建完成后，要将其保存，可采用以下 3 种操作方法。

① 单击"文件"选项卡上的"保存"按钮。

② 在"快速访问工具栏"单击"保存"按钮。

③ 按"Ctrl+S"组合键。

如果文件是第一次保存，则会弹击"另存为"对话框，要求用户选择保存的路径，输入保存的文件名（扩展名为.pptx），若要以其他格式保存演示文稿，请单击"保存类型"列表，选择需要的文件格式进行保存。

5.2.2　PowerPoint 的基本操作

1．添加幻灯片

选定幻灯片插入位置，单击"开始"选项卡→"幻灯片"组，如图 5.9 所示，单击"新幻灯片"按钮，弹出新幻灯片的版式，单击选定所需版式，完成幻灯片的添加，或者直接使用快捷键"Ctrl+M"插入一张新幻灯片。

图 5.9　"开始"选项卡

2．复制幻灯片

幻灯片可以在同一个演示文稿或不同的演示文稿间进行复制，选中幻灯片，单击"开始"选项卡"剪贴板"组中的"复制"选项，再将光标定位在目标位置，单击"粘贴"；或选中幻灯片，按住"Ctrl"键直接拖动到目标位置，都可以实现幻灯片的复制。

3．移动幻灯片

选中要移动的幻灯片，单击"开始"选项卡选择"剪贴板"面板上的"剪切"命令，再将光标定位在目标位置，选择"粘贴"；或直接用鼠标将选中的幻灯片拖曳到目标位置，都可以实现幻灯片的移动。

4．选择幻灯片

（1）选择单张幻灯片

在"普通视图"中可以单击幻灯片空格右侧滚动条区域的"上一张"或"下一张"按钮，选择幻灯片。

在"普通视图"的"幻灯片/大纲窗格"或"幻灯片浏览"视图中，可以直接单击选择。

（2）选择连续幻灯片

单击要选择的第一张幻灯片，按住"Shift"键，再单击最后一张幻灯片，即可实现连续选择。

（3）选择不连续幻灯片

单击要选择的幻灯片，按住"Ctrl"键，再单击其他幻灯片，重复操作即可选择不连续的幻灯片，再次单击选中的幻灯片，可取消选中。

5．删除幻灯片

选择要删除的幻灯片，按"Delete"键或单击鼠标右键选择"删除"命令。

5.3 美化演示文稿内容

5.3.1 文本设置和段落格式

文本是幻灯片最基本的组成元素，在 PowerPoint 2010 中对文本的操作与 Word、Excel 的操作相似。

1．文本编辑

利用"开始"选项卡"剪贴板"组中的命令，可以实现对文本的基本编辑操作。

（1）插入文本

在占位符或文本框中单击，定位插入点后可输入文本。

（2）复制、移动文本

选择要复制的文本，单击"开始"选项卡"剪切板"组的"复制"命令，将插入点定位到新位置，单击"粘贴"按钮；或按住"Ctrl"键将文本拖曳到新位置，实现复制。

选择要移动的文本，单击"开始"选项卡"剪切板"组中的"剪切"命令，将插入点定位到新位置，单击"粘贴"按钮；或直接用鼠标将文本拖曳到新位置，实现文本的移动。

（3）删除文本

选择要删除的文本，单击"Delete"键。

2．文本设置

演示文稿创建完成后，对文字及段落进行格式设置可使幻灯片更美观、更易于阅读。

单击"开始"选项卡，在"字体"和"段落"两个组中可以对文本的字体、字形、字号、颜色、段落格式等进行设置，如图 5.10 所示。

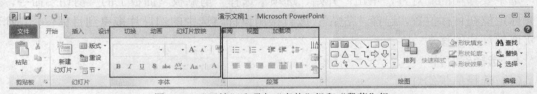

图 5.10 "开始"选项卡"字体"组和"段落"组

（1）更改字体、字形和字号

选择要修改的文本，单击"开始"选项卡"字体"组中的"字体"、"字形"、"字号"等命令按钮进行设置，或单击"字体"组右下角的" "按钮，在弹出的"字体"对话框中进行设置，如图 5.11 所示。

（2）更改段落格式

选取要修改的段落，在"开始"选项卡的"段落"组可设置文本的"对齐方式"、"缩进"、"分栏"、"项目符号和编号"、"行距"、"文字对齐方式"等，也可以单击"段落"右下角的" "按钮，在弹出的"段落"对话框中进行设置，如图 5.12 所示。

图 5.11　"字体"对话框

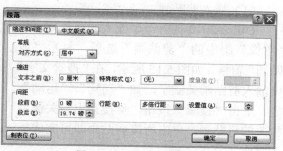

图 5.12　"段落"对话框

3．项目符号和编号

项目符号和编号可以使幻灯片的内容更加整齐、美观。其操作方式如下。

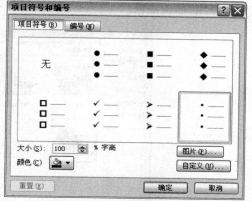

① 选定要修改项目符号的文本，单击"开始"选项卡的"段落"组，单击"项目符号"下拉菜单，再单击"项目符号和编号"，打开"项目符号和编号"对话框，如图 5.13 所示。

② 在对话框中选择所需项目符号。

③ 单击"确定"按钮完成项目符号设置。

单击"开始"选项卡的"段落"组，单击"项目符号"命令按钮，可直接为选中的文本设置默认的项目符号，再次单击"项目符号"按钮可以取消当前文本的项目符号。

PowerPoint 支持多级项目符号和编号，各级文字间具有不同的字体、字号、字形及项目符号

图 5.13　"项目符号和编号"对话框

等，在幻灯片母版上保存了各级文字格式的默认值。单击"开始"选项卡"段落"组中的"提高列表级别"按钮　，使当前段落降到下一级别，文字向右侧移动，"降低列表级别"按钮　则与之相反。

5.3.2　插入对象

幻灯片中可以通过插入剪贴画、图片、自选图形、艺术字、多媒体、表格等多种对象，使演示文稿显得美观、生动，更具吸引力。PowerPoint 2010 增强了图片处理、视/音频编辑、添加 SmartArt 图形等功能，使演示文稿更具表现力。

PowerPoint 2010 的"插入"选项卡，如图 5.14 所示，包括 7 个组，借助它们可以将多种对象插入幻灯片中并进行设置。

图 5.14　"插入"选项卡

1．插入剪贴画和图片

（1）插入剪贴画

Office 2010 拥有一个庞大的剪辑库，包含大量种类齐全的剪贴画，单击"插入"选项卡"图像"组中的"剪贴画"选项，显示"剪贴画"窗格，如图 5.15 所示，在"搜索文字"中输入剪贴画关键字，如"动物"、"运动"等，单击"搜索"按钮，将搜索出与关键字相关的剪贴画，单击所需剪贴画即可完成插入操作。

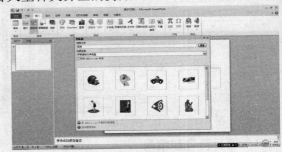

图 5.15 "剪贴画"窗格

（2）插入图片

单击"插入"选项卡"图像"组中的"图片"选项，弹出"插入图片"对话框，选择所需的图片，单击"插入"按钮，如图 5.16 所示，完成图片的插入操作。

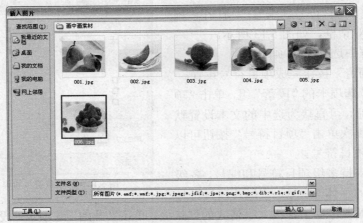

图 5.16 "插入图片"对话框

（3）格式设置

图片或剪贴画插入到幻灯片后，会显示"格式"选项卡，如图 5.17 所示，可在该选项卡中设定图片格式。

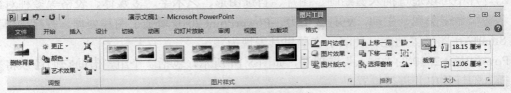

图 5.17 "格式"选项卡

2．插入相册和屏幕截图

（1）插入相册

相册是包含着图片的若干幻灯片构成的演示文稿，通过插入相册避免了在每一张幻灯片中逐一插入图片的麻烦。

　　单击"插入"选项卡"图像"组中的"相册"下拉菜单选项上的"新建相册"按钮，弹出"相册"对话框，单击"文件/磁盘"按钮，选择要添加到相册中的图片，单击"插入"按钮，结果如图 5.18 所示，设置相册版式、调整图片顺序、更改图片格式等操作完成后，单击"创建"按钮，将自动生成相册文件，如图 5.19 所示。

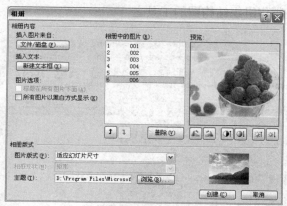

图 5.18　"相册"对话框

图 5.19　相册文件

　　（2）插入屏幕截图

　　在制作演示文稿时有时需要截取程序窗口、电影画面等图片，PowerPoint 2010 新增了插入屏幕截图功能，使得截取和导入此类图片更容易。

　　单击"插入"选项卡"图像"组中"屏幕截图"下拉菜单选项中的"屏幕剪辑"命令，PowerPoint 2010 文档窗口自动最小化，此时鼠标变成一个"+"字，在屏幕上拖动鼠标选取即可进行手动截图，截图完成后图片自动插入到当前幻灯片中。

　　3．插入自选图形和 SmartArt 图形

　　（1）插入自选图形

　　在 PowerPoint 2010 中可插入线条、箭头、流程图、标注等形状。单击"插入"选项卡"插图"组中的"形状"下拉菜单，如图 5.20 所示，选择所需的形状，当鼠标变成"十"时，即可在幻灯片中绘制形状。绘制完成后，可在"格式"选项卡中设置开关的样式。

（2）插入 SmartArt 图形

组织结构图以图形方式表示组织的层次关系，如公司内部上下级关系，PowerPoint 2010 的 SmartArt 图形工具是制作组织结构图的工具之一。

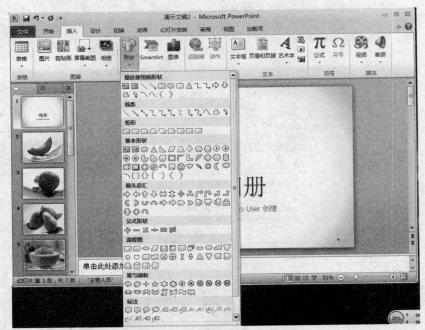

图 5.20 "形状"下拉菜单

单击"插入"选项卡"插图"组中的 SmartArt 按钮，弹出"选择 SmartArt 图形"对话框，如图 5.21 所示，选择所需的组织结构，单击"确定"按钮，显示"文本窗格"，如图 5.22 所示。在"文本"窗格中输入文本。

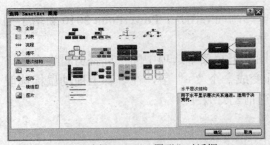

图 5.21 "选择 SmartArt 图形"对话框

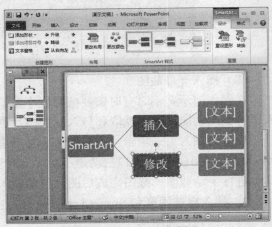

图 5.22 插入 SmartArt 图形

SmartArt 图形添加到幻灯片后，将显示"设计"选项卡，如图 5.23 所示，可在该选项卡中修改 SmartArt 图形的层次关系、图形布局和样式等。

图 5.23 "SmartArt 设计"选项卡

4．插入表格、图表

（1）插入表格

在演示文稿中，有些内容用表格显示比较简洁明了，PowerPoint 提供了在幻灯片中插入表格的多种方法，和 Word 中插入表格的方法基本相同，可以使用"插入"选项卡"表格"组中的"表格"按钮，在下拉菜单中可进行如下操作。

① 插入表格：单击此菜单可打开"插入表格"对话框，输入所需的列数和行数，单击"确定"按钮，即可在当前幻灯片中插入表格。

② 绘制表格：单击该菜单可以在当前幻灯片中手动绘制表格。

表格绘制完成后，PowerPoint 2010 功能区选项卡位置会显示"设计"选项卡和"布局"选项卡。"设计"选项卡用于设置表格样式、绘图边框等；"布局"选项卡用于设置表格风格线、行列插入、删除、单元格大小、合并与拆分，表格对齐方式、尺寸、排列方式等。

（2）插入图表

单击"插入"选项卡"插图"组中的"图表"选项，弹出"插入图表"对话框，如图 5.24 所示，选择需要的图表类型，单击"确定"按钮，启动 Excel，修改数据并关闭 Excel 程序，完成图表插入操作。

图 5.24 "插入图表"对话框

5．插入艺术字和文本框

（1）艺术字

单击"插入"选项卡"文本"组中的"艺术字"下拉菜单，如图 5.25（a）所示，选择所需的艺术字效果，在幻灯片中自动插入艺术字输入框，如图 5.25（b）所示，输入文字即可。艺术字的样式可通过"格式"选项卡进行修改。

（a）"艺术字"下拉菜单　　　　　　　　　（b）插入艺术字后的幻灯片

图 5.25　插入艺术字

（2）文本框

单击"插入"选项卡"文本"组中的"文本框"下拉菜单，如图 5.26 所示，选择一种排版方式，然后在幻灯片中绘制文本框，绘制完后文本框自动处于文本输入状态。

文本框的样式如边框、填充色、阴影、对齐方式等，都可通过"格式"选项卡设置。

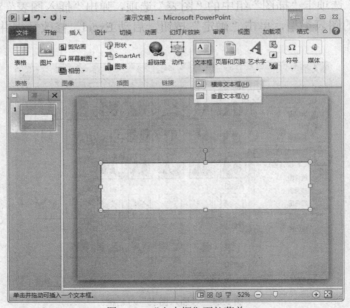

图 5.26　"文本框"下拉菜单

6．插入声音和影片

幻灯片放映时可播放视频、音频，与以往版本相比，PowerPoint 2010 添加了对音频、视频简单编辑的功能，使得该版本对多媒体的支持能力更为强大。

　　幻灯片中可插入来自文件、剪贴画和录制的音频文件，音频文件类型为 mp3、wav、mid、wma 等；插入的视频可来自文件、网站或剪贴面，视频文件类型为 avi、wmv、swf、mpeg、asf 等。要在幻灯片放映时播放视频、音频文件，需提前在计算机中安装多媒体播放器。

　　（1）插入视频和音频

　　选择要添加视频或音频的幻灯片，单击"插入"选项卡"媒体"组中的"视频"或"音频"按钮，弹出如图 5.27 所示的下拉菜单，根据要插入的视频、音频的类型选择，如要插入在计算机中存储的视频，则选择"文件中的视频"，弹出"插入视频文件"对话框，如图 5.28 所示，选择文件，单击"插入"下拉按钮，选择将视频"插入"或"链接到幻灯片"，其含义如下。

（a）视频插入菜单　　　　　（b）音频插入菜单

图 5.27　插入视频和音频

　　① 插入：可以将视频文件本身插入到幻灯片中，不必担心幻灯片放映时视频文件的丢失。

　　② 链接到幻灯片：在幻灯片中插入指向视频的地址而不是文件本身，这种插入方式可以减小演示文稿的文件大小，但是要使视频在幻灯片中正常播放，必须保证视频文件的存储位置不发生改变。

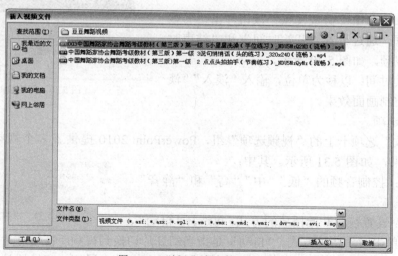

图 5.28　"插入视频文件"对话框

　　音频插入到幻灯片中，显示为"🔊"。视频插入后则显示第一幅画面，单击图标均显示播放控制条 ▶ 🔲🔲🔲 ◀▶ 00:00.00 🔊 。

　　（2）编辑视频和音频

　　PowerPoint 2010 支持对视频、音频对象的简单编辑，如文件的剪辑操作等。两类文件的剪辑方法非常相似，以下主要介绍视频剪辑的方法。

选中要剪辑的视频，PowerPoint 2010 将在功能区中显示"播放"选项卡，如图 5.29 所示，剪辑操作主要在此进行。

图 5.29 "播放"选项卡

① 添加和删除书签。

PowerPoint 2010 在剪辑视频、音频文件时借助"书签"来标识某个时刻，可在视频、音频中设置多个书签，以便剪辑中能快速准确地跳转到指定时刻。

在视频中添加书签可先播放视频并暂停到希望添加书签的位置，单击"播放"选项卡"书签"组上的"添加书签"按钮，即可为前时刻添加一个书签。

删除书签时可选中播放控制条中的书签，单击"播放"选项卡"书签"组上的"删除书签"按钮。

② 视频编辑。

PowerPoint 2010 新增了视频、音频的编辑功能，在幻灯片中选中要编辑的视频，在"播放"选项卡"编辑"组中可进行简单的视频截取、切换效果设置的操作。

剪裁视频：单击"剪裁视频"按钮弹出"剪裁视频"对话框，通过设置"开始时间"和"结束时间"来截取视频，如图 5.30 所示。

淡化持续时间：以秒为单位，输入"淡入""淡出"时间，控制画面效果。

图 5.30 剪裁编辑

③ 视频选项。

在"播放"选项卡上的"视频选项"组，PowerPoint 2010 提供了多个视频选项设置视频的播放效果，如图 5.31 所示。其中：

- 音量：控制音频的"低""中""高"和"静音"效果。

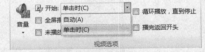

图 5.31 视频选项

- 开始：设置视频开始播放的方式，可选择"自动"或"单击时"两种方式。"自动"是指当幻灯片切换到视频所在幻灯片时视频自动播放；"单击时"是指切换到视频所在的幻灯片时，单击鼠标才开始播放视频。

除此之外，还可根据所需情况，设置视频"全屏播放""未播放时隐藏""循环播放，直到停止"和"播完返回开头"等多种播放效果。

7. 插入链接

在演示文稿中可通过加入"超链接"和"动作"按钮加强与用户的互动，如单击"超链接"实现幻灯片跳转，单击"动作"按钮运行程序等，以下将介绍在 PowerPoint 2010 如何添加"超链接"和"动作"按钮，本操作主要在"插入"选项卡的"链接"组中进行。

（1）超链接

在 PowerPoint 中为了演示方便，通常把文字、图片、图形等对象设置为超链接，单击"超链接"可实现幻灯片的跳转、打开电子邮件、转到网页或现有文件等操作。

① 添加、编辑和取消超链接。

选中要添加超链接的对象，可以是文字、图片、图形等，单击"插入"选项卡"链接"组中的"超链接"按钮；或选中要添加超链接的对象直接单击鼠标右键，在弹出的菜单中选择"超链接"。在弹出的"插入超链接"对话框中选择要跳转的目标位置，如图 5.32 所示，其中选项说明如下。

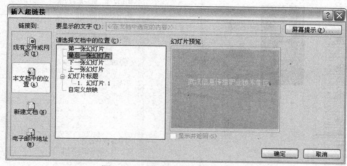

图 5.32 "插入超链接"对话框

- 现有文件或网页：选择现有文件的存放位置或直接输入网址，当单击超链接对象时，可打开文档或网页。
- 本文档的位置：选择目标幻灯片的位置，可实现幻灯片的跳转。
- 新建文档：设置新文档的名称和存储位置，当单击超链接对象时可在存储位置新建文档。
- 电子邮件：输入邮箱地址，如 mailto：whinfo@ 163.com，单击超链接对象，可打开电子邮件编辑工具。

单击"确定"按钮，完成超链接设置。切换到"幻灯片放映视图"，单击添加过超链接的对象，可实现跳转。

如需再次编辑超链接，可选中超链接对象单击鼠标右键并选择"编辑超链接"选项，在弹出对话框中进行编辑。如取消超链接，可选中超链接对象单击鼠标右键并选择"取消超链接"选项。

② 设置超链接颜色。

用户可自定义超链接的颜色，单击"设计"选项卡"主题"组中的"颜色"选项卡上的"新建主题颜色"按钮，弹出"新建主题颜色"对话框，如图 5.33 所示，重新定义"超链接"和"已访问的超链接"的颜色。

（2）动作

PowerPoint 2010 能为文本、图片、图形、绘制的动作按钮等对象添加动作功能，动作可以实现幻灯片的跳转、程序和宏的运行、播放声音、突出显示等演示效果，以下将以"动作按钮"为例介绍动作设置的方法。

① 添加动作按钮。

"动作按钮"是 PowerPoint 2010 预先定义好的一组动作按钮，可实现"开始"、"结束"、"上一张"、"下一张"等操作。单击"插入"选项卡"插图"组中的"形状"选项，在下拉菜单的"动作按钮"类中，单击所需的按钮类型，在幻灯片上直接绘制即可。

② 设置动作。

绘制完"动作按钮"将自动打开"动作设置"对话框，如图 5.34 所示，在此可设置"单击鼠标"和"鼠标移过"的动作。

图 5.33 "新建主题颜色"对话框

图 5.34 "动作设置"对话框

除了动作按钮，文本、图片、图形等对象也可添加动作。选中对象，单击"插入"选项卡"链接"组中的"动作"按钮，在弹出的"动作设置"对话框中设置动作，其选项说明如下。

- 无动作：鼠标单击或经过对象时无动作。
- 超链接到：鼠标单击或经过对象时可跳转到其他幻灯片。
- 运行宏：鼠标单击或经过对象时运行宏。
- 对象动作：当插入对象是 Word、PowerPoint、Excel 等类型的文档时，可对其设置"对象动作"为"编辑"或"打开"。
- 鼠标移过时突出显示：勾选此项，鼠标单击或经过对象时，对象动态显示边框。

5.4 演示文稿外观设置

5.4.1 设置幻灯片背景

幻灯片背景的颜色、填充效果和背景图片都可以修改，以下将介绍几种修改的操作方法。

1. 选择背景样式

默认情况下，PowerPoint 2010 提供了 12 种背景样式，单击"设计"选项卡"背景"组中的"背景样式"按钮，弹出下拉菜单，如图 5.35 所示，单击所需背景样式即可应用。

图 5.35　背景样式

2．设置背景格式

背景格式可通过"设计"选项卡"背景"组中的"背景样式"选项卡上的"设置背景格式"对话框进行设置，如图 5.36 所示；在幻灯片非占位符区域单击鼠标右键，在弹出的菜单中选择"设置背景格式"也可弹出该对话框。

（1）填充

幻灯片可以采用纯色、渐变色或图案作背景，也可以选择图片或剪贴画做背景。在"设置背景格式"对话框中，单击左侧的"填充"选项卡，有"纯色填充"、"渐变填充"、"图片或纹理填充"和"图案填充" 4 种填充模式供选择，如图 5.36 所示。

- 纯色填充：用单一颜色填充背景。
- 渐变填充：设置背景从一种颜色渐变到另一种颜色。
- 图片或纹理填充：将指定的图片或纹理效果设为背景。
- 图案填充：将一些简单的线条、点、方框等组成的图案设为背景。

图 5.36　"设置背景格式"对话框

以"图片或纹理填充"为例介绍填充背景的操作方法，单击"文件"按钮，弹出"插入图片"对话框，如图 5.37 所示，选择背景图片，单击"插入"按钮右侧的下拉按钮，从"插入"、"链接到文件"或"插入和链接"中选择插入方式，返回"设置背景格式"对话框。

（2）图片更正

"图片更正"可用来设置图片的锐化和柔化程度、亮度和对比度。

（3）图片颜色

"图片颜色"可用来设置图片的颜色、饱和度、色调和重新着色。

（4）艺术效果

"艺术效果"可为图片设置特殊效果，如"线条图"、"水彩海绵"、"发光边缘"等多种特殊图片效果。

以上操作完毕后，在"设置背景格式"对话框单击"重置背景"按钮，将取消本次设置；单击"关闭"按钮将只在当前幻灯片中应用背景；单击"全部应用"按钮可在当前演示文稿的所有幻灯片中应用背景。

图 5.37　"插入图片"对话框

5.4.2　主题应用

为使幻灯片具有统一美观的显示效果，PowerPoint 2010 提供了丰富的主题供用户选择，主题包括对幻灯片颜色、字体、背景、风格等方面的设计。

用户可以直接使用 PowerPoint 2010 提供的主题库，也可以自定义主题。主题的应用与修改操作可在"设计"选项卡中完成，如图 5.38 所示。

图 5.38　"设计"选项卡

1．应用主题

"设计"选项卡的"主题"组显示了 PowerPoint 2010 提供的所有内置主题效果，如图 5.39 所示，单击某一个主题，该主题会被应用到整个演示文稿。

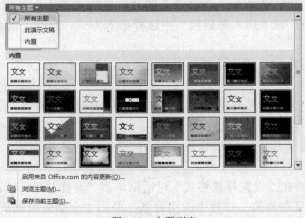

图 5.39　主题列表

2．自定义主题

如果对内置的主题效果不满意，可以通过"主题"组的"颜色"、"字体"和"效果"3 个按钮进行修改。以修改颜色方案为例，单击"主题"功能区右侧的"颜色"按钮，从弹出的菜单中选择新的颜色方案，演示文稿将重新应用新的颜色，如图 5.40（a）所示。

也可自定义主题效果。例如，自定义"颜色"方案，可单击"颜色"选项卡中的"新建主题颜色"按钮，弹出"新建主题颜色"对话框，如图 5.40（b）所示，重新定义文字背景颜色、强调文字颜色、超链接颜色等，单击"保存"按钮后，该配色方案将会出现在"颜色"下拉菜单中。

（a）颜色列表　　　　　（b）"新建主题颜色"对话框

图 5.40　自定义颜色

字体和效果的修改操作与此相似。

3．保存主题

展开"主题"效果列表选择"保存当前主题"，在弹出的"保存当前主题"对话框中输入新主题名称，如图 5.41 所示，单击"保存"按钮，主题文件扩展为".thmx"。该主题文件还可以应用于 Word 和 Excel 文件。

图 5.41　"保存当前主题"对话框

5.4.3 母版的应用

母版是一种特殊的幻灯片，它由标题、文本、页脚、日期和时间等对象的占位符组成，并设置了幻灯片的字体、字号、颜色、项目符号等样式。如修改母版样式，将改变所有基于该母版建立的演示文稿的样式。

PowerPoint 2010 提供了 3 种母版视图，分别是幻灯片母版、讲义母版和备注母版。

（1）幻灯片母版

幻灯片母版通常用来设置整个演示文稿的格式，幻灯片母版控制了所有幻灯片组成对象的属性，包括文本、字号、颜色、项目符号样式等。

单击"视图"选项卡"母版视图"组中的"幻灯片母版"选项，即可切换到幻灯片视图，如图 5.42 所示。

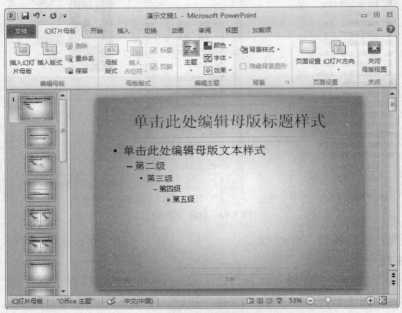

图 5.42 幻灯片母版

单击"关闭母版视图"按钮，即可结束对幻灯片母版的编辑。

（2）讲义母版

演示文稿可以以讲义的形式打印输出，讲义母版主要用于设置讲义的格式，单击"视图"选项卡"母版视图"组中的"讲义母版"选项，即可切换到讲义母版视图，如图 5.43 所示。

单击"文件"选项卡→"打印"→"设置"→"讲义"，可显示讲义的打印预览效果，每页可以打印 1～9 张幻灯片以备用户使用，如图 5.44 所示。

（3）备注母版

幻灯片放映时，备注信息不显示在幻灯片中，但是可以将备注信息打印出来。单击"视图"选项卡"母版视图"组中的"备注母版"选项，即可切换到备注母版视图，备注母版主要用于设置备注页的格式，如图 5.45 所示。

如要打印备注信息，可单击"文件"选项卡→"打印"→"设置"→"备注页"进行设置。

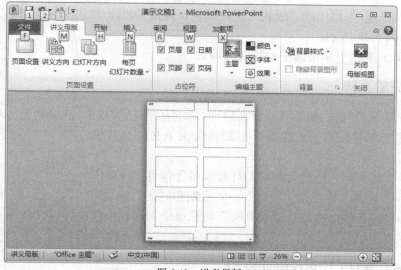

图 5.43　讲义母版

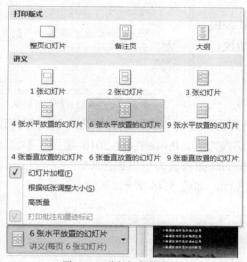

图 5.44　讲义打印版式

图 5.45　"备注页"视图

5.4.4　版式设计

在演示文稿中每张幻灯片都有一定的版式,在每次插入新幻灯片时 PowerPoint 默认将当前幻灯片设为"标题和内容"版式。不同的版式拥有不同的占位符,构成了幻灯片的不同布局。所谓占位符是指幻灯片上的一些虚线方框,与文本框、图文框和对象框相似,这些方框为某些对象(如文本、剪贴画、图表等)在幻灯片上占据一定位置,只要单击或双击占位符即可添加指定的对象。移动或删除占位符的方法同文本框的操作。

用户可以在新建幻灯片时选择版式,也可以重新设置幻灯片的版式,操作方法如下。

① 选中需改变版式的幻灯片。

② 在幻灯片上单击鼠标右键,在弹出的快捷菜单中选择"版式"命令,或者单击"开

始"选项卡"幻灯片"组中的"版式"下拉菜单，弹出 Office 主
题对话框，如图 5.46 所示。

③ 从 Office 主题中单击选中一种版式即可。

5.4.5　页眉页脚

幻灯片中经常使用页眉页脚、日期时间、幻灯片编号等对
象，母版为这些对象预留了占位符，但默认情况下在幻灯片中
并不显示它们。

如要显示页眉页脚、日期时间和幻灯片编号等信息，可单击
"插入"选项卡"文本"组中的"页脚"→"日期和时间"→"幻
灯片编号"选项，在弹出的"页眉和页脚"对话框中勾选相应选项即可，如图 5.47 所示。

图 5.46　Office 主题

5.5　幻灯片的动画效果

演示文稿制作完成后，为了让演示文稿更具表现
力，可以为它设置动画效果，具体包括幻灯片切换、
幻灯片动画设置。

图 5.47　"页眉页脚"对话框

5.5.1　幻灯片切换

幻灯片切换方式是指放映时幻灯片进入和离开屏幕时的方式，既可以为一组幻灯片设置同
一种切换方式，也可以为每张幻灯片设置不同的切换方式。PowerPoint 2010 提供了丰富炫目的
幻灯片切换效果，设置步骤也更加简单，演示文稿的画面表现力也更加强大。

幻灯片切换效果主要在"切换"选项卡中进行，如图 5.48 所示。

图 5.48　"切换"选项卡

1. 设置切换效果

选择要设置切换方式的幻灯片，单击"切换"选项卡"切换到此幻灯片"组，单击"切
换效果"列表下拉箭头，如图 5.49（a）所示，从"细微型"、"华丽型"或"动态内容"3 类
切换效果中选择所需切换效果，该效果将应用到当前幻灯片，如要为每张幻灯片设置不同的
切换方式，只需在其他幻灯片上重复上述步骤。单击"效果选项"按钮，在弹出的下拉菜单
中可进行选择切换的方向、形状等设置。

如要所有幻灯片应用统一的切换效果，可在选中"切换效果"后，可单击"计时"组的
"全部应用"按钮，如图 5.49（b）所示。

（a）幻灯片切换效果

（b）幻灯片"全部应用"切换效果

图 5.49　设置切换效果

2．设置切换计时

在"切换"选项卡"计时"组中可为幻灯片切换设置声音、换片方式、持续时间等，如图 5.50 所示，其选项说明如下。

- 声音：可设置幻灯片切换时的声音播放方式，在此可选择 PowerPoint 2010 默认提供的 10 余种音效，还可设定声音"播放下一段声音之前一直循环"、"停止前一声音"或"无声音"。

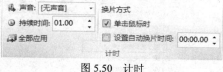

图 5.50　计时

- 持续时间：以秒为单位设置幻灯片切换的时间长度。
- 换片方式：设置幻灯片手工还是自动切换。如果选中"单击鼠标时"，则在播放幻灯片时，每单击一次鼠标，就切换一张幻灯片；如果选择"设置自动换片时间"，则需要在增量框中输入一个间隔时间，经过该时间后幻灯片自动切换到下一张幻灯片。

5.5.2　幻灯片动画效果

PowerPoint 2010 提供了更加丰富的动画效果，增强了幻灯片放映的趣味性。以下介绍几种设置动画效果的操作方法。PowerPoint 2010 的动画效果设置主要在"动画"选项卡中进行，如图 5.51 所示。

图 5.51　"动画"选项卡

1．添加动画效果

几乎可以为幻灯片上的所有对象添加动画效果。首先选中要添加动画效果的对象，单击"动画"选项卡上的"动画"组，展开"动画效果"列表，如图 5.52（a）所示。动画效果可分为"进入"、"强调"和"退出"，选择所需的动画效果，即可完成动画添加。如取消动画效果，可再次选中对象，选择动画效果为"无"。

如需要更加丰富的动画效果，可参考如下操作。以"进入效果"为例，单击"动画效果"列表中的"更多进入效果"菜单，弹出"更改进入效果对话框"，如图 5.52（b）所示，选择更多的进入效果；此操作还可通过单击"高级动画"组中的"添加动画"按钮完成。

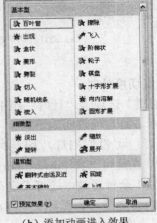

（a）"动画效果"列表　　　　　　（b）添加动画进入效果

图 5.52　添加动画效果

2．设置动画效果属性

动画效果的属性可以修改，如"彩色脉冲"效果可修改颜色，"轮子"效果可修改"轮辐图案"和"序列"等。如要修改动画效果，可在添加动画效果后，单击"效果选项"按钮，选择所需的其他动画效果即可。

3．高级动画设置

（1）动画刷

PowerPoint 2010 新增了"动画刷"功能，该工具类似 Word、Excel 中的格式刷，可直接将某个对象的动画效果照搬到目标对象上面，而不需要重复设置，这使得 PowerPoint 2010 的动画制作更加方便、高效。

"动画刷"的操作非常方便，选中某个已设置完动画效果的对象，单击"动画"选项卡"高级动画"组中的"动画刷"选项，再将鼠标移动到目标对象上面单击一下，动画效果就被运用到目标对象上了。

（2）触发器

使用 PowerPoint 2010 制作演示文稿时，可以通过触发器来灵活的控制演示文稿中的动画效果，从而真正的实现人机交互。

例如，利用触发器可以实现单击某一图片出现该图片的文字介绍这样的动画效果。首先设置文字介绍的动画效果，然后选中文字介绍，单击"动画"选项卡"高级动画"组中的"触发"按钮，如图 5.53 所示，在下拉列表中选择需要发出触发动作的图片名字即可。

图 5.53　"触发"菜单

4．动画计时

PowerPoint 2010 的动画计时，包括计时设置、动画效果顺序及动画效果是否重复等方面。

（1）显示动画窗格

"动画窗格"能够以列表的形式显示当前幻灯片中所有对象的动画效果，包括动画类型、对象名称、先后顺序等，默认情况下，"动画窗格"处于隐藏状态。单击"动画"选项卡上"高级动画"功能区中的"动画窗格"按钮，可以显示或隐藏该窗格。

选择"动画窗格"的任意一项，单击鼠标右键，如图 5.54 所示，在弹出菜单中重新设置动画的开始方式、效果选项、计时、删除等。

（2）计时选项设置

设置动画效果之后，可进行计时设置。PowerPoint 2010 中动画效果的计时设置包括开始方式、持续和延迟时间、动画排序等，如图 5.55（a）所示，其选项说明如下。

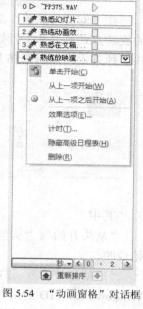

图 5.54　"动画窗格"对话框

- 开始：用于设置动画效果的开始方式。"单击开始"指单击幻灯片时开始播放动画；"从上一项开始"表示"动画窗格"列表中的上一个动画开始时也开始本动画；"从上一项之后开始"表示"动画窗格"列表中的上一个动画播放完成后才开始本动画。
- 持续时间：设置动画的时间长度。
- 延迟：用于设置上一个动画结束和下一个动画开始之间的时间值。
- 对动画重新排序：已设置了动画效果的对象默认在左上角显示一个数字，用来表示该对象在整张幻灯片中的动画播放顺序，如幻灯片中有多个动画效果，可通过单击"向前移动"或"向后移动"重新调整动画播放顺序。

如要设置更加复杂的动画效果，可在"动画窗格"中选中对象单击鼠标右键，在弹出的菜单中选择"效果选项"或"计时"进行设置，如图 5.55（b）所示。

（a）计时选项

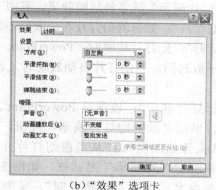

（b）"效果"选项卡

图 5.55　计时选项设置

5.6　幻灯片的放映

演示文稿制作完成后，通过放映幻灯片可以将精心创建的演示文稿展示给观众或客户。以下将介绍设置幻灯片放映的操作方法，该操作主要在"幻灯片放映"选项卡中进行。

5.6.1 幻灯片放映方式

在"幻灯片放映"选项卡"开始放映幻灯片"组中可以设置幻灯片的放映方式，幻灯片的放映方式有"从头开始"、"从当前幻灯片开始"、"广播幻灯片"和"自定义幻灯片放映"共 4 种方式，如图 5.56 所示。

图 5.56 幻灯片放映方式

其中

"从头开始"、"从当前幻灯片开始"：用于设置幻灯片从第 1 张幻灯片或从当前幻灯片开始放映。

"广播幻灯片"：该放映方式是 PowerPoint 2010 的新增功能。"广播幻灯片"可以让拥有 Windows Live ID 的用户利用 Microsoft 提供的 PowerPoint Broadcast Service 服务，将演示文稿发布为一个网址，网址可以发送给需要观看幻灯片的用户。用户获得网址后，即使计算机中没有安装 PowerPoint 程序，也可借助 Internet Explorer、Firefox 等浏览器观看幻灯片。

"自定义幻灯片放映"：可重新选择需要播放的幻灯片并定义为放映方案。

5.6.2 幻灯片的放映设置

在"幻灯片放映"选项卡的"设置"组中可设置"幻灯片放映"、"隐藏幻灯片"、"排练计时"、"录制幻灯片演示"等多种放映效果。其中

- "隐藏幻灯片"：如有的幻灯片在放映时不需要播放，可将它隐藏。
- "排练计时"：幻灯片放映时，PowerPoint 会弹出计时器 ，记录每一张幻灯片的播放时间。当幻灯片自动放映时，该时间可用于控制幻灯片的播放和动画效果显示。
- "录制幻灯片演示"：该项是 PowerPoint 2010 的新增功能，是"排练计时"功能的扩展，单击"录制幻灯片演示"按钮，从菜单中选择"从头开始录制"或"从当前幻灯片开始录制"，弹出"录制幻灯片演示"对话框，如图 5.57 所示，选择录制内容，单击"开始录制"。录制结束后，切换到幻灯片浏览视图，可显示每张幻灯片的演示时间，如图 5.58 所示。

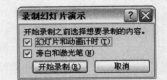

图 5.57 "录制幻灯片演示"对话框

1．放映的快捷菜单

在放映幻灯片的过程中，PowerPoint 提供了一个快捷菜单用于控制放映，如图 5.59 所示。在该快捷菜单中，可以根据需要选择不同的命令，从而对幻灯片放映执行相应的控制。

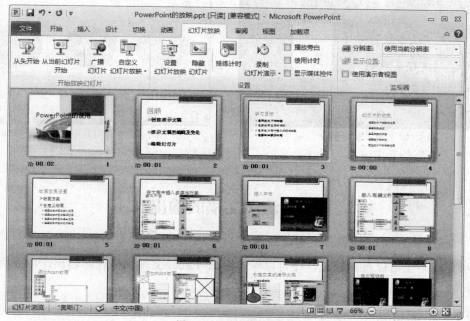

图 5.58　幻灯片计时效果

2．定位幻灯片

切换幻灯片只能在前、后幻灯片之间切换，但如果想在放映某张幻灯片时，直接定位到与其不相连的某张幻灯片上，就要使用"定位至幻灯片"命令，其具体操作如下。

① 在放映幻灯片时，用鼠标右键单击该幻灯片，再从弹出的快捷菜单中选择"定位至幻灯片"命令，将显示其子菜单。

② 在该子菜单中，可单击选择要定位到的幻灯片。

③ 在从一张幻灯片定位到另一张幻灯片之后，如果想返回到先前的那张幻灯片，可在快捷菜单中单击"上次查看过的"命令。

3．绘制与操作墨迹

在放映幻灯片过程中，可能需要对幻灯片中的某些内容向观众作重点强调，此时，就可以向其中添加墨迹作为注释，还可根据需要调整墨迹的大小和位置，并更改墨迹的颜色，如果感觉添加的墨迹不合适，还可将其删除。在幻灯片中添加墨迹的具体步骤如下。

① 在放映幻灯片时，用鼠标右键单击该幻灯片，并从弹出的快捷菜单中选择"指针选项"命令，此时将会显示其子菜单。

② 在该子菜单中，可以选择一种用于绘制墨迹的笔型，包括笔和荧光笔。本例中单击选择"笔"选项。

③ 此时鼠标指针呈现为一个小点状，在合适位置按住鼠标左键拖动，即可绘制墨迹，图 5.60 所示即在幻灯片中添加的墨迹注释。

图 5.59　幻灯片快捷菜单

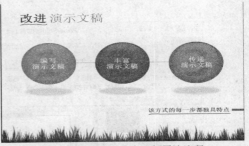

图 5.60　在幻灯片中添加墨迹注释

5.7　演示文稿的输出

演示文稿不仅可以直接放映，还可以像 Word、Excel 文件一样打印输出，以下将介绍幻灯片打印输出的相关设置。

5.7.1　页面设置

单击"设计"选项卡"页面设置"组中的"页面设置"选项，打开"页面设置"对话框，如图 5.61 所示。

- 幻灯片大小：幻灯片大小可设为 "全屏显示（4：3）"、"A4 纸张"、"横幅"等项。
- 宽度和高度：当"幻灯片大小"选择"自定义"时，幻灯片的宽度和高度可以任意设置。

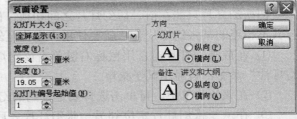

图 5.61　"页面设置"对话框

- 幻灯片编号起始值：用于设置幻灯片编号的起始值，默认从"1"开始。
- 方向：可将幻灯片、备注、讲义或大纲的方向设置为"纵向"或"横向"。

5.7.2　打印演示文稿

PowerPoint 2010 可打印幻灯片、备注页和大纲。单击"文件"选项卡中的"打印"按钮，即可打开 Backstage 视图进行打印设置，如图 5.62（a）所示。其中

- 份数：用于设置打印数量。
- 打印：用于启动打印操作。
- 打印机：选择已连接的本地打印机或网络打印机。
- 设置：用于设置幻灯片打印范围、打印方式、彩色打印等。单击"整页幻灯片"，如图 5.62（b）所示，在弹出菜单中可选择幻灯片打印方式、每页所需的幻灯片数、幻灯片边框、打印质量等。

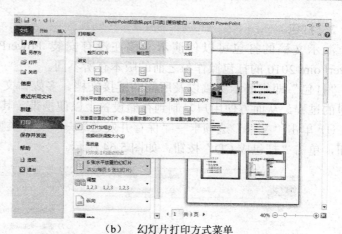

（a）　幻灯片打印 Backstage 视图　　　　　　（b）　幻灯片打印方式菜单

图 5.62　打印设置

5.7.3　演示文稿的打包

演示文稿制作完成后，默认保存为扩展名为".pptx"的文档，也可以另存为".ppt"".pdf"
".xml"等多种文件格式，以下将介绍 PowerPoint 2010 将演示文稿输出为视频和演示文稿打
包的操作方法。

1．保存为视频

单击"文件"选项卡→"保存并发送"→"文件类型"→"创建视频"，在工作区显示
创建视频说明，根据播放要求设置"放映每张幻灯片的秒数"，然后单击"创建视频"按钮，
演示文稿将导出为视频，默认格式为"wmv"，如图 5.63 所示。

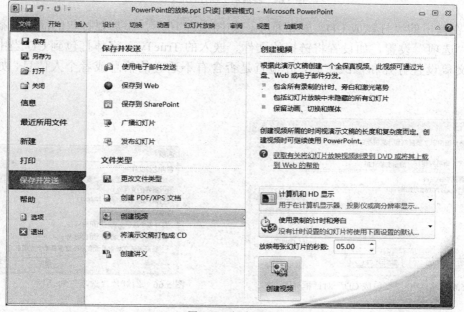

图 5.63　创建视频

2．打包

演示文稿的打包可以使演示文稿在没有安装 PowerPoint 的计算机上放映幻灯片，PowerPoint 2010 的打包操作与之前的版本有所不同。

"打包"即将演示文稿以及所需的链接文档、多媒体文件、字体等整合为一个独立的文件包的过程，从而方便用户复制到存储设备上以便携带。其操作步骤如下。

① 单击"文件"选项卡→"保存并发送"→"文件类型"→"将演示文稿打包成 CD"按钮，单击"打包成 CD"按钮，如图 5.64 所示。

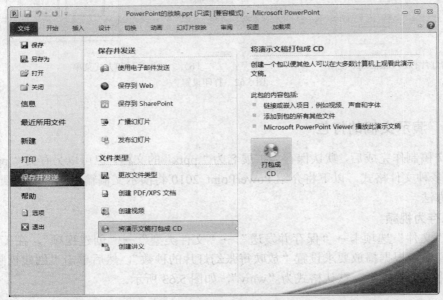

图 5.64　将演示文稿打包成 CD

② 在弹出的"打包成 CD"对话框中，如图 5.65 所示，添加要打包的演示文稿文件，并进行"选项"设置，如设置将链接的文件、嵌入的 TrueType 字体打包到 CD 当中，或者为演示文稿设置打开和修改密码，并检查是否含有不适宜的信息或者个人信息，如图 5.66 所示。

图 5.65　幻灯片"打包成 CD"对话框

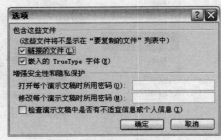

图 5.66　幻灯片"选项"对话框

③ 设置完成后，选择将"复制到 CD"或者"复制到文件夹"。复制完成之后，打开相

应的文件夹，文件已经被打包，如图 5.67 所示。

图 5.67　打包后的文件夹

第 6 章

计算机网络基础

20世纪60年代，随着计算机与通信技术的结合，计算机网络产生了。借助计算机网络，人们可以实现信息的交换和共享。如今，从机关到学校，从海关到银行、从企业到商场、从办公室到家庭，随处都可以看到网络的存在，随处都可以享受到网络给生活带来的便利。网络，不但代表着一项技术，一种应用，而且代表着一个时代，一种时尚。

本章主要介绍计算机网络的基本概念、理论、技术及应用等。

本章学习目标
- 计算机网络。
- Internet。
- 计算机局域网。
- 计算机病毒。

6.1 计算机网络概述

计算机网络是将若干台独立的计算机通过传输介质相互连接，并通过网络软件逻辑地相互联系到一起而实现信息交换、资源共享、协同工作和在线处理等功能的计算机系统。计算机网络给人们的生活带来了极大的方便，如办公自动化、网上银行、网上订票、网上购物等。计算机网络不仅可以传输数据，还可以传输图像、声音、视频等多种媒体形式的信息，在人们的日常生活和各行各业中发挥着越来越重要的作用。目前，计算机网络已广泛应用于政治、经济、军事、科学及社会生活的方方面面。

6.1.1 计算机网络的定义和发展规律状况

1. 计算机网络的定义

计算机网络是计算机技术与通信技术结合的产物。对计算机网络的定义没有统一的标准，根据计算机网络发展的阶段或侧重点不同，对计算机网络有几种不同的定义。侧重资源共享和通信的计算机网络定义更准确地描述了计算机网络的特点，将处于不同地理位置，具有独立功能的计算机、终端及附属设备用通信线路连接起来，以功能完善的网络软件（即网络通信协议、信息交换方式及网络操作系统等）实现网络中资源共享和信息传递的系统。网络中的每一台计算机成为一个节点（Node）。可见，计算机网络是多台计算机彼此互连，以相互通信和资源共享为目标的计算机网络。

关于计算机网络，有一个更详细的定义，即"计算机网络是用通信线路和网络连接设备将分布在不同地点的多台功能独立的计算机系统互相连接，按照网络协议进行数据通信，实现资源共享，为网络用户提供各种应用服务信息的系统。"

2．计算机网络的发展

（1）第一代计算机网络

早期的计算机系统是高度集中的，所有的设备安装在单独的机房中，后来出现了批处理和分时系统，分时系统所连接的多个终端连接着主机。20 世纪 50 年代中后期，许多系统都将地理上分散的多个终端通过通信线路连接到一台中心计算机上，出现了第一代计算机网络。它是以单个计算机为中心的远程联机系统。典型应用是美国航空公司与 IBM 在 20 世纪 50 年代初开始联合研究，20 世纪 60 年代投入使用的飞机订票系统 SABRE-I，它由一台计算机和全美范围内 2 000 个终端组成（这里的终端是指由一台计算机外部设备组成的简单计算机，有点类似现在所提的"瘦客户机"，仅包括 CRT 控制器、键盘，没有 CPU、内存和硬盘）。

随着远程终端的增多，为了提高通信线路的利用率并减轻主机负担，使用了多点通信线路、终端集中器、前端处理机 FEP（Front-End Processor），这些技术对以后计算机网络的发展有着深刻影响，以多线路连接的终端和主机间的通信建立过程，可以用主机对各终端论询，考虑到远程通信的特殊情况，对传输的信息还要按照一定的通信规程进行特别的处理。

当时的计算机网络定义为"以传输信息为目的而连接起来，以实现远程信息处理或进一步达到资源共享的计算机系统"，这样的计算机系统具备了通信的雏形。

（2）第二代计算机网络

20 世纪 60 年代出现了大型主机，因而也提出了对大型主机资源远程共享的要求，以程控交换为特征的电信技术的发展为这种远程通信需求提供了实现手段。第二代网络以多个主机通过通信线路互联，为用户提供服务，兴起于 20 世纪 60 年代后期。这种网络中主机之间不是直接用线路相连，而是由接口报文处理机（IMP）转接后互联。IMP 和它们之际互联的通信线路一起负责主机间的通信任务，构成通信子网。通信子网互联的主机负责运行程序，提供资源共享，组成了资源子网。

两个主机间通信是对传送信息内容的理解、信息的表示形式，以及各种情况下的应答信号必须遵守一个共同的约定，这就是"协议"。在 ARPA 网中，将协议按功能分成了若干层次。如何分层，以及各层中具体采用的协议总和，成为网络体系结构。

现代意义上的计算机网络 1969 年美国国防部高级研究计划局（DARPA）建成的 ARPAnet 实验网开始的，该网络当时只有 4 个节点，以电话线路为主干网络，两年后，建成 15 个节点，进入工作阶段，此后规模不断扩大，20 世纪 70 年代后期，网络节点超过 60 个，主机 100 多台，地理范围跨越美洲大陆，连通了美国东部和西部的许多大学和研究机构，而且通过通信卫星与夏威夷和欧洲地区的计算机网络相互连通。

其特点主要是资源共享、分散控制、分组交换，采用专门的通信控制处理机，分层的网络协议。这些特点被认为是现代计算机网络的一般特征。

20 世纪 70 年代后期是通信网大发展的时期，各发达国家政府部门、研究机构和电报电话公司都在发展分组交换网络。这些网络都以实现计算机之间的远程数据传输和信息共享为主要目的，通信线路大多采用租用电话线路，少数铺设专用线路，这一时期的网络称为第二代网络，以远程大规模互联为主要特点。

第二代计算机网络开始以通信子网为中心，这时候的概念为"以能够相互共享资源为目的，互连起来的具有独立功能的计算机的集合体"。

（3）第三代计算机网络

随着计算机网络技术的成熟，网络应用越来越广泛，网络规模增大，通信变得复杂。各大计算机公司纷纷制定了自己的网络技术标准。IBM 于 1974 年推出了系统网络结构（System Network Architecture），为用户提供能够互联的成套通信产品；1975 年 DEC 公司宣布了自己的数字网络体系结构 DNA（Digital Network Architecture）。1976 年 UNIVAC 宣布了该公司的分布式通信体系结构（Distributed Communication Architecture）。这些网络技术标准只是在一个公司范围内有效，遵从某种标准的、能够互联的网络通信产品，只是同一公司生产的同构型设备。网络通信市场这种各自为政的状况使得用户在投资方向上无所适从，也不利于多厂商之间的公平竞争。1977 年 ISO 组织的 TC97 信息处理系统技术委员会 SC16 分技术委员会开始着手制定开放系统的互联参考模型。

OSI/RM 标志着第三代计算机网络的诞生。此时的计算机网络在共同遵循 OSI 标准的基础上，形成了一个具有统一网络体系结构，并遵循国际标准的开放式和标准化的网络。OSI/RM 参考模型把网络划分为 7 个层次，并规定，计算机之间只能在对应层之间进行通信，大大简化了网络通信原理，是公认的新一代计算机网络体系结构的基础，为普及局域网奠定了基础。

（4）第四代计算机网络

20 世纪 80 年代末，局域网技术发展成熟，出现了光纤及高速网络技术，整个网络就像一个对用户透明的、大的计算机系统，发展以 Internet 为代表的 Internet，这就是沿用至今的第四代计算机网络时期。

此时计算机网络定义为"将多个具有独立工作能力的计算机系统通过通信设备和线路由功能完善的网络软件实现资源共享和数据通信的系统"。事实上，对于计算机网络也从未有过一个标准的定义。

1972 年，Xerox 公司发明了以太网，1980 年 2 月 IEEE 组织了 802 委员会，开始制定局域网标准。1985 年美国国家科学基金会（National Science Foundation）利用 ARPAnet 协议建立了用于科学研究和教育的骨干网络 NSFnet，1990 年 NSFnet 取代 ARPAnet 成为国家骨干网，并且走出了大学和研究机构进入社会，从此网上的电子邮件、文件下载和信息传输受到人们的欢迎并被广泛使用。1992 年，Internet 学会成立，该学会把 Internet 定义为"组织松散的、独立的国际合作互联网络"，"通过自主遵守计算协议和过程支持主机对主机的通信"，1993 年，伊利诺斯大学国家超级计算中心成功开发网上浏览工具 Mosaic（后来发展为 Netscape），同年克林顿宣布正式实施国家信息基础设施（National Information Infrastructure）计划，从此在世界范围内展开了争夺信息化社会领导权和制高点的竞争。与此同时 NSF 不再向 Internet 注入资金，完全使其进入商业化运作。20 世纪 90 年代后期，Internet 以惊人的速度发展。

（5）下一代计算机网络

下一代计算机网络（Next Generation Network，NGN）普遍认为是 Internet、移动通信网络、固定电话通信网络的融合，IP 网络和光网络的融合，是可以提供包括语音、数据和多媒体等各种业务服务的综合开放的网络构架；是业务驱动、业务与呼叫控制分离、呼叫与承载分离的网络；是基于统一协议的、基于分组的网络。

在功能上 NGN 分为 4 层，即接入和传输层、媒体层、控制层、网络服务层。涉及软交换、MPLS、E-NUM 等技术。

美国正在组建独立于 Internet 之外的另一个互联网络，用于解决 Internet 资源淤积，病毒漏洞横行问题。结合上述资料来看，今后可能出现一种新概念的网络结构。诞生一种新型的网络思维模式和经济模式。随着科技飞速发展，重组网络似乎已经刻不容缓——早一些技术难以解决；而在这个资源飞速上传的网络时代，再晚一步都会给重组带来巨大的成本。

6.1.2　计算机网络的主要功能

1．计算机网络的组成

计算机网络的基本组成主要包括如下 4 部分，这 4 部分常被称为计算机网络的四大要素。

（1）计算机

（2）通信线路和通信设备

通信线路指的是传输介质及其介质连接部件。通信设备指网络连接设备、网络互联使用通信线路和通信设备将计算机互连起来，在计算机之间建立一条物理通道，以便传输数据。

（3）网络协议

协议是指通信双方必须共同遵守的约定和通信规则。在网络上通信的双方必须遵守相同的协议，才能正确地交流信息。因此，协议在计算机网络中是至关重要的。

一般说来，协议的实现是由软件和硬件分别或配合完成的，有的部分由联网设备来承担。

（4）网络软件

网络软件是一种在网络环境下使用和运行或者控制和管理网络工作的计算机软件。根据软件的功能，计算机网络软件可分为网络系统软件和网络应用软件两大类型。

① 网络系统软件。网络系统软件是控制和管理网络运行、提供网络通信、分配和管理共享资源的网络软件，它包括网络操作系统（Network Operating System，NOS）、网络协议软件、通信控制软件和管理软件等。

② 网络应用软件。网络应用软件是指为某一个应用目的而开发的网络软件，如远程教学软件、电子图书馆软件、Internet 信息服务软件等。网络应用软件为用户提供访问网络的手段、网络服务、资源共享和信息的传输。

2．计算机网络的主要功能

计算机网络主要具有以下功能。

（1）数据通信

数据通信功能是计算机网络最基本的功能，主要完成网络中各个节点之间的信息交换。如文件传输、IP 电话、E-mail、视频会议、ICQ 信息广播、交互式娱乐、音乐、电子商务和远程教育等活动。

（2）资源共享

网络上的资源包括硬件、软件和数据（数据库）资源。在网络范围内的各种输入/输出设备、大容量的存储设备、高性能的计算机等都是可以共享的网络资源，对于一些价格昂贵不经常使用的设备，可通过网络共享提高设备的利用率并节省重复投资。

网上的数据库和各种信息资源是共享的一个主要内容。因为任何的用户都不可能把需要的各种信息由自己收集齐全，况且也没有这个必要，计算机网络提供了这样的便利，全世界的信息资源可通过 Internet 实现共享。

（3）增强可靠性

利用计算机网络可替代的资源，可提供连续高可靠性的服务。在单一系统内，单个部件或计算机的失效会使系统难于继续工作。但在计算机网络中，每种资源（尤其程序和数据）可以存放在多个地点，而用户可以通过多种途径来访问网内的某个资源。从而避免了单点失效对用户产生的影响。

（4）分布式处理

所谓分布式处理是指在分布式操作系统统一调度下，各计算机协调工作，共同完成一项任务，如并行计算。这样，就可将一项复杂的任务划分成许多部分由网络内各计算机分别完成有关的部分，从而使整个系统的性能大大提高。

6.1.3 计算机网络的分类

1．按网络覆盖的地理范围分类

按网络覆盖的地理范围分类是最常用的分类方法。按照网络覆盖的地理范围的大小，可以把计算机网络分为局域网、城域网和广域网 3 种类型。

2．按网络的拓扑结构分类

按网络的拓扑结构，计算机网络可分为总线型、星型、环型、树型和网状网，如图 6.1 所示。例如，以总线型物理拓扑结构组建的网络为总线型网络，同轴电缆以太网系统就是典型的总线型网络；以星形物理拓扑结构组建的网络为星形网络，交换式局域网、双绞线以太网系统都是星型网络。

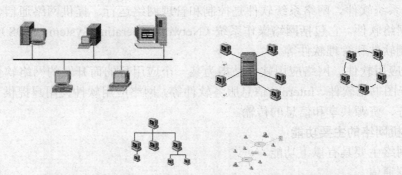

图 6.1 总线型结构、星型结构、环型结构、树型结构、网状网结构

3．按网络协议分类

根据使用的网络协议，可以将网络分为使用 IEEE 802.3 标准协议的以太网（Ethernet），使用 IEEE 802.5 标准协议的令牌环网（Token Ring）。另外，还有 FDDI 网、ATM（Asynchronous Transfer Mode，非同步传输方式）网、X.25 网、TCP/IP 网等。

4．按传输介质分类

根据网络使用的传输介质不同，可以将网络分为双绞线网络、同轴电缆网络、光纤网络、无线网络（以无线电波为传输介质）和卫星数据通信网（通过卫星进行数据通信）等。

5．按通信方式分类

根据所使用的数据通信方式不同，可以将网络分为广播式网络和点到点网络。

另外，按网络所使用的交换技术分类，有电路交换网、报文交换网和分组交换网等；按网络所使用的操作系统分，有 Windows NT 网、NetWare 网、UNIX 网等。

6.2　计算机网络

6.2.1　资源子网与通信子网

1．资源子网

资源子网主要包括：联网的计算机、终端、外部设备、网络协议及网络软件等。它的主要任务是负责收集、存储和处理信息，为用户提供网络服务和资源共享功能等。

2．通信子网

通信子网是实现网络通信功能的设备及其软件的集合，主要包括：通信线路（即传输介质）、网络连接设备（如通信控制处理器）、网络协议和通信控制软件等。它的主要任务是负责连接网上各种计算机，完成数据的传输、交换、加工和通信处理工作。

通信子网中几种设备的简介如下。

① 调制解调器（Modem）。具有调制和解调两种功能的设备称为调制解调器。调制解调器分外置和内置两种。外置调制解调器是在计算机机箱之外使用的，一端用电缆连在计算机上，另一端与电话插口连接。优点是便于从一台设备移到另一台设备上去。内置调制解调器是一块电路板，插在计算机或终端内部，优点是价格比外置调制解调器便宜，缺点是插入机器就不易移动了。

② 网络接口卡。网络接口卡（简称网卡）属网络连接设备，用于将计算机和通信电缆连接起来，以便电缆在计算机之间进行高速数据传输。因此，每台连接到局域网的计算机都需要安装一块网卡。通常网卡都插在计算机的扩展槽内。

③ 路由器（Router）。路由器用于检测数据的目的地址，对路径进行动态分配，根据不同的地址将数据分流到不同的路径中。如果存在多条路径，则根据路径的工作状态和忙闲情况，选择一条合适的路径，动态平衡通信负载。有的路由器还具有帧分割功能，当路由器连接两个以上的同类型的网络，提供网络层之间的协议转换。

6.2.2　网络硬件

1．网络适配器

网络适配器（Net Interface Card，NIC）也称网卡或网板，是计算机与传输介质进行数据交互的中间部件，通常插入到计算机总线插槽内或某个外部接口的扩展卡上，进行编码转换和收发信息。在接收传输介质上传送的信息时，网卡把传来的信息按照网络上信号编码要求和帧的格式交给主机处理。在主机向网络发送信息时，网卡把发送的信息按照网络传送的要求装配成帧的格式，然后采用网络编码信号向网络发送出去。网卡如图 6.2

所示。

图6.2　光纤网卡（左）和笔记本无线网卡（右）

不同的网络使用不同类型的网卡，在接入网络时需要知道网络的类型，从而购买适当的网卡。常见的网络类型为以太网和令牌环网，网卡的速率为多10Mbit/s或100Mbit/s，接口为双绞线、光纤等。

2．调制解调器

调制解调器（Modem）是调制器和解调器的简称，俗称"猫"，是实现计算机通信的外部设备。调制解调器是一种进行数字信号与模拟信号转换的设备。计算机处理的是数字信号，而电话线传输的是模拟信号，调制解调器就是在计算机和电话线之间的一个连接设备，它将计算机输出的数字信号变换为适合电话线传输的模拟信号，在接收端再将接收到的模拟信号变换为数字信号由计算机处理。因此，调制解调器成对使用。

调制解调器可按外观分为内置式、外置式和PC卡式3类，如图6.3所示。

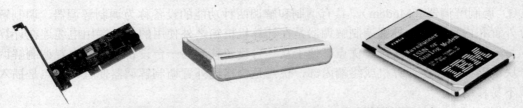

图6.3　内置调制解调器（左）、外置调制解调器（中）和卡式调制解调器（右）

内置式调制解调器是一块直接插在PC主机箱内扩展槽中的电路板，其中包括调制解调器和串行端电路口。外置式调制解调器是一台独立的设备，后面板上有一根电源线、与PC串口（RS-232）连接的接口及与电话线连接的接口，前面板上有若干个指示灯，用于指示调制解调器的工作状态。PC卡式是专为笔记本计算机设计的，只有一张名片大小，直接插在笔记本计算机的标准PCMCIA插槽中。

选择调制解调器的一个重要指示是传输速率，即每秒传送的位数，单位是位/秒（bit/s）。目前主要使用的是33.6kbit/s和56kbit/s的调制解调器。

3．传输介质

计算机网络的硬件部分除了计算机本身以外，还要有用于连接这些计算机的通信线路和通信设备，即数据通信系统。其中，通信线路是指数据通信系统中发送器和接收器之间的物理路径，它是传输数据的物理基础。通信线路分为有线和无线两大类，有线通信线路由有线传输介质及其介质连接部件组成。无线通信线路是指利用地球空间和外层空间作为传播电磁波的通路。

（1）双绞线

双绞线是一种最常用的传输介质，由 4 对两根相互绝缘的铜线绞合在一起组成，每根铜线的直径大约 1mm。双绞线价格便宜，也易于安装和使用，但在传输距离、传输速度等方面受到一定的限制，由于它较好的性价比，目前被广泛使用。双绞线如图 6.4 所示。

双绞线一般有屏蔽（Shielded Twisted-Pair，STP）与非屏蔽（Unshielded Twisted-Pair，UTP）双绞线之分，屏蔽的五类双绞线外面包有一层屏蔽用的金属膜，在电磁屏蔽性能方面比非屏蔽的要好，但价格也较贵。

图 6.4　非屏蔽双绞线 UTP

双绞线按电气性能通常分为三类、四类、五类、超五类、六类、七类双绞线等类型，数字越大，版本越新、技术越先进、带宽也越宽，当然价格也越贵了。目前，在一般局域网中常见的是五类、超五类或六类非屏蔽双绞线。双绞线的两端必须都安装 RJ-45 连接器（俗称水晶头），以便与网卡、集线器或交换机连接，如图 6.5 所示。

（2）同轴电缆

同轴电缆由圆柱形金属网导体（外导体）及其所包围的单根金属芯线（内导体）组成，外导体与内导体之间由绝缘材料隔开，外导体外部也是一层绝缘保护套。同轴电缆有粗缆和细缆之分，图 6.6 所示为细同轴电缆段。

图 6.5　RJ-45 连接器

粗缆传输距离较远，适用于比较大型的局域网。它的传输衰耗小，标准传输距离长，可靠性高。由于粗缆在安装时不需要切断电缆，因此，可以根据需要灵活调整计算机接入网络的位置。但使用粗缆时必须安装收发器和收发器电缆，安装难度大，总体成本高。而细缆由于功率损耗较大，一般传输距离不超过 185m。细缆安装比较简单，造价低，但安装时要切断电缆，电缆两端要装上网络连接头，然后，连接在 T 型连接器两端。所以，当接头多时容易出现接触不良，这是细缆局域网中最常见的故障之一。

图 6.6　同轴电缆

同轴电缆有两种基本类型，基带同轴电缆和宽带同轴电缆。基带同轴电缆一般只用来传输数据，不使用 Modem，因此较宽带同轴电缆经济，适合传输距离较短、速度要求较低的局域网。基带同轴电缆的外导体是用铜做成网状的，特性阻抗为 50（型号为 RG-8、RG-58 等）。宽带同轴电缆传输速率较高，距离较远，但成本较高。它不仅能传输数据，还可以传输图像和语音信号。宽带同轴电缆的特性阻抗为 75（如 RG-59 等）。

（3）光纤

光纤采用非常细、透明度较高的石英玻璃纤维（直径约为 2～125μm）作为纤芯，外涂一层低折射率的包层和保护层。光纤分为单模光纤和多模光纤两类，单模光纤指光纤的直径小到只能传输一种模式的光纤，光波以直线方式传输，而不会有多次反射，波长单一；多模光纤是在发送端有多束光线，可以在纤芯中以不同的光路进行传播。多模光纤比单模光纤的传输性能略差。

一组光纤组成光缆。与双绞线和同轴电缆相比，光缆适应了目前网络对长距离传输大容量信息的要求，在计算机网络中发挥着十分重要的作用。光纤示例如图 6.7 所示。

分析光在光纤中传输的理论一般有射线理论和模式理论两种。射线理论是把光看作射线，引用几何光学中反射和折射原理解释光在光纤中传播的物理现象。模式理论则把光波当作电磁波，把光纤看作光波导，用电磁场分布的模式来解释光在光纤中的传播现象。这种理论相同于微波波导理论，但光纤属于介质波导，与金属波导管有区别。模式理论比较复杂，一般用射线理论来解释光在光纤中的传输。光纤的纤芯用来传导光波，包层有较低的折射率。当光线从高折射率的介质射向低折射率的介质时，其折射

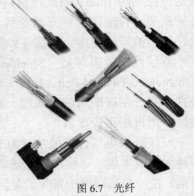

图 6.7　光纤

角将大于入射角。因此，如果折射角足够大，就会出现全反射，光线碰到包层时就会折射回纤芯，这个过程不断重复，光线就会沿着光纤传输下去，如图 6.8 所示。光纤就是利用这一原理传输信息的。

光纤有很多优点，包括频带宽、传输速率高、传输距离远、抗冲击和电磁干扰性能好、数据保密性好、损耗和误码率低、体积小和重量轻等。但它也存在连接和分支困难、工艺和技术要求高、需配

图 6.8　光波在纤芯中的传输

备光/电转换设备、单向传输等缺点。由于光纤是单向传输的，要实现双向传输就需要两根光纤或一根光纤上有两个频段。

（4）无线传输介质

无线传输常用于有线铺设不便的特殊地理环境，或者作为地面通信系统的备份和补充。在无线传输中使用较多的是微波通信，地面微波通信在数据通信中占有重要地位。通常工作频率在 $10^9 \sim 10^{10}$Hz。

卫星通信实际上是使用人造地球卫星作为中继器来转发信号的，它使用的波段也是微波。通信卫星通常被定位在几万千米高空，因此，卫星作为中继器可使信息的传输距离很远（几千至上万千米）。卫星通信容量大、传输距离远、可靠性高。

应用于计算机网络的无线通信除地面微波及卫星通信外，还有红外线和激光通信等。红外线和激光通信的收发设备必须处于视线范围内，均有很强的方向性，因此，防窃取能力强。但由于它们的频率太高，波长太短，不能穿透固体物质，且对环境因素（如天气）较为敏感，因而只能在室内和近距离使用。

4．中继器

中继器（Repeater）是局域网环境下用来延长网络距离的最简单、最廉价的互连设备，工作在 OSI 的物理层，作用是对传输介质上传输的信号接收后经过放大和整形再发送到其传输介质上，经过中继器连接的两段电缆上的工作站就像是在一条加长的电缆上工作一样，如图 6.9 所示。

图 6.9　中继器

　　一般情况下，中继器两端连接的既可以是相同的传输介质，也可以是不同的传输介质，但中继器只能连接相同数据传输速率的电缆。中继器在执行信号放大功能时不需要任何算法，只将来自一侧的信号转发到另一侧（双口中继器）或将来自一侧的信号转发到其他多个端口。使用中继器是扩充网络距离最简单的方法，但当负载增加时，网络性能急剧下降，所以只有当网络负载很轻和网络延时要求不高的条件下才能使用。

5．集线器

　　集线器（Hub）可以说是一种特殊的中继器，区别在于集线器能够提供多端口服务，每个端口连接一条传输介质，也称为多端口中继器，如图 6.10 所示为 24 端口的集线器。用户可以用双绞线通过 RJ-45 连接到 Hub 上。

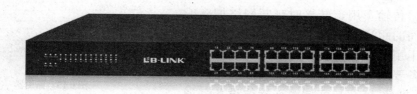

图 6.10　24 端口集线器

　　集线器将多个节点汇接到一起，起到中枢或多路交汇点的作用，是为优化网络布线结构、简化网络管理而设计的。

6．网桥

　　网桥（Bridge）叫桥接器，是连接两个局域网的一种存储/转发设备，工作在 OSI 的数据链路层，它能将一个较大的 LAN（Local Area Network，局域网）分割为多个子网，或将两个以上的 LAN 互连为一个逻辑 LAN，使 LAN 上的所有用户都可以访问服务器。桥接器外形如图 6.11 所示。

7．交换机

　　交换机是集线器的升级换代产品，从外观上来看的话，它与集线器基本上没有多大区别，都是带有多个端口的长方形盒状体。交换机是按照通信两端传输信息的需要，用人工或设备自动完成的方法，把要传输的信息送到符合要求的相应路由上的技术统称。广义的交换机就是一种在通信系统中完成信息交换功能的设备。如图 6.12 所示。

图 6.11　桥接器

图 6.12　交换机

交换机拥有一条很高带宽的背部总线和内部交换矩阵。交换机的所有的端口都挂接在这条背部总线上。控制电路收到数据包以后，处理端口会查找内存中的 MAC 地址（网卡的硬件地址）对照表以确定目的 MAC 的 NIC（网卡）挂接在哪个端口上，通过内部交换矩阵直接将数据包迅速传送到目的节点，而不是所有节点。这种方式一方面效率高，不易产生网络堵塞；另一个方面数据传输安全，发送数据时其他节点很难侦听到所发送的信息。

8．路由器

路由器（Router）是在网络层提供多个独立的子网间连接服务的一种存储/转发设备，工作在 OSI 的网络层，用路由器连接的网络可以使用在数据链路层和物理层协议完全不同的网络中。路由器提供的服务比网桥更为完善。路由器可根据传输费用、转接时延、网络拥塞或心源和终点间的距离来选择最佳路径。路由器的服务通常要由用户端设备提出明确的请求，处理由用户端设备要求寻址的报文。在实际应用时，路由器通常作为局域网与广域网连接的设备，如图 6.13 所示。

图 6.13　路由器

6.2.3　常用的计算机网络操作系统

网络操作系统是计算机网络软件的核心，网络操作系统在服务器上运行，使网络上各计算机能方便而有效地共享网络资源，是为网络用户提供所需的各种服务软件和有关规程的集合。目前使用在计算机网络中的操作系统主要有以下几种。

1．NetWare 操作系统

该网络是由 Novell 公司开发的，目前已经有 NetWare 4.1 版本，并正开发与 Internet 集成的 Web（万维网）功能，它只能运行在装有 Intel 芯片的计算机上。

2．Windows 系统

Windows 是 Microsoft 公司在 1985 年 11 月发布的第一代窗口式多任务系统，它使 PC 机开始进入了图形用户界面时代。在图形用户界面中，每一种应用软件（即由 Windows 支持的软件）都用一个图标（Icon）表示，用户只需把鼠标移到某图标上，双击鼠标左键即可进入该软件，这种界面方式为用户提供了很大的方便，把计算机的使用提高到了一个新的阶段。

Windows1.X 版是一个具有多窗口及多任务功能的版本，但由于当时的硬件平台为 PC/XT，速度很慢，所以 Windows1.X 版本并未十分流行。1987 年年底 Microsoft 公司又推出了 MS-Windows2.X 版，它具有窗口重叠功能，窗口大小也可以调整，并可把扩展内存和扩充内存作为磁盘高速缓存，从而提高了整台计算机的性能，此外它还提供了众多的应用程序，比如，文本编辑（Write）、记事本（Notepad）、计算器（Calculator）、日历（Calendar）等。随后在 1988 年、1989 年又先后推出了 MS-Windows/286-V2.1 和 MS-Windows/386 V2.1 这两个版本。

1990 年，Microsoft 公司推出了 Windows 3.0，它的功能进一步加强，是具有强大的内存管理功能且提供了数量相当多的 Windows 应用软件，因此成为 386、486 计算机新的操作系统标准。随后，Windows 发表 3.1 版，而且推出了相应的中文版。3.1 版较之 3.0 版增加了一些新的功能，受到了用户欢迎，是当时最流行的 Windows 版本。

1995 年，Microsoft 公司推出了 Windows 95。在此之前的 Windows 都是由 DOS 引导的，也就是说它们还不是一个完全独立的系统，而 Windows 95 是一个完全独立的系统，并在很多方面作了进一步的改进，还集成了网络功能和即插即用（Plug and Play）功能，是一个全新的 32 位操作系统。

1998 年，Microsoft 公司推出了 Windows 95 的改进版 Windows 98，Windows 98 的一个最大特点就是把微软的 Internet 浏览器技术整合到了 Windows 里面，使得访问 Internet 资源就像访问本地硬盘一样方便，从而更好地满足了人们越来越多的访问 Internet 资源的需要。

在 20 世纪 90 年代初期 Microsoft 公司推出了 Windows NT（NT 是 New Technology 即新技术的缩写）来争夺 Novell Netware 的网络操作系统的市场。后来相继有 Windows NT 3.0、3.5、4.0 等版本上市，蚕食了中小网络操作系统的大半市场。Windows NT 是真正的 32 位操作系统，与普通的 Windows 系统不同，它主要面向商业用户，有服务器版和工作站版之分。

2000 年，Microsoft 公司推出了 Windows 2000，它包括 4 个版本，其中 Data center Server 是功能最强大的服务器版本，只随服务器捆绑销售，不零售；Advanced Server 和 Server 版供一般服务器使用；Professional 版是工作站版本的 NT 和 Windows 98 共同的升级版本。

除此之外，还有一个主要面向家庭和个人娱乐，侧重于多媒体和网络的 Windows Me。

2001 年 10 月 25 日，Microsoft 公司发布了功能极其强大的 Windows XP，该系统采用 Windows 2000/NT 内核，运行非常可靠、稳定，用户界面焕然一新，使用起来得心应手，这次微软终于可以和苹果的 Macintosh 软件一争高下了，优化了与多媒体应用有关的功能，内建了极其严格的安全机制，每个用户都可以拥有高度保密的个人特别区域，尤其是增加了具有防盗版作用的激活功能。

2009 年 10 月 22 日微软公司于美国正式发布 Windows7。它较 Windows 之前的操作系统来说，具有易用、快速、简单、安全等特点，被称为迄今为止最华丽但最节能的 Windows。

3．UNIX 操作系统

UNIX 系统 1969 年在贝尔实验室诞生，最初在中小型计算机上运用。最早移植到 80286 微机上的 UNIX 系统，称为 Xenix。Xenix 系统的特点是短小精干，系统开销小，运行速度快。UNIX 为用户提供了一个分时的系统以控制计算机的活动和资源，并且提供一个交互，灵活的操作界面。UNIX 能够同时运行多进程操作，支持用户之间共享数据。同时，

UNIX 支持模块化结构，当用户安装 UNIX 操作系统时，用户只需要安装你工作需要的部分，例如：UNIX 支持许多编程开发工具，但是如果用户并不从事开发工作，用户只需要安装最少的编译器即可。用户界面同样支持模块化原则，互不相关的命令能够通过管道相连接用于执行非常复杂的操作。UNIX 有很多种版本，许多公司都有自己的版本，如 AT&T、Sun、HP 等。

4．OS/2 操作系统

1987 年 IBM 公司在激烈的市场竞争中推出了 PS/2（Personal System/2）个人电脑。PS/2 系列电脑大幅度突破了现行计算机的体系，采用了与其他总线互不兼容的微通道总线 MCA，并且 IBM 自行设计了该系统约 80% 的零部件，以防止其他公司仿制。OS/2 系统是为系列机开发的一个新型多任务操作系统。OS/2 克服了 DOS 系统 640KB 主存的限制，具有多任务功能。OS/2 也采用图形界面，它本身是一个 32 位系统，不仅可以处理 32 位 OS/2 系统的应用软件，也可以运行 16 位 DOS 和 Windows 软件。OS/2 系统通常要求在 4MB 内存和 100MB 硬盘或更高的硬件环境下运行。由于 OS/2 仅限于 PS/2 机型，兼容性较差，限制了它的推广和应用。

6.3 Internet 简介

6.3.1　什么是 Internet

通俗地说，Internet 是由全世界众多计算机网络连接而成的互联网，它并非是一个具有独立形态的网络，而是由计算机网络汇合成的一个网络集合体，是当今规模最大、网络覆盖范围最广的计算机互联网，也是全球内容最丰富的信息资源网。

组成 Internet 的计算机网络包括小规模的局域网（LAN），城市规模的区域网（MAN），及大规模的广域网（WAN）。这些网络通过普通电话线、高速率专用线路、卫星、微波和光缆把不同国家的大学、公司、科研部门、军事机构和政府组织连接起来。

Internet 网络互连采用的协议是 TCP/IP。

6.3.2　Internet 的起源

1．Internet 的起源

Internet 的前身是美国国防部高级研究计划局主持研制的阿帕网（ARPAnet）。

目前，Internet 连通了世界上的 180 多个国家和地区，已经成为世界上规模最大和增长速率最快的计算机网络，没有人能够准确说出 Internet 究竟有多大。

由于 Internet 存在着技术上和功能上的不足，加上用户数量猛增，现有的 Internet 不堪重负。因此，1996 年美国的一些研究机构和 34 所大学提出研制和建造新一代 Internet 的设想。同年 10 月美国总统克林顿宣布实施"下一代 Internet"计划，即"NGI"（Next Generation Internet）计划。

NGI 计划要实现的一个目标是开发下一代网络结构，以比现在的 Internet 高 100 倍的速率连接，至少 100 个研究机构，以比现在的 Internet 高 1000 倍的速率连接 10 个类似的网点。

另一个目标是使用更加先进的网络服务技术和开发许多带有革命性的应用，如远程医疗、远程教育、有关能源和地球系统的研究、高性能的全球通信、环境监测和预报、紧急情况处理等。

2. Internet 在中国

Internet 在中国的发展经历了两个阶段：第一阶段是 1987 年至 1993 年，这一阶段实际上只是在少数高等院校、研究机构提供了 Internet 的电子邮件服务，还谈不上真正的 Internet；第二阶段从 1994 年开始，我国通过 TCP/IP 连接 Internet，并设立了中国最高域名（cn）服务器。这时，我国才算是真正加入了国际 Internet 行列之中，通过国内四大骨干网（中国公用计算机互联网 ChinaNet、中国科技网 CSTNet、中国教育科研网 CERNet、中国金桥信息网 ChinaGBN）连入 Internet，从而开通了 Internet 的全功能服务。

工业和信息化部的数据显示，截至 2013 年 2 月份，我国网民数已达 2.21 亿人，超过美国位居全球首位；网民中宽带接入的比例为 84.7%，规模为世界第一；我国 cn 国家域名注册量达到 1 218 万个，成为全球最大的国家顶级域名。这也从一定程度上表明目前我国已成为一个互联网大国。

6.3.3 客户机/服务器系统结构

Client/Server 结构（简称 C/S 模式）的出现把数据从封闭的文件服务器中解放出来，使用户得到了更多的数据信息服务、更易使用的界面和更便宜的计算能力。MIPsa C/S 模式是一种将事务处理分开进行的网络系统，服务器通常采用高性能的计算机作站或小型机，并采用大型数据库系统，如 Oracle，Sybase，Informix 或 SQL Servero，客户端采用计算机，安装专用的客户端软件。在 C/S 模式下，通常将数据库的增、删、改、查及计算等处理放在服务器上进行，而将数据的显示和界面放在客户端。其好处是减轻了主机系统的压力，充分利用客户端 PC 机的处理能力，加强了应用程序的功能。

C/S 模式经历了两个阶段。第一代 C/S 系统是基于两层结构的：第一层是客户端软件，由应用程序和相应的数据库连接程序组成，企业的业务过程都在程序中表现；第二层结合了数据库服务器，根据客户端软件的请求进行数据库操作，然后将结果传送给客户端软件。两层应用软件的开发工作主要集中在客户机端，客户端软件不但要完成用户界面和数据显示的工作，还要完成对商业和应用逻辑的处理工作。这种两层结构的 C/S 系统对于开发和管理企业应用程序具有很大的局限性。总的来说，两层结构的 C/S 仅能在各自的客户机和数据库服务器之间使用，分割了界面和数据，使得客户机要管理复杂的软件，导致"肥胖"客户机的产生。两层 C/S 系统不能进行有效的扩展，使这些系统不能支持大量用户的访问和高容量事务处理的应用。

第二代 C/S 系统是三层 C/S 系统。这种系统结构从客户机上取消了商业和应用逻辑，将它们移到中间层，即应用服务器上。客户机上只需安装具有用户界面和简单的数据处理功能的应用程序，它负责处理与用户的交互和与应用服务器的交互。应用服务器负责处理商业和应用逻辑，具体地说就是接受客户端应用程序的请求，然后根据商业和应用逻辑将这个请求转化为数据库请求后与数据库服务器交互，并将与数据库服务器交互的结果传送给客户端应用程序。数据库服务器软件根据应用服务器发送的请求进行数据库操作，并将操作的结果传送给应用服务器。三层 C/S 结构的特点是用户界面与商业和应用逻辑位于不同的平台上，所有用户都可以共享商业和应用逻辑。系统必须提供用户界面与商业和应用逻辑之间的连接，它们之间的通信协议是由系统自行定义的。这个协议必须定义正确的语法、语义和同步规则，保证传送数据的止确并且能够从错误中恢复过来。

商业和应用逻辑被所有用户共享是两层 C/S 结构和三层 C/S 结构之间最大的区别。中间层即应用服务器是整个系统的核心，它必须为处理系统的具体应用而提供事务处理、安全控制及为满足不同数量客户机请求而进行性能调整。应用服务器软件可以根据处理的逻辑的不同被划分成不同的模块，如财务应用服务器、生产应用服务器等，从而是客户端应用程序在需要某种应用的服务时只与应用服务器上处理这个应用逻辑的模块通信，并且一个模块能够同时响应多个客户端应用程序的请求。

使用三层 C/S 结构较两层 C/S 结构的优势如下。

- 整个系统被分成不同的逻辑块，层次非常清晰，一层的改动不会影响其他层次。
- 能够使"肥胖"的客户机变得较"瘦"一些。
- 开发和管理工作向服务器端转移，使得分布的数据处理成为可能。
- 管理和维护变得相对简单。

然而，无论是两层还是三层，C/S 结构存在着很大的局限性。就像一块硬币有两个面一样，C/S 原来的优点现在却成了它的缺点。C/S 将应用程序从主机系统中解放出来，由 PC 处理一部分功能，但是随着业务计算的复杂化，C/S 结构的弱点逐渐显示出来。

- C/S 结构的计算能力过于分散，网络中服务器和客户机的数目正发生"细胞"分裂，使得系统的管理费用以几何级数的方式增长。
- C/S 结构中数据库信息的使用，一般也只限于局域网的范围内，无法利用 Internet 的网络资源。
- 在 C/S 结构中，无论多小的企业都必须安装自己的服务器，而服务器和服务器软件的管理和维护都是非常复杂的工作，需要专门人员负责，小企业往往无力购买高性能的服务器和聘用专门人员。因此，C/S 结构不利于小企业计算机应用的发展。

6.3.4　TCP/IP

1．什么是 TCP/IP

TCP/IP 模型是由美国国防部在 ARPANET 网络中创建的网络体系结构，所以有时又称为 DoD（Department of Defense）模型，是至今为止发展最成功的通信模型，它用于构筑目前最大的、开放的互联网络系统 Internet。TCP/IP 模型分为不同的层次，每一层负责不同的通信功能。但 TCP/IP 简化了层次模型（只有4层），由下而上分别为网络接口层、网络层、运输层和应用层。

2．TCP/IP 模型

在 TCP/IP 模型中，网络接口层是 TCP/IP 模型的最底层，负责接收从网络层交付的 IP 数据包，并将 IP 数据包通过底层物理网络发送出去，或者从底层物理网络上接收物理帧，抽出 IP 数据包，交给网络层。

网络层负责独立地将分组从源主机送往目的主机，为分组提供最佳路径选择和交换功能，并使这一过程与它们所经过的路径和网络无关。

运输层的作用是在源节点和目的节点的两个对等实体间提供可靠的端到端的数据通信。

应用层为用户提供网络应用，并为这些应用提供网络支撑服务，把用户的数据发送到底层，为应用程序提供网络接口。

TCP/IP 模型每一层都提供了一组协议，各层协议的集合构成了 TCP/IP 模型的协议簇。如表 6.1 所示。

表 6.1　　　　　　　　　　　　　**TCP/IP 分层与 OSI 分层对比**

OSI 分层模式	TCP/IP 分层模式	TCP/IP 常用协议
应用层	应用层	DNS HTTP SMTP POP TELNET　FTP　NFS
表示层		
会话层		
传输层	传输层	TCP UDP
网络层	网络层	IP　ICMP　ARP　RARP
数据层	网络接口层	Ethernet　ATM　FDDI　ISDN　TDMA　X.25
物理层		

（1）网络接口层协议

TCP/IP 的网络接口层中包括各种物理网络协议，如 Ethernet、令牌环、帧中继、ISDN 和分组交换网 X.25 等。当各种物理网络被用作传输 IP 数据包的通道时，这种传输过程就可以认为是属于这一层的内容。

（2）网络层协议

网络层包括多个重要协议，主要协议有 4 个，即 IP、ARP、RARP 和 ICMP。网际协议（Internet Protocol，IP）是其中的核心协议，IP 规定网络层数据分组的格式。Internet 控制消息协议（Internet Control Message Protocol，ICMP）提供网络控制和消息传递功能。地址解释协议（Address Resolution Protocol，ARP）用来将逻辑地址解析成物理地址。反向地址解释协议（Reverse Address Resolution Protocol，RARP）通过 RARP 广播，将物理地址解析成逻辑地址。

（3）运输层协议

运输层协议主要包含 TCP 和 UDP 两个。传输控制协议（Transport Control Protocol，TCP）是面向连接的协议，用三次"握手"和滑动窗口机制来保证传输的可靠性和进行流量控制。用户数据报协议（User Datagram Protocol，UDP）是面向无连接的不可靠运输层协议。

（4）应用层协议

应用层包括了众多的应用与应用支撑协议。常见的应用层协议有：文件传输协议（FTP）、超文本传输协议（HTTP）、简单邮件传输协议（SMTP）、远程登录（Telnet）。常见的应用支撑协议包括域名服务（DNS）和简单网络管理协议（SNMP）等。

TCP/IP 网络模型处理数据的过程描述如下。

① 生成数据。当用户发送一个电子邮件信息时，它的字母或数字字符被转换成可以通过互联网传输的数据。

② 数据打包。通过对数据打包来实现互联网的传输。通过使用端传输功能确保在两端的信息主机系统之间进行可靠的通信。

③ 在首部上附加目的网络地址。数据被放置在一个分组或者数据报中，其中包含了带有源和目的逻辑地址的网络首部，这些地址有助于网络设备在动态选定的路径上发送这些分组。

④ 附加目的数据链路层 MAC 地址到数据链路首部。每一个网络设备必须将分组放置在帧中，该帧的首部包括在路径中下一台直接相连设备的物理地址。

⑤ 传输比特。帧必须转换成"1"和"0"的信息模式，才能在介质上进行传输。时钟功能（Clocking Function）使得设备可以区分这些在介质上传输的比特，物理互联网络上的介质可能随着使用的不同路径而有所不同。例如，电子邮件信息可以起源于一个局域网（LAN），通过校园骨干网，然后到达广域网（WAN）链路，直到到达另一个远端局域网（LAN）上的目的主机为止。

3．TCP/IP 协议族介绍

TCP/IP 族中包括上百个互为关联的协议，不同功能的协议分布在不同的协议层，下面介绍几个常用协议。

① Telnet（Remote Login）：提供远程登录功能，一台计算机用户可以登录到远程的另一台计算机上，如同在远程主机上直接操作一样。

② FTP（File Transfer Protocol）：远程文件传输协议，允许用户将远程主机上的文件拷贝到自己的计算机上。

③ SMTP（Simple Mail Transfer Protocol）：简单邮政传输协议，用于传输电子邮件。

④ NFS（Network File Server）：网络文件服务器，可使多台计算机透明地访问彼此的目录。

⑤ UDP（User Datagram Protocol）：用户数据包协议，它和 TCP 一样位于传输层，和 IP 协议配合使用，在传输数据时省去包头，但它不能提供数据包的重传，所以适合传输较短的文件。

4．IP 地址

（1）什么是 IP 地址

IP 地址即互联网地址或 Internet 地址，是用来唯一标识 Internet 网上计算机的逻辑地址。每台连入 Internet 的计算机都依靠 IP 地址来标识自己。

IP 地址具有的特性：

① IP 地址必须唯一；

② 每台连入 Internet 的计算机都依靠 IP 地址来互相区分、相互联系；

③ 网络设备根据 IP 地址帮用户找到目的端；

④ IP 地址由统一的组织负责分配，任何个人都不能随便使用。

（2）IP 地址的表示方法

在互联网上的每台主机（或路由器）都有一个唯一的标识——IP 地址。一个 IP 地址由网络号（Netid）和主机号（Hostid）构成，网络号用于标识互联网中的一个特定网络，主机号用于表示该网络中主机的一个特定连接。目前，大多数 IP 编址方案仍采用 Ipv4 编址方案，即使用 32 位二进制数组成，为了方便使用，将 IP 地址的 32 位二进制分成四段，每段 8 位，中间用小数点隔开，然后将每八位二进制转换成十进制数，这种方法叫做点分十进制表示法。

为了方便书写，通常用"点分十进制"表示法，其要点是：每 8 位二进制数为一组，每组用 1 个十进制数表示（0～255），每组之间用小数点"．"隔开。IP 地址有两种表示方法：二进制表示和十进制表示。

例如：北京师范大学的 IP 地址可以用两种方法来表示。

二进制表示：11001010.01100110.0101000.00110110。

十进制表示：202.112.80.54。

（3）IP 地址的分类

IP 地址可分成 5 类：A 类、B 类、C 类、D 类和 E 类。

- A 类地址中，用第 1 个字节来表示网络类型和网络标识号，后面 3 个字节用来表示主机标识号，其中第一个字节的最高位设为 0，用来与其他 IP 地址类型区分。第一个字节剩余的 7 位来表示网络地址，最多可提供 126（2^7-2）个网络标识号；这种 IP 地址的后 3 个字节用来表示主机标识号，每个网络最多可提供大约 1 678 万个（$2^{24}-2$）主机地址。A 类地址中每个网络所支持的主机数量非常大，只有大型网络才需要使用 A 类地址，由于 Internet 网络发展的历史原因，A 类地址早已被分配完毕。

- B 类地址中，用前两个字节来表示网络类型和网络标识号，后面两个字节标识主机标识号，其中第 1 个字节的最高两位设为 10，用来与其它类型的 IP 地址区分开，第 1 个字节剩余的 6 位和第 2 个字节的 8 位（共 14 位）用来表示网络地址，所以，最多可提供 $2^{14}-2=16$，384 个网络标识号。这种 IP 地址的后 2 个字节用来表示主机标识号，B 类地址的每个网络最多可提供大约 65534（$2^{16}-2$）个主机地址。这类地址网络支持的主机数量较大，适用于中型网络，通常将此类地址分配给规模较大的单位。

- C 类地址中，用前 3 个字节来表示网络类型和网络标识号，最后一个字节用来表示主机标识号，其中第 1 个字节的最高几位设为 110，用来与其它类型的 IP 地址区分开，第 1 个字节剩余的 5 位和后面两个字节（共 21 位）用来表示网络地址，最多可提供约 200 万（$2^{21}-2$）个网络标识号。最后 1 个字节用来表示主机标识号，一个 C 类网络地址中最多可提供 254（2^8-2）个主机地址。这类地址网络支持的主机数量较少，适用于小型网络，通常将此类地址分配给规模较小的单位。

- D 类地址是多播地址，主要是留给 Internet 体系结构委员会 IAB（Internet Architecture Board）使用。

- E 类地址保留在今后使用。目前大量使用的 IP 地址仅有 A、B 和 C 类 3 种 IP 地址。

以上 5 类地址特点对比如图 6.14 所示。

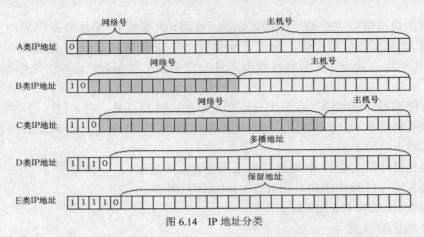

图 6.14　IP 地址分类

　　用户一般只使用 A、B 和 C 类地址，每类地址表示的实际网络数和主机数要比理论的小，这是因为每类地址中都有一些特殊用途的地址。D 类 IP 地址用于多目的地址发送，E 类 IP 地址供将来使用。无论哪类 IP 地址都是由类别 ID、网络III和主机 ID 共 3 个部分组成，如表 6.2 所示。表 6.3 列出了各类 IP 地址的特点。

表 6.2　　　　　　　　　　　　　　　　IP 地址的 3 个组成部分

类别 ID	网络 ID（NetID）	主机（HostID）

表 6.3　　　　　　　　　　　　　　　　各类 IP 地址的特点

类别	类标识	第一字节	网络地址长度	主机地址长度	最大网络数	最大主机数	适用范围
A 类	0	1～126	1 字节	3 字节	126	16777214	大型网络
B 类	10	128～191	2 字节	2 字节	16382	65534	中型网络
C 类	110	192～223	3 字节	1 字节	2097150	254	小型网络
D 类	1110	224～239	—	—	—	—	多点播送
E 类	11110	240～247	—	—	—	—	保留地址

　　其中，类别 ID 用来标识网络类型，网络 ID 用来标识网络，主机 ID 用来标识在某网络上的主机。

　　（4）特殊 IP 地址

　　互联网中有 6 类 IP 地址具有特殊的用途，不能分配给主机。

　　① 网络地址。当用户要表示一个网络时就要用到网络地址。在 IP 地址编码方案中，网络地址由一个有效的网络号和全"0"的主机号构成。如某主机的 IP 地址为 168.36.12.55，这是一个 B 类地址，则此主机所在网络的地址为 168.36.0.0。

　　② 直接广播地址。当用户想向互联网中某个网络中所有主机发送数据报，叫直接广播，具有这种特点的 IP 地址叫直播广播地址。在 IP 地址编码方案中，直接广播地址由一个有效的网络号和全"1"的主机号构成。如当互联网中的一台主机使用 168.36.255.255 为目标地址

发送数据报时，则网络号为 168.36.0.0 的网络中所有主机都能收到该数据报。

③ 有限广播地址。当用户想向本网中每一台主机发送数据报，叫有限广播。有限广播将广播限制在最小的范围内，当采用标准的 IP 地址编码，有限广播将发生在本网络之中，若采用子网编址，有限广播将被限制在本子网中。有限广播地址为 255.255.255.255。

④ 本网特定主机地址。当用户想与本网内部特定主机通信时，可通过将网络地址全部设为 "0" 进行简化（或不知道本网的网络地址）。如某主机发送数据报时，其目标 IP 地址为 0.0.136.32（B 类地址），则表示该数据报要送到本网主机号为 136.42 的主机上。

⑤ 回送地址。A 类地址中，网络地址为 127 的地址用于网络软件测试或本机进程间通信。发送到这种地址的数据报不输出到线路上，立即返回。

⑥ 本网络本主机。全 "0" 的 IP 地址表示本网络上的本主机。

5．子网掩码

IP 地址使用网络号和主机号的两层地址结构，这样当大量个人用户或小型局域网接入互联网时，即使分配一个 C 类网络地址也会造成 IP 地址的浪费。因此出现了将网络进一步划分若干子网的设计，即把两层 IP 地址结构中的主机号细分为子网号和主机号，如图 6.15 所示。

为了标识一个 IP 地址中的网络号、子网号、主机号，就设计了子网掩码。子网掩码的长度也是32 位，左边是网络位，用二进制数字 "1" 表示；右边是主机位，用二进制数字 "0" 表示。子网可

图 6.15　子网 IP 地址结构

以产生 64 个可能的主机地址，但全 0 用于标识子网自身，全 1 用于子网广播，只有 62 个地址可用，如网络号为 192.168.7，则子网 IP 地址范围为：192.168.7.193～192.168.7.254。

子网掩码不能单独存在，它必须结合 IP 地址一起使用。子网掩码只有一个作用，就是将某个 IP 地址划分成网络号和主机号两部分。

6．域名

IP 地址是用数字来代表主机的地址，域名地址的意义就是以一组英文简写来代替难记的数字。为了便于网络地址的分层管理和分配，互联网采用了域名管理系统 DNS，域名系统的数据库结构类似于 UNIX 系统的文件系统结构，为一个倒立的树形结构，下设 ".com"、".edu"、".gov"、".mil"、".priv" 等分支，顶部是根，每个节点代表域名系统的域，域又可以进一步分成子域，每个域都有一个域名。在 DNS 中，域名是由不同级别的标记字符依次组成的，标记之间用 "." 分隔。对于入网的每台计算机都有类似结构的域名，即计算机主机名.机构名.网络名.最高层域名，如 "power.bta.net.cn"。DNS 采用 Client/Server 模式。由于域名是分层次的名字，它为 Internet 互联网上的宿主机提供了便于调节、扩充的命名模式。

Internet 对某些通用性的域名做了规定。例如，"com" 是工商界域名，"edu" 是教育界域名，"gov" 是政府部门域名等。此外，国家和地区的域名常用两个字母表示。例如，"fr" 表示法国，"jp" 表示日本，"us" 表示美国，"uk" 表示英国，"cn" 表示中国，……由于 Internet 最初是在美国发源的，因此最早的域名并无国家标识，国际互联网络信息中心最初设计了 6 类域名，它们分别以不同的后缀结尾，代表不同的类型。

.com	商业公司
.org	组织、协会等

.net	网络服务
.edu	教育机构
.gov	政府部门
.mil	军事领域

1998 年 1 月开始，又启用 7 个新的顶级域名。

arts	艺术机构
firm	商业公司
info	提供信息的机构
nom	个人或个体
rec	消遣机构
store	商业销售机构
web	与 WWW 相关的机构

通常，我们有国内域名和国际域名的说法，其区别在于域名后面是否加有"cn"。随着 Internet 向全世界的发展，除了"edu"、"gov"、"mil"一般只在美国专用外，另外三个大类"com"、"org"、"net"则成为全世界通用，因此这 3 大类域名通常称为国际域名。

互联网不同主机要进行通信，每个宿主机都要求一个唯一的 IP 地址。因此，必须通过域名服务器 DNS 将域名地址解析成 IP 地址。域名地址由域名系统（DNS）管理。每个连到 Internet 的网络中都有至少一个 DNS 服务器，其中存有该网络中所有主机的域名和对应的 IP 地址，通过与其他网络的 DNS 服务器相连就可以找到其他站点。每个 DNS 地址包含有几部分，每部分都用点隔开，地址的每一部分称之为域。

一般大的机构都不止一台计算机或一个本地网与 Internet 相连，此时所有设备都可使用相同的主要域名，例如，washington.edu，在此主要域名下每个设备有它自己所独有的域名（如 genetics.washington.edu）。如果需要，还可以在地址前面加一个域名来进一步扩展，如 evolution.genetics.washington.edu。通常，域名按层次排列，地址最前面的是最小的域，依次排出其他区域，然而，需要指出的是，不是必须有许多子域名，如许多大公司如"microsoft.com"和联机服务如"aol.com"等都是许多用户使用同一域名。域名系统地址后带有一个端口数字，是一条软件指令，用于自动启动远方计算机上的某一具体程序。为了获取存在远处计算机或 Internet 上的资源，该指令可以是远处计算机的地址，并将计算机用作远程终端。如果想将信息通过某设备送给某人，只要在地址上加上接收者的名字，即用户的名字写在地址开始的最左边，用"@"符号与域名隔开。

7．域名系统

Internet 的前身诞生于 1969 年由美国高级研究计划署资助的 ARPAnet，首批建立 4 个节点形成一个实验网络。在整个 20 世纪 70 年代，ARPAnet 对主机的定位，或者更确切地说是主机名到主机地址的映射，是通过 SRI（Stanford Research Institute）网络信息中心主机上维护一个数据文件"hosts.txt"实现的，网络上所有其他主机通过下载该文件获得关于主机定位的最新信息。直到 1981 年 8 月，ARPAnet 的主机表上还只有 213 条记录。但之后，由于支持 TCP/IP 簇的 UNIX 操作系统所取得的成功，连接到 ARPAnet 的主机数目开始以较快的速度增长，"主机表"定位主机的方式暴露出明显的缺点：首先，发布新版本"主机表"占用的网络带宽与主机数目的平方成正比，即使通过多级（或多台）主机提供主机表备份，主机下载文件造成的负载增长也将是不可忍受的；其次，网络上增加的主机越来越多的是局域网的工作站，由组织机构内部管理主机名和分配地址，却要报告 SRI 网络信息中心，等待变动"主机表"数据，相当不便。通过对这个问题解决方案的研究，引入了当前应用的 DNS 标准。

（1）DNS 设计目标

① 为访问网络资源提供一致的名字空间，然后通过名字就能看出网络资源的类别。

② 从数据库容量和更新频率方面考虑，必须实施分散的管理，通过 DNS 的分类，更好地使用本地缓存来提高性能。

③ 在获取数据的代价、数据更新的速度和缓存的准确性等方面折中。

④ 名字空间适用于不同协议和管理办法，不依赖于通信系统，人们只要考虑 DNS 就行了，不用去考虑系统使用的硬件。

⑤ 具有各种主机的适用性，从个人机到大型主机都适用 DNS。

（2）DNS 服务

DNS 服务是计算机网络上最常使用的服务之一。通过 DNS，实现从主机数字 IP 地址与名字之间的相互转换，以及对特定 IP 地址或名字的路由解析与寻找。

要进行名字解析，就需要从域名的后面向前，一级级地查找这个域名。因此 Internet 上就有一些 DNS 服务器为 Internet 的顶级域提供解析服务，这些 DNS 服务器称为根 DNS 服务器。知道了根 DNS 服务器的地址，就能按级查找任何具有 DNS 域名的主机名字，BIND 代码中就包括了这些根 DNS 服务器的地址。

除了从名字查找主机的 IP 地址这种正向的查找方式之外，另外还有从 IP 地址反查主机域名的解析方式。很多情况下网络中使用这种反向解析来确定主机的身份，因此这种解析方式也很重要。查找名字的反向解析是从前面的网络地址向后面的节点地址逐级查找，因此 IP 地址 zone 是 IP 地址的前面部分。然而由于一个主机的域名可以任意设置，并不一定与 IP 地址相关，因此正向查找和反向查找是两个不同的查找过程，需要配置不同的 zone（名字服务使用 zone 的概念来表示一个域内的主机，zone 只是域的一部分，而不是整个域。因为 zone 中不包括域下的子域，如域名 www.example.org.cn 的域为 example.org.cn，这是一个独立的 zone。这个域下可由子域组成，如 www.sub.example.org.cn 就属于其子域 sub.example.org.cn，子域也是一个独立的 zone，并不包括在 example.org.cn 这个 zone 之内，作为域的 example.org.cn 中就包括 sub.example.org.cn 子域）。

（3）DNS 的组成和原理

根据上述设计目标，DNS 设计包含 3 个主要组成部分。

① 域名空间（Name Space）和资源记录（Resource Record）。域名空间被设计成树状层次结构，类似于 UNIX 的文件系统结构，最高级的节点称为"根"（Root），根以下是顶层子域，再以下是第二层、第三层……每一个子域，或者说是树状图中的节点都有一个标识（Label），标识可以包含英文大小写字母、数字和下划线，允许长度为 0～63 个字节，同一节点的子节点不可以用同样的标识，而长度为 0 的标识，即空标识是为根保留的。通常标识取特定英文名词的缩写，例如，顶层子域包括以下标识"com"、"edu"、"net"、"org"、"gov"、"mil"、"int"，分别表示商业组织、大学等教育机构、网络组织、非商业组织、政府机构、军事单位和国际组织；而美国以外的顶层子域，一般是以国家名的两字母缩写表示，如中国（cn），英国（ck），日本（jp）等。节点的域名是由该节点到根的所经节点的标识顺序排列而成，从左往右，列出离根最远到最近的节

点标识，中间以"．"分隔，例如，"public.fz.fj.cn"是福州的用户服务器主机的域名，它的顶层域名是"cn"，第二层域名是"fj.cn"，第三层域名是"fz.fj.cn"，"public.fz.fj.cn"是绝对域名。域名空间的管理是分布式的，每个域名空间节点的域名管理者可以把自己管理域名的下一级域名代理给其他管理者管理，通常域名管理边界与组织机构的管理权限相符。

资源记录是与名字相关联的数据，域名空间的每一个节点包含一系列的资源信息，查询操作就是要抽取有关节点的特定类型信息。资源记录存在形式是运行域名服务主机上的主文件（Master File）中的记录项，可以包含以下类型字段：Owner，资源记录所属域名；Type，资源记录的资源类型，A 表示主机地址，NS 表示授权域名服务器等；Class，资源记录协议类型，IN 表示 Internet 类型；TTL，资源记录的生存期；RDATA，相对于 Type 和 Class 的资源记录数据。

② 名字服务器（Name Server）。名字服务器用以提供域名空间结构及信息的服务器程序。名字服务器可以缓存域名空间中任一部分的结构和信息，但通常特定的域名服务器包含域名空间中一个子集的完整信息和指向能用以获得域名空间其他任一部分信息名字服务器的指针。名字服务器分为几种类型，常用的是：主名字服务器（Primary Server），存放所管理域的主文件数据；备份（辅）名字服务器（Secondary Server），提供主名字服务器的备份，定期从主名字服务器读取主文件数据进行本地数据刷新；缓存服务器（Cache-only Server），缓存从其他名字服务器获得的信息，加速查询操作。几种类型的服务器可以并存于一台主机，每台域名服务主机（也称为域名服务器）都包含缓存服务器。

③ 解析器（Resolver）。解析器的作用是应客户程序的要求从名字服务器中抽取信息。解析器必须能够存取一个名字服务器，直接由它获取信息或是利用名字服务器提供的参照，向其他名字服务器继续查询。解析器一般是用户应用程序可以直接调用的系统例程，不需要附加任何网络协议。

（4）DNS 的安全性问题

由于几乎所有的网络应用程序设计都具有时代的烙印，而在早期的网络安全并不是一个非常重要的课题，因此，在设计 DNS 时自然也未将安全问题考虑进去。于是，现在便有一些黑客利用特殊程序进入 DNS 的资料库，找寻他们感兴趣的东西。

现在每一个域名区（domain zone）的域名服务器（DNS server）几乎都有两个，其中一个通常是该区域（zone）的主域名服务器（primary DNS server），其他的大多为从域名服务器（secondary DNS server）。一个从域名服务器（secondary DNS server）通常通过 UDP 包、利用端口 53 来向主域名服务器更新该区域的资料，这个过程称为"区域传送（zone transfer）"。在区域传送中，TCP 的连接是由主域名服务器负责建立的，有些黑客便利用这种区域传送的方式，从 SoA（Start of Authority）取得各种机密资料。因此，一些比较机灵的管理员会将区域传送设定在从域名服务器上，这样外来者就不容易取得主域名服务器的资料了。

保护主机的另一个方法，就是将主机以不规则名称命名或是用乱数命名。例如，可以将"HP UNIX server"命名为"th25231"，这样即使黑客取得了 zone 资料，也不知道哪一个主机才是值得攻击的。但是管理员必须要记住哪一个主机用哪一个主机名，大多数企业都不愿意这样做——因为这种做法会增加管理的困难，假如有一天网络管理员离职了，新任管理员必然对这些主机感到非常头痛。

现在一些比较新版的应用程序可以杜绝黑客利用区域传送来读取区域主机的资料，如BIND 8.1.2（for UNIX）就可以对一些 zone 的列表存取设下限制。不过如果有防火墙的话，就可以利用防火墙对 DNS 做更多补充措施,如保护内部网络比较重要的主机不随便被外界存取,甚至不允许外界直接存取,并把一些比较重要的内部网络地址隐藏起来。但是要这样做之前,必须要先确认一下该防火墙是否支持 NAT(Network Address Translation)的功能。如果防火墙是包过滤且不支持 NAT 的话,那这种防火墙将无法保护你的 DNS 信息——因为它采取 TCP 的连接方式,所以在和 Internet 上任一部其他主机连线时,你的 DNS 信息就可以被任一个系统读取。

并不是每一个防火墙供应商都能好好地处理有关 DNS 方面的问题,甚至有些防火墙还未把 DNS 的安全问题考虑进去,因此在选购防火墙时要特别注意这一点。一般说来,53 端口是给 DNS 使用的,但如果系统不用作域名服务器,那可以将此端口转给其他服务器使用,这就成为了黑客攻击的途径——对那些没有考虑 DNS 安全的防火墙来说,53 端口就相当于防火墙的后门。某些防火墙就允许各种包自由通过此端口。而要预防 53 端口成为黑客进入的通道有两个简单的方法:其一是阻断此端口,改由其他受保护的端口进行服务;二是设下存取 DNS 的条件。有一种被称为"端口扫描(Port Scanner)"的黑客入侵方式,就是利用未被保护的端口来进行攻击。

一些早期的 DNS 服务器对一些 DNS 的回应是来者不拒。它们将这些信息存放在缓存(Cache)中,换句话说,如果黑客传送的 DNS 回应是假的,那么这些服务器依旧会将这些信息存到缓存中,而当有客户对这类假信息提出某些要求时,黑客就可以知道该 DNS 服务器缓存中的一些资料了。比较早期的 Windows NT 系统、UNIX 或是 Linux 系统都发生过这种情况。因此,要保护 DNS 最基本的方法还得从认证与存取授权方面着手,并对 DNS 用来通信的 53 端口进行监督或是限制存取,这样才能确保网络主机资料不会外泄。

6.3.5　连接 Internet 的方法

1. Internet 服务提供商

提供 Internet 接入服务的公司或机构,称为 Internet 服务提供商,简称 ISP(Internet Services Provider)。作为 ISP 一般需要具备 3 个条件。

- 有专线与 Internet 相连。
- 有运行各种 Internet 服务程序的主机,可以随时提供各种服务。
- 有 IP 地址资源,可以给申请接入的计算机用户分配 IP 地址。

2. 连接 Internet 的几种方法

对于不同的用户或单位连接到 Internet 可采用不同的方法,常用的方法有以下几种。

(1)通过拨号连接

通过单机与 Internet 连接是最常见的方法,也是许多 ISP 开展的最主要业务。它要求用户有一台计算机、一个调制解调器(Modem)、一条电话线及相应的通信软件。

(2)通过专线连接

这种方法适用于局域网中的用户,整个的局域网通过向电信部门申请 DDN(数据通信专用线)或电话专线,然后通过一台路由器和相应的调制解调器连接到 Internet 上。

(3)通过光纤连接

该方法适用于局域网内的各个单位用户,整个的局域网通过光纤由路由器、光电转换器等设备连接到 Internet 上。现在许多社区都提供该项服务。

（4）通过无线网连接

该方法也适用于局域网用户，整个局域网通过无线收发路由器连接到 Internet 上。

（5）通过分组交换网连接

该方法适用于局域网用户，整个局域网计算机连接到公用分组交换网，通过路由器访问
Internet。

除此之外，还有其他几种方式。

- X.25 公共分组交换网接入。
- 帧中继接入。
- 低轨道卫星接入。
- N-ISDN 接入。
- ADSL 接入。
- 宽带接入。

6.3.6 浏览器的使用

微软公司开发的 Internet Explorer（简称 IE）是综合性的网上浏览软件，是使用最广泛的
一种浏览器软件，也是用户访问 Internet 必不可少的一种工具。IE 是一个开放式的 Internet
集成软件，由多个具有不同网络功能的软件组成。目前常用的 IE 浏览器是 11.0 的版本，集
成在 Windows 操作系统中，使 Internet 成为与桌面不可分的一部分。

1．用 IE 浏览 Web 站点

（1）用 URL 直接连接网站

使用 IE 浏览网站可以在地址栏中键入要访问的网站域名或 IP 地址，或者单击收藏夹列
表中的一个地址。

（2）使用搜索引擎

搜索引擎是用来搜索网上资源，寻找所需信息的工具。其实搜索引擎也是一个网站，
只不过该网站专门提供信息检索服务，它使用特有的程序把 Internet 上的海量信息归
类，以帮助用户快速地搜索到所需要的资源和信息。目前国内常用的搜索引擎有以下
几个。

- Google：http://www.google .com。
- 百度：http://www.baidu.corn。
- Yahoo 中国：http://cn.yahoo.corn。
- 搜狐：http://www.sohu.com.cn。
- 新浪搜索：http://uni.sina.com .cn。

2．使用 IE 查看非简体中文的页面

在浏览器窗口的空白处单击鼠标右键，在弹出的快捷菜单上选择"编码"，然后选择该
页面使用的语言编码，即可正常浏览网页。

3．配置 IE 浏览器

IE 在其"Internet 选项"中，提供了许多设置供用户选择，正确地配置 IE 可以更安全更
有效率地浏览网页。

打开 IE，单击菜单栏上的"工具"标签下的"Internet 选项"，弹出如图 6.16 所示的窗口。

（1）"常规"选项卡

它主要对 IE 浏览器的主页、浏览历史记录、搜索、选项卡和外观等内容进行设置。

（2）"安全"选项卡

用户可以通过选择上网区域并拖动安全级别滑块来选择"安全级别"，也可以选择"自定义级别"按钮，详细配置浏览是页面中可执行程序的选项。安全功能可以帮助用户阻止访问未授权访问的信息，也可以保护计算机免受病毒的攻击。

（3）"隐私"选项卡

在该选项卡中可以指定 IE 如何处理 Cookies 的隐私设置。Cookies 是由网站创建的将信息存储在计算机上的文件。例如，访问站点时的首选项。Cookies 也存储个人可识别的信息，如姓名或电子邮件地址。

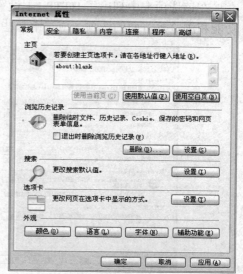

图 6.16 "Internet 属性"窗口

（4）"内容"选项卡

在该选项卡中可以设置分级查看的内容，对"暴力""裸体""性""语言"等方面不允许用户查看的内容进行设置，还可以设置个人信息的自动完成。

（5）"连接"选项卡

在该选项中可以设置与连接相关的选项，如使用调制解调器拨号上网，可以在这里建立连接；如果通过局域网接入，则可以进行局域网设置，单击"局域网配置"按钮，可以配置代理服务器，如图 6.17 所示。

（a）Internet "连接"选项卡

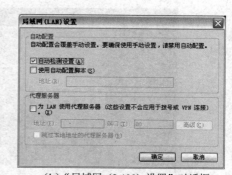

（b）"局域网（LAN）设置"对话框

图 6.17 "连接"设置

（6）"程序"选项卡

该选项卡中，可以指定各种 Internet 服务使用的程序，如图 6.18 所示。例如电子邮件程序可以选择"Outlook Express"，如果系统安装了"Foxmail"，这里就可以选择"Foxmail"了。

（7）"高级"选项卡

在该选项卡中列出了 HTTP 1.1 设置、Microsoft VM、安全、搜索、打印、多媒体、辅助功能和浏览等方面的选项，应选中那些能加快浏览速度的选项，如图 6.19 所示。

图 6.18　Internet "程序" 选项卡

图 6.19　Internet "高级" 选项卡

4．IE 浏览器的界面

IE 浏览器用于进行 WWW 浏览，打开 IE 后，浏览器界面如图 6.20 所示，由以下部分组成。

图 6.20　IE 浏览器界面

① 标题栏。

② 地址栏，用户在该栏内输入需要访问的网站地址，按下"Enter"键即可打开相应的网页。

③ 菜单栏，提供"文件"、"编辑"、"查看"、"收藏"、"工具"、"帮助" 6 个菜单项。实现对 WWW 文档的保存、复制、设置属性等多种操作。

④ 工具栏，常用菜单命令的功能按钮。

⑤ 超级链接：它简单讲就是内容链接，在本质上属于一个网页的一部分，是一种允许用户同其他网页或站点之间进行连接的元素。

⑥ 标签栏，每打开一个新的网页，在标签栏中都会生成一个对应该网页名称的标签。单击不同的标签可以在不同的网页中切换。

⑦ 工作区，在武汉信息传播职业技术学院主页上看到"学院概况"、"系部简介"、"院系设置"等超级链接分类项，工作区中部是近期的超级链接项，也称为超链接，其中包含了名字文本和网页地址。

⑧ 状态栏，显示当前操作的状态信息。

5．保存当前网页的全部内容

在浏览网页的时候，可以保存当前网页的全部内容，包括图像、框架和样式等，也可以保存其中的部分文本、图像和声音等内容，还可以把网页所有可视内容保存为一个文件或按文件类型分别存放。

① 进入待保存的网页，单击"文件"→"另存为"菜单命令，弹出"保存网页"对话框。

② 指定文件保存的位置、文件名称和保存类型。

"保存类型"下拉列表框中，有以下几种选择。

- 如果要保存显示该网页所需要的全部文件，包括图像、框架、样式表等，应选择"网页，全部（*.htm；*.html）"选项。
- 如果要把显示该网页所需要的全部信息保存在一个 MIME 编码的文件中，应选择"Web 档案，单一文件（*.mht）"选项。
- 如果只保存网页信息，不保存图像、声音和其他文件，应选择"网页，仅 HTML（*．htm；*.html）"选项。
- 如果只保存当前网页的文本信息，应选择"文本文件（*.txt）"选项。

③ 文件编码可根据实际情况确定，对于简体中文的网页，默认选择"简体中文（GB2312）"编码格式。

6.3.7　信息检索

1．信息资源检索

现代信息检索的历程中，我们经历了从检索工具书到计算机检索再到 Internet 检索的各个阶段，每个阶段、每种检索方式都有它的特点与局限性。Internet 信息检索所具有的多样性、灵活性远远超出了传统的信息检索，我们需要继承在传统信息检索中形成的某些检索思维模式及一些已成定势的检索方法，更需要掌握 Internet 信息检索的特点、了解影响信息检索的因素，通过实践提高获取信息的能力。

（1）Internet 信息检索方法

要想在 Internet 上获得自己所需要的信息，就必须知道这些信息存储在那里，也就是说要知道提供这些信息的服务器在 Internet 上的地址，然后通过该地址去访问服务器提供的信息。在 Internet 上，WWW 信息资源的一般查询方法有：基于超文本的信息查询、基于目录的信息查询和基于搜索引擎的信息查询。

基于超文本的信息查询是通过超文本链接逐步遍历庞大的 Internet，从一个 WWW 服务器到另一个 WWW 服务器，从一个目录到另一个目录，从一篇文章到另一篇文章，浏览查找所需信息的方法称为浏览，也称基于超文本的信息查询方法。

基于超文本的浏览模式是一种有别于传统信息检索技术的新型检索方式，它已成为 Internet 上最基本的查询模式。利用浏览模式进行检索时，用户只需以一个节点作为入口，根据节点中文本的内容了解嵌入其中的热链指向的主题，然后选择自己感兴趣的节点进一步搜索。在搜索过程中，用户会发现许多相关的节点内容根本没被自己所预想到，却在浏览过程中不断出现，提醒用户注意它。

随着 WWW 服务器的急剧增多，通过一步步浏览来查找所需信息已非常困难，为帮助用户快速方便地搜寻所需信息，各种 WWW 信息查询工具便应运而生，其中最有代表性的是基于目录和基于搜索引擎的信息查询工具，而利用这些工具来查找信息的方法就被称为基于目录和基于搜索引擎的信息查询方法。

（2）基于目录的信息查询

为了帮助 Internet 上用户方便地查询到所需要的信息，人们按照图书馆管理书目的方法设置了目录。网上目录一般以主题方式来组织，大主题下又包括若干小主题，这样一层一层地查下去，直至查询到比较具体的信息标题。目录存放在 WWW 服务器里，各个主题通过超文本的方式组织在一起，用户通过目录最终可得到所需信息的网址，即可到相应的地方查找信息，这种通过目录帮助的方法获得所需信息的网址继而查找信息的方法称为基于目录的信息查询方法。

有许多机构专门收集 Internet 上的信息地址，并编制成目录提供给网上用户。如 Yahoo 就是一个非常著名的基于目录帮助的网址，其目录按照一般主题组织，顶层按经济、计算机、教育、政治、新闻、科学等分成 14 大类目录，每一大类又分成若干子类，层层递进。

（3）基于搜索引擎的信息查询

搜索引擎又称 WWW 检索工具，是 WWW 上的一种信息检索软件。WWW 检索工具的工作原理与传统的信息检索系统类似，都是对信息集合和用户信息需求集合的匹配和选择。基于搜索工具的检索方法接近于我们通常所熟悉的检索方式，即输入检索词及各检索词之间的逻辑关系，然后检索软件根据输入的信息在索引库中搜索，获得检索结果（在 Internet 上是一系列节点地址）并输出给用户。

搜索引擎实际上是 Internet 的服务站点，有免费为公众提供服务的，也有进行收费服务的。不同的检索服务可能会有不同界面，不同的侧重内容，但有一点是共同的，就是都有一个庞大的索引数据库。这个索引库向用户提供检索结果的依据，其中收集了 Internet 上数百万甚至数千万主页信息，包括该主页的主题、地址，包含于其中的被链接文档主题，以及每个文档中出现的单词的频率、位置等。

2．影响 Internet 信息检索的因素

影响 Internet 信息检索的因素很多，如信息资源质量、检索软件、用户水平等。

（1）信息资源质量对信息检索的影响

丰富的信息资源为 Internet 信息检索系统提供了庞大的信息源，但由于其收集、加工、存储的非标准化，给信息检索带来了困难。

① 信息资源收集不完整、不系统、不科学，导致信息检索必须多次进行，造成人力、物力和时间上的浪费。

② 信息资源加工处理不规范、不标准、使信息检索的查全率、查准率下降。

③ 信息资源分散、无序、更换、消亡或无法预测，因此用户无法判断网上有多少信息同自己的需求有关，检索评价标准无法确定。

④ 信息资源由于版权和知识产权问题，也给信息检索带来麻烦。由于 Internet 是一个非控制网络，所有网上公用信息均可以被自由使用、共同分享，网上电子形式的文件极易被复制使用，这样就容易引起知识产权、版权及信息真伪等问题。

⑤ 信息的语言障碍问题。目前 Internet 上 800 亿条以上的信息是以英语形式发布，英语水平低和不懂英语的人很难充分利用 Internet 上庞大的信息资源。对中国用户来说，虽然网上中文信息量剧增，但还是需要查询西方国家先进科技信息，由于缺乏汉化软件，自动翻译系统尚未成熟，因此，语言障碍也影响了广大用户对网上信息资源的开发与应用。

（2）检索软件对信息检索的影响

Internet 将世界上大大小小、成千上万的计算机网络连在一起，成为一个没有统一管理的、分散的，但可以相互交流的巨大信息库，这意味着人们必须掌握各种网络信息检索工具，才能检索到自己所需要的网络信息资源。Internet 信息组织的特殊性和目前检索工具自身的局限性，给信息检索带来一些问题。

① Internet 上的信息存放地址会频繁转换和更名，根据检索工具检索的结果并不一定检索到相应的内容。

② 基于一个较广定义的检索项，往往会获得数以千万计的检索结果，这使用户难以选择真正所需的信息。

③ 每种检索工具虽然仅收集各自范围内的信息资源，但也难免出现各种检索工具的信息资源交叉的现象。

（3）用户水平对信息检索的影响

在 Internet 这个开放式的信息检索系统中，用户不仅要自己检索信息资源，同时还进行信息资源的收集、整理和存储工作。因此，Internet 用户的信息获取与检索能力对信息检索有着直接的影响。

① 用户对信息检索需求的理解和检索策略的制定关系到信息检索的质量。

② 用户的计算机操作能力及网络相关知识的掌握程度影响着信息检索的效率。

③ 用户对网络信息检索工具应用的熟练程度影响着信息检索的效果。

④ 用户的外语水平高低影响着信息检索的广度与深度。

3．搜索引擎的使用

选择合适的关键词是最基本、最有效的搜索技巧。选择关键词是一种经验积累，在一定程度上也有章可循，关键词表述准确，搜索引擎会严格按照您提交的查询词去搜索，因此，关键词表述准确是获得良好搜索结果的必要前提。

① 一类常见的表述不准确情况是脑袋里想着一回事，搜索框里输入的是另一回事。

② 另一类典型的表述不准确的情况是查询词中包含错别字。主流搜索引擎对于用户常见的错别字输入，会有纠错提示，如在 Google 中输入"林心茹"，在搜索结果上方，会提示

"您要找的是不是：林心如"。

③ 查询词的主题关联与提练。目前的搜索引擎并不能很好的处理自然语言。因此，在提交搜索请求时，最好把自己的想法，提炼成简单的，而且与希望找到的信息内容主题关联的查询词。

④ 根据网页特征选择查询词。很多类型的网页都有某种相似的特征。如小说网页，通常都有一个目录页，小说名称一般出现在网页标题中，而页面上通常有"目录"两个字，点击页面上的链接，就进入具体的章节页，章节页的标题是小说的章节名称；软件下载页，通常软件名称在网页标题中，网页正文有下载链接，并且会出现"下载"这个词等。

常用搜索，多总结各类网页的特征现象，在选择查询词时，就能得心应手，使搜索变得准确而高效。

6.3.8 Internet 的应用

1．电子邮件

（1）Outlook Express 的设置

首次打开 Outlook Express 时，系统会自动添加新账户，根据向导一步步完成对 Outlook Express 的设置。

① 输入显示姓名，即对方在收到邮件后，显示在发件人一栏的名称。

② 输入自己的电子邮件地址。

③ 输入账户名和密码，该账户名和密码就是通过 Web 页登录提供邮件服务的网站的用户名和密码。如图 6.21 所示。

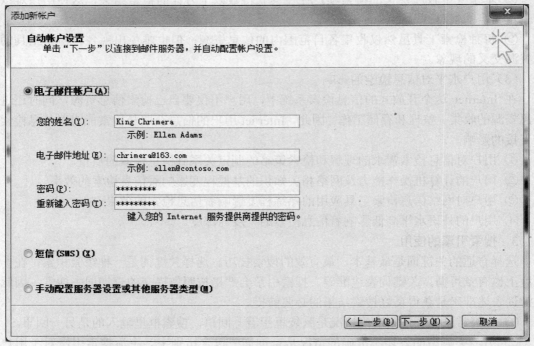

图 6.21　添加新账户

④ 单击"下一步"，联机搜索邮件服务器配置，配置成功后会发送测试电子邮件到邮箱中，如图 6.22 所示。

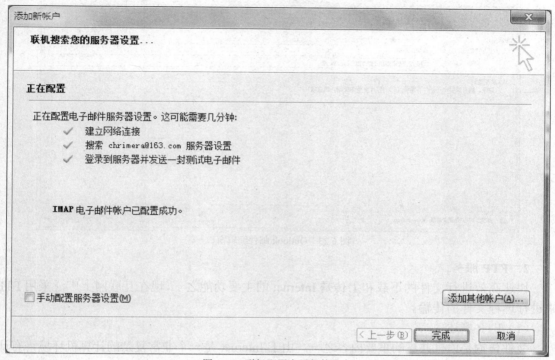

图 6.22　联机配置电子邮件账户

（2）用 Outlook Express 创建新邮件

在主界面单击"开始"功能区中的"新建"→"新建电子邮件"命令进入新邮件编辑窗口，如图 6.23 所示。

在"收件人"文本框中输入收件人的邮件地址抄送栏表示把该邮件抄送一份给某人；在"主题"文本框中输入邮件的标题；在正文框中输入邮件内容。

如果需要发送一个附件给收件人，单击菜单栏中的"添加"→"附加文件"命令选择指定的文件作为邮件的附件，重复此操作可同时添加多个附件。

当邮件编辑完成后，单击"新邮件"窗口工具栏上的"发送"按钮即可发送该邮件，或者单击"文件"→"保存"命令，将该邮件保存到"发件箱"。

在主界面上选中"发送和接收"功能区，系统会根据设置好的用户名和密码自动收取所有的新邮件，并将这些邮件存入"收件箱"，同时将"发件箱"中的邮件发送出去。

接收完毕后可以看到"收件箱"后面有一个括号，里面有数字，显示收到的新邮件数量。单击收到的邮件可快速阅读该邮件，双击邮件可在打开的新窗口中阅读该邮件。

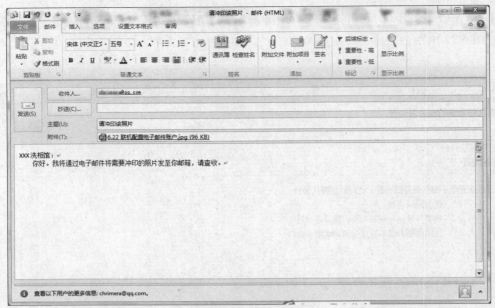

图 6.23　Outlook 邮件编辑窗口

2．FTP 服务

快速高效进行文件的下载和上传是 Internet 的主要功能之一，现在互联网上广泛采用 FTP 来进行远程文件的传输。

（1）FTP 概述

文件传输是信息共享的重要内容之一。由于 Internet 是一个非常复杂的计算机环境，有计算机、工作站、信息交换控制设备和大型机等，并且这些计算机运行的操作系统不尽相同，可能运行 UNIX、Windows 或 Mac OS 等操作系统。而各种操作系统的文件结构各不相同，要在这种异种机和异种操作系统之间进行文件传输，就需要建立一个统一的文件传输规则，这就是 FTP。FTP（File Transfer Protocol）的中文意思就是文件传输协议，是网络中为传送文件而制定的一组协议，用于管理计算机之间的文件传送。该协议实现了跨平台的文件传送功能，所以互联网上的任意两台计算机只要都采用该文件传输协议就不用考虑距离有多远、是什么操作系统、用什么技术联接的网络，就能进行相互之间的数据文件传送。FTP 是 Internet 上最早出现的服务功能之一，是到目前为止，它仍然是 Internet 上最常用也是最重要的服务之一。

FTP 在不同的计算机系统之间传递文件，它与计算机所处的位置、连接方式及使用的操作系统无关。从远程计算机上复制文件到本地计算机称为下载（Download），将本地计算机上的文件复制到远程计算机称为上传（Upload）。Internet 上的文件传输功能都是依靠 FTP 实现的。

（2）FTP 的登录方式

通过浏览 Web 网页上的 FTP 超级链接可以间接登录 FTP 服务器并下载所链接的文件，登录过程已由提供 Web 网页的网站代劳了。根据登录 FTP 的工具不同，FTP 的登录方式可分为浏览器（如 Internet Explorer）访问方式和 FTP 专用软件（如 CuteFTP）访问方式。由于目前广泛应用的 Windows 操作系统中，都已经装有微软公司免费赠送的 IE 浏览器，所以用浏览器方式登录 FTP 服务器时不用安装任何客户端程序，只要在浏览器地址栏内输入 FTP 的主机地址，就可进行登录操作，非常方便。而使用 FTP 专用软件时，可以有更多的功能，如多主机登录用户管理，多任务、多线程下载、上传，断点续传，自动开机、关机服务等。

根据 FTP 服务器的管理方式不同可将 FTP 服务器可分为两类：匿名 FTP 服务器和非匿名 FTP 服务器。对于前者任何上网用户无须事先注册就可以自由访问。登录匿名 FTP 时，一般可在"用户名"栏填写"Anonymous"（匿名），在"密码"栏填写任意电子邮件地址。如果用浏览器访问匿名 FTP 服务器，只要选中"匿名登录"就连填写密码这点工作也可由浏览器代劳了。例如，微软公司有一个"匿名"的 FTP 服务器"ftp://ftp.microsoft.com"，在这里用户可以下载文件，包括产品修补程序、更新的驱动程序、实用程序、Microsoft 知识库的文章和其他文档等。

非匿名的 FTP 都是针对特定的用户群使用的（如注册用户、会员等），访问非匿名 FTP 必须事先得到 FTP 服务器管理员的授权（在服务器上给用户设定"用户名"和"密码"），用户登录时必须使用特定的用户名和密码才能建立客户机与 FTP 服务器的连接。通常，FTP 服务器会通过 21 端口监听来自 FTP 客户的连接请求。当一个 FTP 客户请求连接时，FTP 服务器校检登录用户名和密码是否合法，如果合法，即打开一个数据连接。用户登录后，只能访问被允许访问的目录和文件。

（3）FTP 的具体使用

① 从 FTP 服务器上下载文件。要用浏览器进行 FTP 下载文件时，可在浏览器的地址栏中输入 FTP 服务器的 URL，如图 6.24 所示。

② FTP 工具的使用。与浏览器使用 FTP 不同，专用的 FTP 工具软件具有界面友好、操作简便，支持断点续传（需要服务器支持），传输速度较快等特点。常见的 FTP 工具软件有 CuteFTP、和 LeapFTP 等。

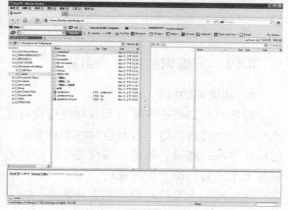

图 6.24　浏览器的 FTP 界面

CuteFTP5.0 的主界面如图 6.25 所示，上栏为状态栏，显示连接和命令信息，中间栏是工作窗口，其中，左窗口显示的是本地计算机的文件夹结构，右窗口则显示的是 FTP 服务器的文件夹结构，下栏窗口显示要传输的文件队列。

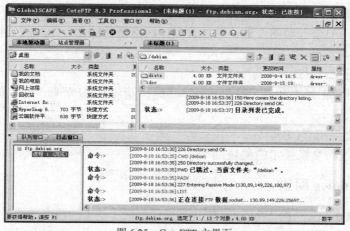

图 6.25　CuteFTP 主界面

6.3.9　IPv6 简介

IPv6 是 Internet Protocol Version 6 的缩写，其中 Internet Protocol 译为"互联网协议"。IPv6 是 IETF（互联网工程任务组，Internet Engineering Task Force）设计的用于替代现行版本 IP 协议（IPv4）的下一代 IP 协议。目前 IP 协议的版本号是 4（简称 IPv4），它的下一个版本就是 IPv6。

与 IPv4 相比，IPv6 具有以下几个优势。

① IPv6 具有更大的地址空间。

② IPv6 具有更高的安全性。

③ 允许扩充。如果新的技术或应用需要时，IPV6 允许协议进行扩充。

④ 新的选项。IPV6 有一些新的选项来实现附加的功能。

6.4　局　域　网

6.4.1　局域网的定义和组成

1．局域网的概念

局域网是指将小区域内的各种通信设备互连组成的通信网络。从这个定义可以看出，局域网是一个通信网络，有时也称它为计算机局部网络。这里所说的数据通信设备是广义的，包括计算机、终端、各种外围设备等。所谓的小区域可以是一个建筑物内、一个校园或者大至几十千米直径的一个区域。

局域网的主要特点是高数据传输率（0.1～100Mbit/s）、短距离（0.1～25km）和低误码率（10^{-8}～10^{-11}）。

2．局域网的基本组成

局域网包括网络硬件和网络软件两大部分。它的基本组成有传输介质、网络工作站、网络服务器、网卡、网间连接器和网络系统软件 6 个部分。

3．局域网的分类

（1）局部区域网（LAN）

LAN 是局域网中最普通的一种，主要有 3 种网络拓扑结构，即总线结构、环形结构和星形结构。

（2）高速局部网（HSLN）

HSLN 的传送数据速率较高，除此之外，其他性能与 LAN 类似。它主要用于大的主机和高速外围设备的联网。

（3）计算机交换机（CBX）

CBX 是采用线路交换技术的局域网。

6.4.2　Windows 网络

Microsoft（微软）公司的 Windows 操作系统中集成了基本的网络功能。从 Windows 95/98 到 Windows 2000/XP 再到 Windows7/8，网络功能不断得到加强。在以太网的物理连接下，只需对 Windows 网络功能进行适当设置，即可方便地建立和使用 Windows 网络。

1．Windows 对等网

Windows 对等网也称工作组（Work Group），对等网中每台计算机的地位都是平等的。由于对等网功能相对较弱，安全性较差，因此其只适合小规模应用。

2．Windows 局域网

目前采用 Windows 操作系统的局域网，其硬件结构普遍是采用星形结构的以太网，以客户机/服务器（C/S，Client/Server）模式运行。网络中有若干台用作服务器的计算机和多台用作客户机（又称工作站 Workstation）的计算机；服务器可提供文件、打印和各种应用等服务，并能对网络用户和共享资源进行统一管理，具有较好的安全性。工作站除了拥有独立计算机的功能外，还能使用服务器所提供的服务。Windows 网络服务器端常采用 Windows 的服务器专用版本，工作站端则采用 Windows 95 以上版本。

6.4.3 Windows 的网络配置

1．局域网络的连接

在 Windows 7 中，与现有网络的连接方法十分简单。在 Windows 7 安装过程中，必须确认计算机内部是否具有连网的必备硬件资源即网卡（网络适配器），并且本地的计算机是否和其他的计算机之间有真实的物理上的连接，即计算机之间要有网线相连，以及网卡驱动程序已正常安装。在确认上述准备工作完成后，即可进行软件配置操作了。具体操作如下。

- 新建连接。单击"控制面板"→"网络和共享中心"→"新建连接向导"，如图 6.26 所示。

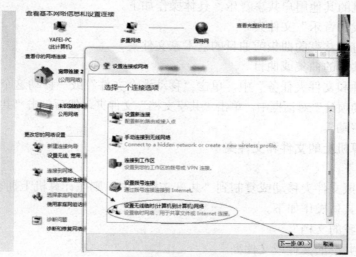

图 6.26　新建连接向导

- 设置无线临时网络。
- 安全类型设为无身份验证。
- 配置 TCP/IP 地址。单击"更改适配器设置"→用鼠标右键单击"无线网络连接"→"属性"→"Internet 协议 4"→"属性"，如图 6.27 所示。在对话框中根据用户网络的实际情况即可进行相应的设置，例如，指定 IP 地址为 192.168.0.1，子网掩码为 255.255.255.0，网关为 192.168.0.1。

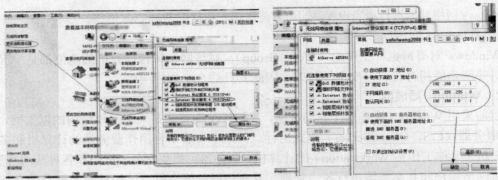

图 6.27　配置 TCP/IP 地址

2．共享计算机上图片和音乐

打开"我的文档"，选择需要设置的选项，然后按照以下的指示操作。

① 与计算机的其他用户共享图片，具体操作如下。

- 双击"图片收藏"文件夹。
- 双击含有要共享图片的文件夹。
- 单击图片或图片文件夹。
- 在"文件和文件夹任务"中，单击"移动这个文件"或"移动这个文件夹"。
- 在"移动项目"对话框中，单击"共享文档"文件夹，然后单击"共享图像"文件夹。
- 单击"移动"。

② 与计算机的其他用户共享音乐，具体操作如下。

- 双击"我的音乐"文件夹。
- 双击含有要共享的曲集或曲目的艺术家文件夹。
- 单击要共享的曲集或曲目。
- 在"文件和文件夹任务"中，单击"移动这个文件"或"移动这个文件夹"。
- 在"移动项目"对话框中，单击"共享文档"文件夹，然后单击"共享音乐"文件夹。
- 单击"移动"。

3．共享计算机上的文件和文件夹

具体操作如下。

如果将文件或文件夹移动或复制到"共享文档"中，则在计算机上拥有用户账户的任何人都能访问它。具体操作如下。

- 打开"我的文档"。
- 单击要共享的文件或文件夹。
- 将该文件或文件夹拖动到位于"其他位置"中的"共享文档"。

4．在网络上共享驱动器或文件夹

具体操作如下。

① 打开 Windows 资源管理器，然后定位到要共享的驱动器或文件夹。

② 用鼠标右键单击该驱动器或文件夹，然后单击"共享和安全"。

如果共享的是驱动器，请在"共享"选项卡上单击"如果您知道风险，但还要共享驱动器的根目录，请单击此处"。如果共享的是文件夹，请转到下一步。

执行下列步骤之一。

- 如果"在网络上共享这个文件夹"复选框可用,请选中此复选框。
- 如果"在网络上共享这个文件夹"复选框不可用,则该计算机不在网络上。如果想要建立家庭网络或小型办公室网络,请单击"网络安装向导"链接,然后根据指令打开文件共享。启用了共享后请再次执行该过程。

6.4.4   Windows 网络工具简介

为了使用户能更好的利用网络资源,Windows 中自带有几个非常实用的 Internet 工具。如 Telnet、ftp、ping、ipconfig 等,下面仅介绍最常用的 ping 命令工具。使用 ping 命令可以测试计算机相应操作系统的 TCP/IP 配置。

1.获取 ping 的使用格式

在"命令提示符"方式下,输入":ping/?"并按"Enter"键确认后,出现如图 6.28 所示的执行结果,从中可得知 ping 命令的使用格式及参数说明。

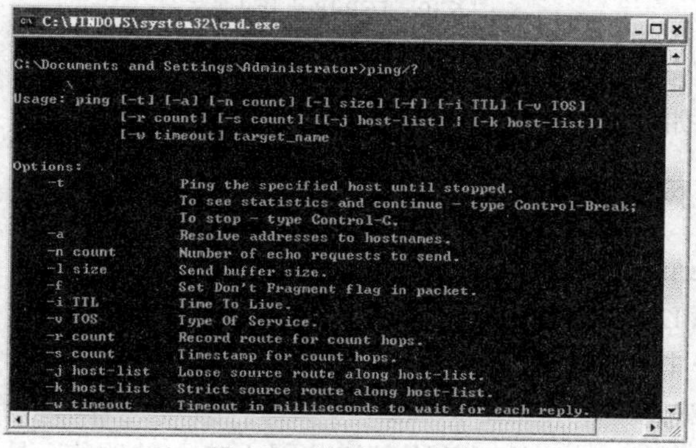

图 6.28   执行 ping 命令

2.ping 的使用示例

测试本地网卡安装是否正常的方法是在"命令提示符"方式下,输入"ping 127.0.0.1"。如果网卡安装正常(包括网卡驱动程序)则会出现如图 6.29 所示的结果信息。如果网卡安装有问题或网卡与 TCP/IP 之间没有进行绑定,则返回相应的响应失败信息。

图 6.29   ping 127.0.0.1

测试本地计算机的 TCP/IP 工作情况方法是在"命令提示符"方式下,输入"ping 本地计算机 IP 地址"。如"ping 172.17.7.200"。如果本机的 TCP/IP 工作正常，则出现如图 6.30 类似的信息。如果本机 TCP/IP 设置错误，则返回响应失败信息，此时就要看本机有没有分配 IP 地址（静态的或动态的）。

图 6.30　TCP/IP 工作正常

测试其他计算机的 TCP/IP 工作情况方法是：在"命令提示符"方式下，输入"ping 对方计算机的 IP 地址"，如"ping 172.17.7.250"。

6.4.5　无线局域网

通信网络随着 Internet 的飞速发展，从传统的布线网络发展到了无线网络，作为无线网络之一的无线局域网 WLAN（Wireless Local Area Network），满足了人们实现移动办公的梦想，为我们创造了一个丰富多彩的自由天空。

1．无线局域网的概念

WLAN 是利用无线通信技术在一定的局部范围内建立的网络，是计算机网络与无线通信技术相结合的产物，它以无线多址信道作为传输媒介，提供传统有线局域网 LAN（Local Area Network）的功能，能够使用户真正实现随时、随地、随意的宽带网络接入。

2．WLAN 的特点

WLAN 开始是作为有线局域网络的延伸而存在的，各团体、企事业单位广泛地采用了 WLAN 技术来构建其办公网络。但随着应用的进一步发展，WLAN 正逐渐从传统意义上的局域网技术发展成为"公共无线局域网"，成为国际互联网 Internet 宽带接入手段。WLAN 具有易安装、易扩展、易管理、易维护、高移动性、保密性强、抗干扰等特点。

3．WLAN 的标准

由于 WLAN 基于计算机网络与无线通信的技术，在计算机网络结构中，逻辑链路控制（LLC）层及其之上的应用层对不同的物理层的要求可以是相同的，也可以是不同的，因此，WLAN 标准主要是针对物理层和媒质访问控制层（MAC），涉及所使用的无线频率范围、空中接口通信协议等技术规范与技术标准。

（1）IEEE 802.11x

① IEEE 802.11。1990 年 IEEE802 标准化委员会成立 IEEE802.11WLAN 标准工作组。IEEE 802.11，别名"Wi-Fi（Wireless Fidelity）"无线保真，是在 1997 年 6 月由大量的局域网及计算机专家审定通过的标准，该标准定义物理层和媒体访问控制（MAC）的规范。物理层定义

了数据传输的信号特征和调制，定义了两个 RF 传输方法和一个红外线传输方法，RF 传输标准是跳频扩频和直接序列扩频，工作在 2.4000～2.4835GHz 频段。

IEEE 802.11 是 IEEE 最初制定的一个无线局域网标准，主要用于解决办公室局域网和校园网中用户与用户终端的无线接入，业务主要限于数据访问，速率最高只能达到 2Mbit/s。由于它在速率和传输距离上都不能满足人们的需要，所以 IEEE 802.11 标准被 IEEE 802.11b 所取代了。

② IEEE 802.11b。1999 年 9 月 IEEE 802.11b 被正式批准，该标准规定 WLAN 工作频段在 2.4～2.4835GHz，数据传输速率达到 11Mbit/s，传输距离控制在 50～150 英尺(1 英尺≈0.3m)。该标准是对 IEEE 802.11 的一个补充，采用补偿编码键控制调制方式，采用点对点模式和基本模式两种运作模式，在数据传输速率方面可以根据实际情况在 11Mbit/s、5.5Mbit/s、2Mbit/s、1Mbit/s 的不同速率间自动切换，它改变了 WLAN 的设计状况，扩大了 WLAN 的应用领域。

IEEE 802.11b 已成为当前主流的 WLAN 标准，被多数厂商所采用，所推出的产品广泛应用于办公室、家庭、宾馆、车站、机场等众多场合，但是随着许多 WLAN 新标准的出现，IEEE 802.11a 和 IEEE 802.11g 更是倍受业界关注。

③ IEEE 802.11a。1999 年，IEEE 802.11a 标准制定完成，该标准规定 WLAN 工作频段在 5.15～8.825GHz，数据传输速率达到 54Mbit/s、72Mbit/s、Turbo)，传输距离控制在 10～100m。该标准也是 IEEE 802.11 的一个补充，扩充了标准的物理层，采用正交频分复用（OFDM)的独特扩频技术，采用 QFSK 调制方式，可提供 25Mbit/s 的无线 ATM 接口和 10Mbit/s 的以太网无线帧结构接口，支持多种业务如话音、数据和图像等，一个扇区可以接入多个用户，每个用户可带多个用户终端。

IEEE 802.11a 标准是 IEEE 802.11b 的后续标准，其设计初衷是取代 802.11b 标准，然而，工作在 2.4GHz 频带是不需要执照的，该频段属于工业、教育、医疗等专用频段，是公开的，但工作在 5.15～8.825GHz 频带是需要执照的。一些公司仍没有表示对 802.11a 标准的支持，一些公司更加看好最新混合标准——IEEE 802.11g。

④ IEEE 802.11g。目前，IEEE 推出最新版本 IEEE 802.11g 认证标准，该标准提出拥有 IEEE 802.11a 的传输速率，安全性较 IEEE 802.11b 好，采用两种调制方式，含 802.11a 中采用的 OFDM 与 IEEE802.11b 中采用的 CCK，做到与 802.11a 和 802.11b 兼容。

虽然 802.11a 较适用于企业，但 WLAN 运营商为了兼顾现有 802.11b 设备投资，选用 802.11g 的可能性极大。

⑤ IEEE 802.11i。IEEE 802.11i 标准是结合 IEEE802.1x 中的用户端口身份验证和设备验证，对 WLAN MAC 层进行修改与整合，定义了严格的加密格式和鉴权机制，以改善 WLAN 的安全性。IEEE 802.11i 新修订标准主要包括两项内容："Wi-Fi 保护访问（Wi-Fi Protected Access：WPA)"技术和"强健安全网络（RSN)"。Wi-Fi 联盟计划采用 802.11i 标准作为 WPA 的第 2 个版本，并于 2004 年初开始实行。

IEEE 802.11i 标准在 WLAN 网络建设中的是相当重要的，数据的安全性是 WLAN 设备制造商和 WLAN 网络运营商应该首先考虑的头等工作。

⑥ IEEE 802.11e/f/h。IEEE 802.11e 标准对 WLAN MAC 层协议提出改进，以支持多媒体传输，以支持所有 WLAN 无线广播接口的服务质量保证 QoS 机制。

IEEE 802.11f 定义访问节点之间的通信，支持 IEEE 802.11 的接入点互操作协议（IAPP）。IEEE 802.11h 用于 802.11a 的频谱管理技术。

（2）HiperLAN

欧洲电信标准化协会（ETSI）的宽带无线电接入网络（BRAN）小组着手制定 Hiper（High Performance Radio）接入的泛欧标准，已推出 HiperLAN1 和 HiperLAN2。HIPERLAN1 推出时，数据速率较低，没有被人们重视，在 2000 年，HiperLAN2 标准制定完成，HIPERLAN2 标准的最高数据速率能达到 54Mbit/s，HiperLAN2 标准详细定义了 WLAN 的检测功能和转换信令，用以支持许多无线网络，支持动态频率选择、无线信元转换、链路自适应、多束天线和功率控制等。该标准在 WLAN 性能、安全性、服务质量 QoS 等方面也给出了一些定义。

HiperLAN1 对应 1EEE802.11b，HiperLAN2 与 1EEE082.11a 具有相同的物理层，他们可以采用相同的部件，并且，HiperLAN2 强调与 3G 整合。HiperLAN2 标准也是目前较完善的 WLAN 协议。

（3）HomeRF

HomeRF 工作组是由美国家用射频委员会领导于 1997 年成立的，其主要工作任务是为家庭用户建立具有互操作性的语音和数据通信网，2001 年 8 月推出 HomeRF 2.0 版，集成了语音和数据传送技术，工作频段在 10 GHz，数据传输速率达到 10Mbit/s，在 WLAN 的安全性方面主要考虑访问控制和加密技术。

HomeRF 是针对现有无线通信标准的综合和改进：当进行数据通信时，采用 IEEE802.11 规范中的传输协议；进行语音通信时，则采用数字增强型无绳通信标准。

除了 IEEE 802.11 委员会、欧洲电信标准化协会和美国家用射频委员会之外，无线局域网联盟 WLANA（Wireless LAN Association）在 WLAN 的技术支持和实施方面也做了大量工作。WLANA 是由无线局域网厂商建立的非营利性组织，由 3Com、Aironet、Cisco、Intersil、Lucent、Nokia、Symbol 和中兴通讯等厂商组成，其主要工作是验证不同厂商的同类产品的兼容性，并对 WLAN 产品的用户进行培训等。

（4）中国 WLAN 规范

中华人民共和国国家信息产业部正在制订 WLAN 的行业配套标准，包括《公众无线局域网总体技术要求》和《公众无线局域网设备测试规范》。该标准涉及的技术体制包括 IEEE802.11x 系列（IEEE802.11、802.11a、IEEE802.11b、IEEE802.11g、IEEE802.11h、IEEE802.11i）和 HiperLAN2。原信息产业部通信计量中心承担了相关标准的制订工作，并联合设备制造商和国内运营商进行了大量的试验工作，同时，信息产业部通信计量中心和中兴通讯股份有限公司等联合建成了 WLAN 的试验平台，对 WLAN 系统设备的各项性能指标、兼容性和安全可靠性等方面进行全方位的测评。

此外，由原信息产部批准成立的"中国宽带无线 IP 标准工作组"在移动无线 IP 接入、IP 的移动性、移动 IP 的安全性、移动 IP 业务等方面进行标准化工作。2003 年 5 月，国家首批颁布了由"中国宽带无线 IP 标准工作组"负责起草的 WLAN 两项国家标准：《信息技术-系统间远程通信和信息交换-局域网和城域网特定要求-第 11 部分：无线局域网媒体访问（MAC）和物理（PHY）层规范》、《信息技术-系统间远程通信和信息交换-局域网和城域网特定要求-第 11 部分：无线局域网媒体访问（MAC）和物理（PHY）层规范：2.4GHz 频段较高速物理层扩展规范》。这两项国家标准所采用的依据是 ISO/IEC8802.11 和

ISO/IEC8802.11b，两项国家标准的发布，将规范 WLAN 产品在我国的应用。

4. WLAN 的网络结构

一般地，WLAN 有两种网络结构类型：对等网络和基础结构网络。

对等网络：由一组有无线接口卡的计算机组成。这些计算机以相同的工作组名、ESSID 和密码等对等的方式相互直接连接，在 WLAN 的覆盖范围的之内，进行点对点与点对多点之间的通信。

基础结构网络：在基础结构网络中，具有无线接口卡的无线终端以无线接入点 AP 为中心，通过无线网桥 AB、无线接入网关 AG、无线接入控制器 AC 和无线接入服务器 AS 等将无线局域网与有线网网络连接起来，可以组建多种复杂的无线局域网接入网络，实现无线移动办公的接入。

5. WLAN 应用

作为有线网络无线延伸，WLAN 可以广泛应用在生活社区、游乐园、旅馆、机场车站等游玩区域实现旅游休闲上网；可以应用在政府办公大楼、校园、企事业等单位实现移动办公，方便开会及上课等；可以应用在医疗、金融证券等方面，实现医生在路途中对病人在网上诊断，实现金融证券室外网上交易。

对于难于布线的环境，如老式建筑、沙漠区域等，对于频繁变化的环境，如各种展览大楼，对于临时需要的宽带接入，流动工作站等，建立 WLAN 是理想的选择。

（1）销售行业应用

对于大型超市来讲，商品的流通量非常大，接货的日常工作包括定单处理、送货单、入库等需要在不同地点的现场将数据录入数据库中。仓库的入库和出库管理，物品的移动较多，数据在变化，目前，通常的做法是手工做好记录，然后再将数据录入数据库中，这样费时而且易错，采用 WLAN，可轻松解决上面两个问题，在超市的各个角落，在接货区、在发货区、货架中、仓库中利用 WLAN，可以现场处理各种单据。

（2）物流行业应用

随着我国加入 WTO，各个港口、储存区对物流业务的数字化提出了较高的要求。一个物流公司一般都有一个网络处理中心，还有些办公地点分布在比较偏僻的地方，对于那些运输车辆、装卸装箱机组等的工作状况，物品统计等，需要及时将数据录入并传输到中心机房。部署 WLAN 是物流业的现代化必不可少的一项基础设施。

（3）电力行业应用

如何对遥远的变电站进行遥测、遥控、遥调，这是摆在电力系统的一个传统难题。WLAN 能监测并记录变电站的运行情况，给中心监控机房提供实时的监测数据，也能够将中心机房的调控命令传入到各个变电站。这是 WLAN 在电力系统遍布到千家万户，但又无法完全用有线网络来检测与控制的一个潜在应用。

（4）服务行业应用

由于计算机的移动终端化、小型化，旅客在进入一个酒店的大厅要及时处理邮件，这时酒店大堂的 Internet WLAN 接入是必不可少的；客房 Internet 无线上网服务也是需要的，尤其是星级比较高的酒店，客人可能在床上躺着上网，希望无线上网无处不在，由于 WLAN 的移动性、便捷性等特点，更是受到了一些大中型酒店的青睐。

机场和车站是旅客候机候车的等待场所，这时打开笔记本电脑来上上网，何尝不是高兴的事儿。目前，在北美和欧洲的大部分机场和车站，都有了 WLAN 覆盖，在我国，也在逐步实施和建设中。

（5）教育行业应用

WLAN 可以实现教师和学生对教与学的实时互动。学生可以在教师、宿舍、图书馆利用移动终端机向老师提问题、提交作业，老师可以实时给学生上辅导课。学生可以利用 WLAN 在校园的任何一个角落访问校园网。WLAN 可以成为一种多媒体教学的辅助手段。

（6）证券行业应用

有了 WLAN，股市有了菜市场般的普及和活跃。原来，很多炒股者利用股票机看行情，现在不用了，WLAN 能够让其实现实时看行情，即刻交易，有效节省了证券交易的时间费用成本。

（7）展厅应用

一些大型展览的展厅内，一般都有 WLAN 覆盖，服务商、参展商、客户走入大厅内可以随时接入 Internet。WLAN 的可移动性、可重组性、灵活性为会议厅和展会中心等具有临时租用性质的服务行业提供了赢利的无限空间。

（8）中小型办公室/家庭办公应用

WLAN 可以让人们在中小型办公室或者在家里任意的地方上网办公，收发邮件，随时随地可以连接上 Internet，上网资费与有线网络一样，有了 WLAN，人的自由空间增大了。

（9）企业办公楼之间办公应用

对于一些中大型企业，有一个主办公楼，还有其他附属的办公楼，楼与楼之间、部门与部门之间需要通信，如果搭连有限网络，需要支付昂贵的月租费和维护费，而 WLAN 不需要，也不需要综合布线，一样能够实现有线网络的功能。

6．WLAN 安全

在 WLAN 应用中，对于家庭用户、公共场景安全性要求不高的用户，使用 VLAN（Virtual Local Area Networks）隔离、MAC 地址过滤、服务区域认证 ID（ESSID）、密码访问控制和无线静态加密协议 WEP（Wired Equivalent Privacy）便可以满足其安全性需求。但对于公共场景中安全性要求较高的用户，VLAN 仍然存在着安全隐患，这时需要将有线网络中的一些安全机制引入到 WLAN 中，比如，在无线接入点 AP（Access Point）实现复杂的加密解密算法，通过无线接入控制器 AC，利用 PPPoE 或者 DHCP+WEB 认证方式对用户进行第二次合法认证，对用户的业务流实行实时监控。这方面的 WLAN 安全策略有待于实践和完善。

6.5 计算机病毒

6.5.1 计算机病毒的定义

1．计算机病毒的定义

计算机病毒（Computer Virus）在《中华人民共和国计算机信息系统安全保护条例》中被明确定义为"编制者在计算机程序中插入的破坏计算机功能或者破坏数据，影响计算机使用并且能够自我复制的一组计算机指令或者程序代码"。与医学上的"病毒"不同，计算机病毒不是天然存在的，是某些人利用计算机软件和硬件所固有的脆弱性编制的一组指令集或程序代码。它能通过某种途径潜伏在计算机的存储介质（或程序）里，当达到某种条件时即被激活，通过修改其他程序的方法将自己的程序代码精确复制或者可能以演化的形式放入其他程序中。从而感染其他程序，对计算机资源进行破坏，对其他用户的危害性很大。

2．计算机病毒的起源

莫里斯事件：1988 年 11 月 2 日下午 5 时 1 分 59 秒，美国康奈尔大学的计算机科学系研究生，23 岁的莫里斯（Morris）将其编写的蠕虫程序输入计算机网络。在几小时内导致 Internet 网络堵塞。这个网络连接着大学、研究机关的 155 000 台计算机，这些计算机用于与美国军方交换和搜集非机密数据。莫里斯因构成计算机欺诈和滥用罪，成为依据 1986 年制定的计算机安全法被地方法院起诉的第一个计算机犯罪者。

3．计算机病毒举例

- 巴基斯坦病毒。1986 年 1 月在巴基斯坦的拉合尔，Basit 和 Amjad 两兄弟为防止非法复制编制了世界第一例 IBM 计算机病毒，也是世界上罕见的写有病毒作者的姓名和住址的病毒。
- PLO 病毒。1987 年 11 月在以色列的希伯莱大学发现，病毒设计者将病毒设计为 1988 年 5 月 13 日发作（这一天恰好是以色列占领巴基斯坦的 40 周年纪念日），致使希伯莱大学数千台计算机感染，速度变慢。
- CIH 病毒。1998 年 4 月 26 日以来，我国计算机病毒监测网连续监测到一种被命名为 CIH 的恶性病毒，主要感染 Windows 系统。这是被发现的首例直接攻击、破坏硬件系统的计算机病毒，是破坏力最为严重的病毒之一。

6.5.2　计算机病毒的特点

计算机病毒通常具有如下主要特点。

1．寄生性

计算机病毒寄生在其他程序之中，当执行这个程序时，病毒就起破坏作用，而在未启动这个程序之前，它是不易被人发觉的。

2．传染性

计算机病毒不但本身具有破坏性，而且更有害的是具有传染性，一旦病毒被复制或产生变种，其蔓延速度之快令人难以预防。计算机病毒是一段人为编制的计算机程序代码，这段程序代码一旦进入计算机并得以执行，就会搜寻其他符合其传染条件的程序或存储介质，确定目标后再将自身代码插入其中，达到自我繁殖的目的。

3．潜伏性

一个编制精巧的计算机病毒程序，进入系统之后一般不会马上发作，可以在几周或者几个月内甚至几年内隐藏在合法文件中，对其他系统进行传染，而不被人发现，潜伏性越好，其在系统中的存在时间就会越长，病毒的传染范围就会越大。

4．隐蔽性

计算机病毒具有很强的隐蔽性，有的可以通过病毒软件检查出来，有的根本就查不出来，有的时隐时现、变化无常，这类病毒处理起来通常很困难。

5．破坏性

计算机中毒后，可能会导致正常的程序无法运行，把计算机内的文件删除或受到不同程度的损坏。通常表现为对文件的增、删、改、移。

6．针对性

计算机病毒是针对特定的计算机和特定的操作系统的，一种计算机病毒并不能传染所有的计算机系统或程序，通常病毒的设计具有一定的针对性。

6.5.3　计算机病毒的分类

1．按计算机病毒攻击的机型分类

（1）攻击微型机的病毒

微型机可以说是世界上使用最多的计算机类型，目前超过几亿台，这些机器广泛渗透到各个国家的政治、军事、经济及人们日常生活的各个方面。而黑客往往希望病毒的传播范围越广越好，所以，这类病毒出现得最多，其变种也最多，版本的更新也最快，感染的范围也最为广泛。

（2）攻击小型机的病毒

小型机的应用范围也是极为广泛的，它既可以作为网络的一个节点机，也可以作为小型计算机网络的主机。一般来说，小型机的操作系统比较复杂，而且小型机一般都采取了一定的安全保护措施，所以，过去人们认为小型机不会受到计算机病毒的攻击。但 1988 年 11 月，Internet 上的小型机受到蠕虫程序的攻击，证明了小型机同样不能免遭计算机病毒地攻击。

（3）攻击工作站的病毒

随着计算机技术的进一步发展，计算机工作站不断得到普及应用，工作站的性能已经超过了微型计算机的性能，且应用范围也越来越广，相应地也就出现了攻击计算机工作站的病毒，这类病毒对信息系统的威胁更大，往往会破坏整个网络。最近几年来，越来越多的新病毒都是此类病毒。

（4）攻击中、大型机的病毒

相对于攻击微型机和小型机的计算机病毒而言，攻击中、大型机的病毒微乎其微。尽管如此，病毒对大型机攻击的威胁仍然存在。实际上，在 20 世纪 60 年代末，大型机 UnivaX1108 系统上，就首次出现了可将自身链接于其他程序之后的类似于当代病毒本质的计算机程序，名为流浪的野兽（Pervading Animal）。

2．按计算机病毒攻击的操作系统分类

（1）攻击 DOS 系统的病毒

这种病毒也称为 DOS 病毒，出现最早、最多，变种也最多，传播也非常广泛，如"小球"病毒等，对网站安全构成了非常大的威胁。

（2）攻击 Windows 系统的病毒

这种病毒也称为 Windows 病毒，随着 Windows 系统取代 DOS 系统成为计算机的主流平台，Windows 系统也成为病毒攻击的主要对象。攻击 Windows 的病毒除了感染文件的病毒外，还有各种宏病毒，有感染 Word 的宏病毒，感染 Excel 的宏病毒，还有感染 Access 的宏病毒，其中感染 Word 的宏病毒最多。Concept 病毒是首例 Word 宏病毒。

（3）攻击 UNIX 和 Linux 系统的病毒

最初，人们认为 UNIX 和 Linux 系统是免遭病毒侵袭的"乐土"。然而，随着病毒技术的发展，病毒的攻击目标也开始指向 UNIX 和 Linux。1997 年 2 月，出现了首例攻击 Linux 系统的病毒——Bliss 病毒。2001 年 4 月，出现了首例能够跨平台的"Win32."和"Winux"病毒，它可以同时感染 Windows 操作系统下的 PE 文件和 Linux 操作系统下的 ELF 文件。

现在，UNIX 操作系统的应用非常广泛，许多大型的操作系统均采用 UNIX 作为其主要的操作系统，所以攻击 UNIX 大家族的病毒对信息处理是一个严重的威胁。

（4）攻击 OS/2 系统的病毒

世界上也已经发现攻击 OS/2 系统的病毒——AEP 病毒。AEP 病毒可以将自身依附在 OS/2 可执行文件的后面实施感染。

（5）攻击其他操作系统的病毒

如攻击 Macintosh 系统的 MacMag 病毒、手机病毒 VBS.Timofonica 等。

3．按传播媒介分类

（1）单机病毒

单机病毒的载体是磁盘，常见的是病毒从磁盘传入硬盘，感染系统，然后再感染其他软盘，进而再感染其他系统。早期的病毒都是属于此类。

（2）网络病毒

网络病毒的传播媒介是网络。当前，Internet 在世界上发展迅速，上网已成为计算机使用者的时尚，随着网上用户的增加，网络病毒的传播速度更快，范围更广，造成的危害更大。网络病毒往往造成网络堵塞，修改网页，甚至与其他病毒结合修改或破坏文件的影响。如 GPI 病毒是世界上第一个专门攻击计算机网络的病毒，CIH、Sircam、Code RedXode Red H Xode Blue、Nimda.a 病毒等在计算机网络上肆虐的程度越来越严重，已经成为病毒中危害最为严重的种类。如今的病毒大多都是网络病毒。

4．按计算机病毒的链接方式分类

计算机病毒需要进入系统，从而进行感染和破坏，因此，病毒必须与计算机系统内可能被执行的文件建立链接。这些被链接的文件可能是操作系统文件，可能是以各种程序设计语言编写的应用程序，也可能是应用程序所用到的数据文件（如 Word 文档）。根据病毒对这些文件的链接形式不同来划分病毒，可以分为如下几类。

（1）源码型病毒

这类病毒在高级语言（如 Fortan、C、Pascal 等语言）编写的程序被编译之前，插入列源程序之中，经编译成为合法程序的一部分。这类病毒程序一般寄生在编译处理程序或链接程序中。目前，这种病毒并不多见。

（2）可执行文件感染病毒

这类病毒感染可执行程序，将病毒代码和可执行程序联系起来，当可执行程序被执行的时候，病毒随之启动。感染可执行文件的病毒从技术上也可分为嵌入型和外壳型两种。

嵌入型病毒在感染时往往对宿主程序进行一定的修改，通常是寻找宿主程序的空隙将自己嵌入进去，并变为合法程序的一部分，使病毒程序与目标程序成为一体，这类病毒编写起来很难，要求病毒能自动在感染目标程序中寻找恰当的位置，把自身插入，同时还要保证病毒能正常实施攻击，且感染的目标程序能正常运行。一旦病毒侵入宿主程序，对其查杀是十分困难的，清除这类病毒时往往会破坏合法程序。这类病毒的数量不多，但破坏力极大，而且很难检测，有时即使查出病毒并将其清除，但被感染的程序也被破坏，无法使用了。

外壳型病毒一般链接在宿主程序的首尾，对原来的主程序不做修改或仅做简单修改。当宿主程序执行时首先执行并激活病毒程序，使病毒得以感染、繁衍和发作。这类病毒易于编写，数量也最多。

（3）操作系统型病毒

这类病毒程序用自己的逻辑部分取代一部分操作系统中的合法程序模块，从而寄生在计算机磁盘的操作系统区，在启动计算机时，能够先运行病毒程序，然后再运行启动程序，这类病毒可表现出很强的破坏力，可以使系统瘫痪，无法启动。

5．按病毒的表现（破坏）情况分类

（1）良性病毒

良性的病毒是指那些只表现自己，而不破坏计算机系统的病毒。它们多是出自一些恶作剧者之手，病毒制造者编制病毒的目的不是为了对计算机系统进行破坏，而是为了显示他们在计算机编程方面的技巧和才华，但这种病毒还是会干扰计算机操作系统的正常运行，占用计算机资源，而且违背计算机用户的意愿，所以也是应该被坚决制止的。再者，有些良性病毒也会由于交叉感染或编写方面的失误而造成不可估量的损失。

（2）恶性病毒

恶性病毒的目的就是有意或无意地破坏系统中的信息资源。常见恶性病毒的破坏行为是删除计算机系统内存储的数据和文件；也有一些恶性病毒不删除任何文件，而是对磁盘乱写一气，表面上看不出病毒破坏的痕迹，但文件和数据的内容已被改变；还有一些恶性病毒对整个磁盘或磁盘的特定扇区进行格式化，使磁盘的信息全部消失。而 CIH 病毒更加恶毒，它不仅能够破坏计算机系统内的数据，还能破坏计算机硬件，损坏某些机型的主板，这也是第一个被发现的可以破坏主板的病毒。

6．按计算机病毒寄生方式和感染途径分类

计算机病毒按其寄生方式大致可分为两类：一是引导型病毒，二是文件型病毒。按其感染途径又可分为驻留内存型和不驻留内存型，驻留内存型按其驻留方式又可细分。

（1）引导型病毒

引导型病毒也称磁盘引导型、引导扇区型、磁盘启动型、系统型病毒等。引导型病毒就是把自己的病毒程序放在软磁盘的引导区及硬磁盘的主引导记录区或引导扇区，当作正常的引导程序，而将真正的引导程序搬到其他位置。这样，计算机启动时，就会把引导区的病毒程序当作正常的引导程序来运行，使寄生在磁盘引导区的静态病毒进入计算机系统，病毒变成活跃状态（或称病毒被激活），这时病毒可以随时进行感染和破坏。此外，这种病毒通常会改写硬盘上的主引导记录区、引导区、文件分配表、文件目录区、中断向量表等。

引导型病毒基本都会常驻内存，或称为内存驻留型，差别仅仅在于内存中驻留的位置不同。引导型病毒按其寄生对象的不同又可分为两类，即主引导区病毒和引导区病毒。引导型病毒的感染目标都是一样的，即磁盘的引导区，所以一般比较好防治。

（2）文件型病毒

文件型病毒是指所有通过操作系统的文件系统进行感染的病毒。文件型病毒以感染可执行文件的病毒为主，还有一些病毒可以感染高级语言程序的源代码、开发库或编译过程中所生成的中间文件。病毒也可能隐藏在普通的数据文件中，但是这些隐藏在数据文件中的病毒不是独立存在的，必须需要隐藏在可执行文件中的病毒部分来加载这些代码。宏病毒在某种意义上可以被看作文件型病毒，但由于其数量多、影响大，而且也有自己的特点，所以通常单独分类。

6.5.4　预防计算机病毒

1．计算机病毒的表现现象

- 平时运行正常的计算机突然经常性无缘无故地死机。
- 运行速度明显变慢。
- 打印和通信发生异常。
- 系统文件的时间、日期、大小发生变化。
- 磁盘空间迅速减少。
- 收到陌生人发来的电子邮件。
- 自动链接到一些陌生的网站。
- 计算机不识别硬盘。
- 操作系统无法正常启动。
- 部分文档丢失或被破坏。
- 网络瘫痪。

2．计算机病毒程序一般构成

病毒程序一般由 3 个基本模块组成，即安装模块、传染模块和破坏模块。

3．计算机杀毒软件制作技术

（1）特征代码法

从病毒程序中抽取一段独一无二、足以代表该病毒特征的二进制程序代码，并用这段代码作为判断该病毒的依据，这就是所谓的病毒特征代码。

从各种病毒样本中抽取特征代码，就构成了病毒资料库。

显然，病毒资料库中病毒特征代码种类越多，杀毒软件能查出的病毒就越多。

选择病毒特征码要能够反映出该病毒典型特征，如它的破坏、传播和隐藏性代码。由于病毒数据区会经常变化，因此病毒特征代码不要含有病毒的数据区。在保持病毒典型特征唯一性的前提下，抽取的病毒特征代码要长度适当，应尽量使特征代码长度短些，以减少空间与时间开销，使误报警率最低。

（2）校验和法

校验和法是根据文件的内容，计算其校验和，并将所有文件的校验和放在资料库中。检测时将文件现有内容的校验和与资料库中的校验和做比较，若不同则判断为被病毒感染。运用校验和法查病毒可以采用 3 种方式。

① 在检测病毒工具中加入校验和法。

② 在应用程序中加入校验和法自我检查功能。

③ 将校验和检查程序常驻内存。

（3）行为监测法

行为监测法是将病毒中比较特殊的共同行为归纳起来，例如，对 COM、EXE 文件做写入动作、格式化硬盘动作、修改网页等。当程序运行时监视其行为，若发现类似病毒的行为，立即报警。行为监测法的优点是能相当准确地预报未知的多数病毒，缺点是可能会误报警，不能识别病毒名称，实现难度大。

（4）虚拟机技术

虚拟机技术具体的做法是用程序代码虚拟一个 CPU、各个寄存器、硬件端口，用调试程序调入被调的"样本"，这样就可以通过内存和寄存器以及端口的变化来了解程序的执行情况。将病毒放到虚拟机中执行，则病毒的传染和破坏等动作一定会被反映出来。

（5）主动内核技术

主动内核技术是主动给操作系统和网络系统打了一个个"补丁"，这些补丁将从安全的角度对系统或网络进行管理和检查，对系统的漏洞进行修补，任何文件在进入系统之前，反病毒模块都将首先使用各种手段对文件进行检测处理。

（6）启发扫描的反病毒技术

启发扫描的反病毒技术是以特定方式实现对有关指令序列的反编译，逐步理解和确定其蕴藏的真正动机。例如，一段程序有 MOV AH、5 和 INT 13h，即调用格式化磁盘操作的指令功能，尤其是这段指令之前不存在取得命令行关于执行的参数选项，又没有要求用户交互性输入继续进行的操作指令时，则可以有把握地认为这是一个病毒或恶意破坏的程序。

（7）实时反病毒技术

实时反病毒是对任何程序在调用之前都被先过滤一遍，一有病毒侵入，它就报警，并自动杀毒，将病毒拒之门外，做到防患于未然。

（8）邮件病毒防杀技术

采用智能邮件客户端代理 SMCP 技术，该技术具有完善的邮件解码技术，能对邮件的各个部分，进行病毒扫描；清除病毒后能将无毒的邮件数据重新编码，传送给邮件客户端，并且能够更改主题、添加查毒报告附件，具备垃圾邮件处理功能等。

4．计算机病毒的防范措施

（1）计算机抗病毒技术

计算机抗病毒技术有两类，一类是硬件技术，另一类是软件技术。

① 抗病毒硬件技术：防病毒卡。防病毒卡将检测病毒的程序固化在硬卡中，其作用是自动监测并防止病毒入侵。防病毒卡虽然本身有防御病毒攻击和自我保护能力，但其缺点是占用硬件资源，升级有困难，无法抵御千变万化的病毒入侵。

② 抗病毒软件技术。抗病毒软件技术是相对防病毒卡技术而言的，形象的说法就是防止计算机病毒入侵的疫苗。当然，它比生物学中的疫苗有着更广泛的含义，除了预防作用外，还有检测和清除病毒的作用。抗病毒软件技术优点在于升级容易，成本低，操作简单。

（2）常用的反病毒软件

① KILL。

② 卡巴斯基。

③ 金山毒霸。

④ 江民。

⑤ 瑞星杀毒软件。

⑥ McAfee ViruScan。

⑦ Norton AntiViru。

⑧ 360 杀毒。

⑨ 可牛杀毒。

（3）计算机病毒防范采取的具体措施

① 尽量不要让陌生人使用自己的计算机，或不要在自己的计算机上使用外来的软盘、U 盘等。

② 不使用盗版软件。

③ 在使用外来软盘、U 盘等移动存储设备之前要查杀病毒。

④ 禁止在计算机系统上玩游戏，因为游戏盘中往往带有病毒程序。

⑤ 谨慎地使用公共软件和共享软件。

⑥ 将重要的数据文件经查杀病毒后备份到 U 盘、移动硬盘或刻录到光盘中。

⑦ 在计算机系统中安装防病毒软件和防流氓软件，定期升级和检查计算机系统。

⑧ 将主引导区、BOOT 区、FAT 表做好备份或复制备份干净的系统（整个 C 盘）。

⑨ 在网络上下载软件要谨慎，下载后及时进行查杀毒处理。

参考文献

［1］恒盛杰资讯．Office 2010 从入门到精通[M]．北京：科海出版社，2010.

［2］汤继萍．Office 2010 办公应用从新手到高手[M]．北京：清华大学出版社，2011.

［3］李菲．计算机基础实用教程（Windows 7+Office 2010 版）[M]．北京：清华大学出版社，2012.

［4］殷慧文．Office 2010 三合一办公应用快译通[M]．北京：人民邮电出版社，2012.

［5］艾明晶．大学计算机基础实验教程（第 2 版）[M]．北京：清华大学出版社，2013.

［6］刁树民．大学计算机基础（第四版）[M]．北京：清华大学出版社，2013.

［7］Barry Livingston,Davis Straud 著．甘特创作室译．Windows 98 核心技术精解[M]．北京：中国水利水电出版社，1999.

［8］Barry B. Brey 著．于惠华，艾明晶，尚利宏译．Intel 微处理器全系列：结构、编程与接口（第五版）[M]．北京：电子工业出版社，2001.

［9］蔡明，王中刚，李永杰．大学计算机基础[M]．北京：人民邮电出版社，2013.

［10］蔡明，王楠．大学计算机基础实训指导[M]．北京：人民邮电出版社，2013.